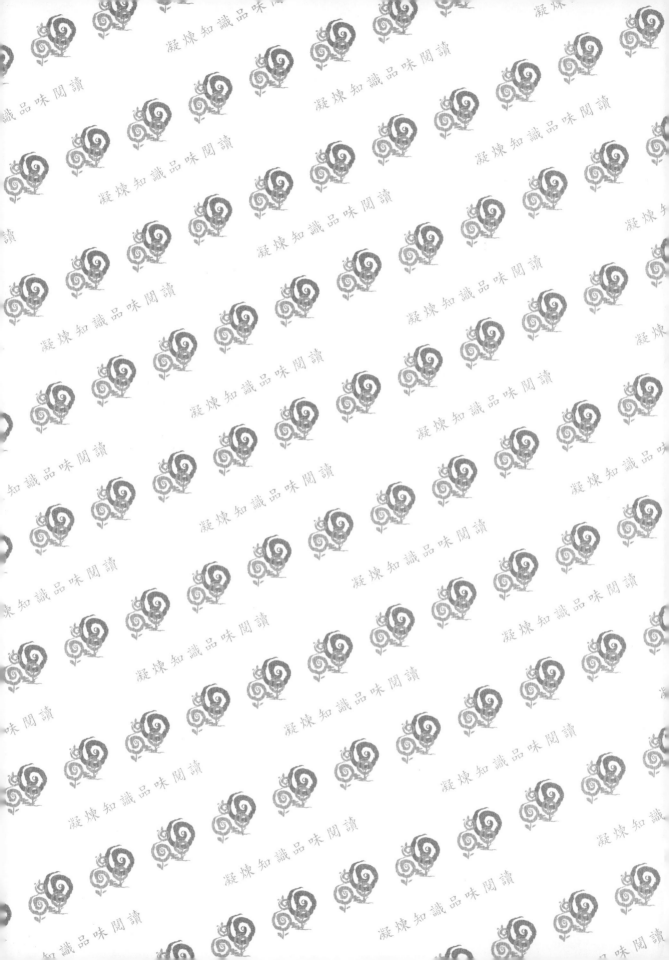

# 半導體產業

## 營業秘密與智慧財產權
## 之理論與實務

五南圖書出版公司 印行

劉傳璽、林洲富、陳建宇 ——— 著

# 推薦序1

臺灣幾十年來在半導體相關產業的成就，全世界有目共睹，除在半導體的製造技術上已屬業界前沿外，在 IC 晶片電路設計上，技術及產值也在激烈的國際競爭下名列前茅。半導體產業隨著技術進步及國際經濟活動日益複雜，同業間的競爭也愈加激烈，因此為能取得市場競爭之優勢，許多企業競相投入新技術的創新與研發，並高度重視與竭力尋求營業秘密及相關智慧財產權的保護。

本書的三位作者除了在所屬領域學有專精外，也都具有多年的實務經驗。劉傳璽博士目前任職於臺灣師範大學機電系教授，他在進入學術界之前，曾任職於美國紐約 IBM 公司與台灣聯華電子，均擔任半導體晶片新技術研發的主要成員。由於劉教授在業界與學界服務多年的優異表現，常受邀至上市櫃半導體公司與政府部門，擔任授課講師或專題講座，介紹 IC 晶片製造的專業知識與其營業秘密，其淺顯易懂的演講方式，深受好評。林洲富博士為智慧財產法院現任法官。林法官辦案認真，具有多年審判實務經驗，且勤於治學，著作等身，因此經常受邀至政府公部門，擔任課程或專題講座，並於國立中正大學法律學系所擔任兼任助理教授，作育英才。陳建宇博士目前擔任臺灣桃園地檢署主任檢察官，在此之前曾先後於高雄地檢署、基隆地檢署與法務部國際及兩岸法律司任職。陳主任檢察官在認真辦案工作之外，還能完成博士養成教育，已屬難得；在桃園地檢署任智慧財產專組主任時，參與本書之編著及半導體營業秘密之研究，使不同領域能相結合，也可說對智慧財產領域提供一些貢獻，尤屬可貴。

坊間營業秘密或智慧財產權的書不勝枚舉，惟本書是第一本從半導體產業的角度出發，結合三位專長領域既重疊且互補的作者共同編撰，內容涵蓋半導體產業相關的營業秘密與智慧財產權，以及簡潔介紹半導體晶片的開發與製作流程。全書適

時佐以相關司法實務之判決案例搭配說明，深入淺出易於理解，兼顧理論與實務，適合學習、研究或從事相關工作的法律人與科技人閱讀，是極佳的參考書籍。

行政院政務委員　羅秉成

2020 年 10 月 26 日於行政院

# 推薦序2

　　半導體（Semiconductor）是現代電子產業的大腦，我國對半導體科技之保護，及對半導體產業的重視，已提昇至國家安全層次，半導體產業為科技業之龍頭，早成為我國經濟成長支柱。又我國半導體科技先進，製程獨步全球，技壓科技大國；政府及企業，莫不以超前部署心態，防範先進科技遭其他對手奪取，致國家及企業競爭力因此削弱，諸多企業早已結合多種智慧財產權手段，強化對營業秘密之保護。1996年制定公布之營業秘密法，原僅規定民事責任，其後於2013年修正增訂刑事責任、域外加重處罰；2020年修正公布增加了偵查保密令等，法務部亦訂頒「檢察機關辦理營業秘密案件注意事項」，均在加強保障半導體等科技及產業之力道。因此如何運用法律保護我國對半導體之拓展，實乃當前重要議題。

　　法律與半導體科技，分別為社會科學及自然科學之學門，科技人如何跨入法律領域，法律人如何不被摒蔽於半導體科技領域之外，實為當今重要課題。就科技與法律學門，有意一窺堂奧者，如何得其門而入，乃藉由本書介紹這兩學門，結合理論及實務使讀者得以熟稔。

　　本書三位作者，臺灣師範大學機電工程學系劉傳璽教授、智慧財產法院林洲富法官及臺灣桃園地方檢察署陳建宇主任檢察官，各自在法律及科技領域內任職多年，均有深厚之學術涵養，及豐富的實務經驗，尤其陳建宇主任檢察官係個人的同事，工作勤奮，富有研究精神，偕同兩位撰寫本書，誠為相得益彰。本書內容由智慧財產的概念，論及營業秘密之保護模式與競業禁止；後就半導體產業之介紹，擷取半導體產業營業秘密之案例，以加深讀者的可讀性，此不同於坊間其他相類著作。又本書表文達意簡明扼要，論點精闢，使營業秘密法與半導體科技之論述不會

艱澀難懂。有意瞭解半導體科技，或研究營業秘密法等智慧財產法律，甚至欲瞭解相關訴訟技巧者，自可以本書爲基礎，再深入研究。是爲之序。

法務部政務次長　陳明堂

2020 年 11 月於法務部

# 推薦序3

　　保護營業秘密之目的，在於使從事發明或創作之人，其投入之時間、勞力及金錢，所獲得之心血結晶，不受他人剽竊而付諸東流。營業秘密法為智慧財產權法制之一環，常成為諸多企業成功之關鍵。臺灣在半導體相關產業之成就，在全世界之半導體製造技術上已屬業界優等生，IC晶片電路設計之技術及產值亦名列前茅。半導體產業隨著技術進步及國際經濟活動日益複雜，為能取得市場競爭之優勢，諸多企業競相投入新技術之創新與研發，並高度重視營業秘密及相關智慧財產權之保護。

　　本書之三位作者均具有博士學位，有豐富之學術與實務經驗。林洲富法官為智慧財產法院現任法官。林法官具有多年審判實務與教學經驗，勤於治學為著作等身，並於國立中正大學法律學系所擔任兼任助理教授，作育英才。劉傳璽博士目前任職於國立臺灣師範大學機電工程系教授，亦曾任職於美國IBM公司與台灣科學園區聯電公司，均擔任半導體新技術的研發工作。劉教授在學界與業界服務多年之優異表現，曾獲得中華民國教育學術團體頒發教育學術界最高榮譽的木鐸獎，並常受邀至科學園區半導體公司與政府部門，擔任審查委員、授課講師或專題講座。陳建宇博士具律師及專利代理人資格，目前擔任臺灣桃園地檢署主任檢察官，在負責智慧財產專組業務時，參與本書半導體營業秘密之研究與編著，對本書就營業秘密法之分析，提供其實務觀點。三人合作，使法律領域與半導體領域真正能「異業結合」。相信本書將在營業秘密法及半導體領域產生「梅迪奇效應」（The Medici Effect）。

　　本書是第一本從半導體產業的角度出發，結合三位專業人士共同編撰，內容涵蓋半導體產業相關的營業秘密與智慧財產權，除以簡單清楚的方式介紹IC晶片之開發與製程外，亦輔以相關司法實務之判決案例搭配說明，理論與實務兼具，適合

學習、研究或從事相關工作之法律人與科技人閱讀。我國半導體產業已成台灣經濟的護國神山，半導體產業智慧財產權法制的建構，有不可忽視的重要性，本書的研究成果正好可以提供規範和指引的作用，因此樂爲之序。

國立中正大學法學院教授兼院長　謝招勝
2020 年 9 月於中正大學法學院

# 作者自序

　　科技產業為我國的經濟命脈，半導體產業又為其「重中之重」，半導體科技對我國在國際間競爭力之影響，舉足輕重。現今各國對科技產業，莫不採取營業秘密法等智慧財產權手段保護之，以維護國家競爭力。我國尤重於此，故先後於2016年修正商標法、2019年修正著作權法及專利法、2020年修正營業秘密法，以為保護之利器。

　　我國法制面逐步健全，實務上對科技產業營業秘密權之保障，仍待各界共同落實。落實與否，關鍵之一在於，科技界對營業秘密法等智慧財產權法令之深入理解，及法律界對科技、科技產業，乃至於產業經營之廣泛認識。但「法律」與「科技」涇渭分明，其間隔閡，顯然對科技產業之智慧財產權保障形成阻礙。實有待「跨界交流」，藉此激起「創新」力量，打破彼此藩籬，提昇保護力道。有鑑於此，三位作者基於此「跨界交流」之考量，共同著成本書，期能在此領域裡形成「梅迪奇效應」（The Medici Effect）。

　　本書以「營業秘密」為核心，先介紹與營業秘密相關之智慧財產各法。最適合法律與科技兩專門領域的初學者學習。其次詳細介紹營業秘密法之構造，及該法與「競業禁止」之關係。離職後競業禁止之議題原屬勞工法議題，於營業秘密領域則日益受重視，有詳加介紹之必要。此部分尤合適科技人研習。再者舉數個案例並加以評析，令讀者深入瞭解每一個案之徵點，俾與前述各章相互對照，快速掌握重點。法律人如就先此部分案例著手，再回溯研讀前面數章節，必能對科技領域有深刻認識。

　　本書立論不足之處，尚賴法律先進及科技專家，有以教我，不勝感激。

劉傳璽　林洲富　陳建宇 謹識

2021 年元月

# 目錄

推薦序

作者自序

第一章 | 智慧財產權總論與基本概念 ······················· 1

    UNIT 1.1　引言　　　　　　　　　　　　　　　　　3

    UNIT 1.2　智慧財產權的意義　　　　　　　　　　　4

    UNIT 1.3　智慧財產權的範圍與分類　　　　　　　　5

    UNIT 1.4　智慧財產權的特性　　　　　　　　　　　7

    UNIT 1.5　各種智慧財產權法的保護關係　　　　　10

    UNIT 1.6　商標法介紹　　　　　　　　　　　　　11

    UNIT 1.7　專利法介紹　　　　　　　　　　　　　21

    UNIT 1.8　著作權法介紹　　　　　　　　　　　　36

    UNIT 1.9　積體電路電路布局保護法介紹　　　　　49

第二章 | 營業秘密與競業禁止 ······················· 57

    UNIT 2.1　前言　　　　　　　　　　　　　　　　59

    UNIT 2.2　營業秘密法之立法目的　　　　　　　　61

    UNIT 2.3　營業秘密之保護理論　　　　　　　　　62

    UNIT 2.4　營業秘密之性質　　　　　　　　　　　66

    UNIT 2.5　營業秘密之客體與保護要件　　　　　　72

    UNIT 2.6　營業秘密權利之歸屬　　　　　　　　　91

    UNIT 2.7　司法程序之保密令制度　　　　　　　　95

    UNIT 2.8　營業秘密之侵害、救濟與責任　　　　103

    UNIT 2.9　競業禁止約款　　　　　　　　　　　112

第三章 ｜ 半導體產業介紹 ·········· 129

UNIT 3.1　前言　131

UNIT 3.2　半導體 IC 的開發與製造流程介紹　134

UNIT 3.3　電路設計與布局圖的關聯　135

UNIT 3.4　布局圖與光罩製作的關聯　138

UNIT 3.5　半導體製程簡介　141

UNIT 3.6　半導體 IC 的製造趨勢　156

UNIT 3.7　良率　160

UNIT 3.8　半導體 IC 製程的核心技術　162

第四章 ｜ 半導體產業營業秘密案例解析 ·········· 165

UNIT 4.1　案例一：友達光電 vs 連○池、王○凡　167

UNIT 4.2　案例二：群創公司 vs 陳○熹　171

UNIT 4.3　案例三：銀箭資訊、銀箭線上 vs 蔡○甫　175

UNIT 4.4　案例四：聯發科 vs 袁○文　177

UNIT 4.5　案例五：兆發科 vs 游○良　181

UNIT 4.6　案例六：勝華科 vs 甲○○　186

UNIT 4.7　案例七：台積電 vs 梁○松　190

附　錄 ｜ 智慧財產權最新修改法條 ·········· 197

附錄一　營業秘密法　199

附錄二　商標法　204

附錄三　專利法　225

附錄四　著作權法　259

附錄五　積體電路電路布局保護法　286

附錄六　勞資雙方簽訂離職後競業禁止條款參考原則　293

參考文獻 ·········· 295

# 第一章　智慧財產權總論與基本概念

UNIT 1.1　引言

UNIT 1.2　智慧財產權的意義

UNIT 1.3　智慧財產權的範圍與分類

UNIT 1.4　智慧財產權的特性

UNIT 1.5　各種智慧財產權法的保護關係

UNIT 1.6　商標法介紹

UNIT 1.7　專利法介紹

UNIT 1.8　著作權法介紹

UNIT 1.9　積體電路電路布局保護法介紹

# UNIT 1.1　引言

　　本書所探討的主題，主要聚焦在半導體相關產業的營業秘密。然營業秘密法於2020年1月15日修正，全文共16條；商標法於2016年11月30日修正，全文共111條；專利法於2019年5月1日修正，全文共159條；著作權法於2019年5月1日修正，全文共117條；積體電路電路布局保護法於2002年6月12日修正，全文共41條，所涉均屬於智慧財產權的範圍[1]，爲求周嚴，應一併論述。而且隨著半導體相關產業，包含晶圓代工、IC設計、面板、DRAM、太陽能電池與LED等技術，進步日新月異及同業間的競爭激烈，企業常以營業秘密權結合其他智慧財產權的方式來保護自己的技術。舉例來說，假設某個企業的產品涉及兩項自行開發的關鍵技術，其中一項關鍵技術較容易爲業界研發得到，而另一項關鍵技術不容易研發得到，此時企業爲保持競爭優勢，很可能的作法，是將前項容易開發的技術申請專利來保護，而另一項則以營業秘密加以保護。再舉一個IC設計的例子，由於積體電路的設計與布局很容易經由逆向（還原）工程的方式模仿複製[2]。故企業常以積體電路電路布局保護法來保護，但申請電路布局登記時，該積體電路的電路布局必須公開而導致機密性喪失，因此企業常將涉及該積體電路的製程方法，採營業秘密權的方式保護之[3]。以上兩個例子會在後面章節作完整說明。

　　鑑於上述兩個例子，本書在第一章及第二章將針對智慧財產權作一全盤且精簡的介紹。讀者唯有在瞭解第二章營業秘密權與第一章其他智慧財產權的內涵、優缺點與區別後，才能夠知道如何相互運用保護，以達到保護企業技術的最大功效。

---

[1]　林洲富，智慧財產權法——案例式，五南圖書出版股份有限公司，2018年1月，10版1刷，頁4。依據我國現行智慧財產法制區分，可分廣義與狹義。申言之：（一）狹義者包含：1. 保護識別標誌之商標法。2. 保護產業或技術成果之專利法、營業秘密法。3. 積體電路電路布局保護法。4. 保護精神文明創作之著作權法。（二）廣義者，包含以保護維護交易秩序爲核心之公平交易法。

[2]　池泰毅、崔積耀、洪佩君、張惇嘉，營業秘密：實務運用與訴訟攻防，元照出版股份有限公司，2018年11月，初版2刷，頁95至96。逆向工程是指針對一項已知的產品或工作，透過技術、方法，挖掘其發展或製造的過程。而一項資訊，即使不是一般知識，但能夠不花費太大的力氣，就能夠透過逆向工程的方式得知其內容，此項資訊即非營業秘密。

[3]　關於「營業秘密」究爲「權利」或「利益」，事涉得否授權他人使用或讓與他人，保護之方式及相關理解，自有不同。營業秘密法中並未明示，久爲理論界所討論，惟迄未有定論。本書主張營業秘密爲權利，爲無體財產權，爲智慧財產權，故稱「營業秘密權」。相關討論將置於第二章專節中敘之。

## UNIT 1.2　智慧財產權的意義

所謂智慧財產權（intellectual property rights），係指人類用腦力創造的智慧成果。此種精神活動的成果，產生財產上的價值，形成一種權利，應藉由法律加以保護。此種法律保護的心智創作，有別於有形的動產或不動產，是為無形財產[4]。因此，智慧財產兼具「人類精神活動的成果」及「能夠產生財產的價值」之兩大特性。例如為保護創作與發明，而賦予之著作權與專利權。又立法保護智慧財產權的目的，除了上述透過法律提供權利人個人「精神活動成果」的利益保障外，也有基於公共利益的立場，在維持產業的「正當交易及競爭秩序」。例如，對於商標、營業秘密及公平競爭秩序之保護。再者，智慧財產權的保護必須符合法律規定的要件才能受到保護，且不同的智慧財產權有不同的保護要件。著作權採創作保護主義，只要完成創作即可受保護；商標權、專利權及積體電路電路布局保護法，均採註冊保護主義，必須經過主管機關的審查，始能取得保護；營業秘密只要符合保護要件就受到保護，不需要經過審查。原則上，排他性的權利愈強者，必須經過愈嚴格的審查，始能取得保護。

值得說明者，係工業財產權（Industrial Property Rights）與智慧財產權的關係。此名詞於我國法制，可見於「香港澳門關係條例」及我國與諸國之保障投資協定[5]。因係我法制上所明文規制之法律名詞，但法制上又未有加以定義，故其與「智慧財產權」間之關係，有必要說明並界定之[6]。按香港澳門關係條例第37條規定：「香港或澳門居民、法人、團體或其他機構在臺灣地區申請專利、商標或其他工業財產權之註冊或相關程序時，有下列情形之一者，應予受理：(一) 香港或澳門與臺灣地區共同參加保護專利、商標或其他工業財產權之國際條約或協定。(二) 香港或澳門與臺灣地區簽訂雙邊相互保護專利、商標或其他工業財產權之協議或由團體、機構互

---

[4] 陳櫻琴、葉玟妤，智慧財產權法，五南圖書出版股份有限公司，2011年3月，3版1刷，頁3。

[5] 例如中華民國政府與布吉納法索政府間相互促進暨保障投資協定等。

[6] 我國民事實務上也曾討論工業財產權問題。1986年司法院第九期司法業務研究會曾討論「光罩（Mask 或 Mask set）應屬何種工業財產權之客體？」有三說，分別為甲說：應屬著作權之客體；乙說：應屬專利權之客體；丙說：非屬著作權，亦非專利權之客體，依現行法令尚不受保護。有此爭議，諒係對工業財產權之定義並無共識所生。

訂經主管機關核准之保護專利、商標或其他工業財產權之協議。(三) 香港或澳門對臺灣地區人民、法人、團體或其他機構申請專利、商標或其他工業財產權之註冊或相關程序予以受理時。

條文中「工業財產權」乙詞，最早出現於 1833 年「保護工業財產權之巴黎公約（Paris Convention for the Protection of Industrial Property）」第 1 條第 2 項規定，其內容包括：專利、實用新型、工業設計、商標、服務標章、商號名稱、產地標示或原產地名稱，以及防止不正當競爭。依此定義，「工業財產權」實與本文前述「智慧財產權」之概念有相當程度之重疊。基於以下各點，本文主張「工業財產權」可完全為「智慧財產權」所包括並含蓋：(一) 國內對智慧財產權之定義已有多年之共識；「工業財產權」則無。(二) 我國對外之保障投資協定亦採此種含蓋概念。例如「中華民國政府與布吉納法索政府間相互促進暨保障投資協定」第 1 條第 1 項第 (六)點規定：投資一詞係指依相關領土內之法令投入之各類資產，包括但不限於任何；智慧財產權，諸如著作權及工業財產權，包括但不限於專利權、技術加工、商標或廠牌、商名、工業設計、專業知識、商譽及商業名聲。職是，「工業財產權」這一概念，雖不至於應予揚棄之境地，但因其概念不如「智慧財產權」之明確，故本書以下內容不再使用「工業財產權」一詞。合先敘明。

## UNIT 1.3　智慧財產權的範圍與分類

### 一、國際協定

各國對於智慧財產權的界定並不一致，有賴國際的協定統合其認定[7]。首先，根據在斯德哥爾摩簽署的「設立世界智慧財產權組織公約（Convention Establishing the World Intellectual Property Organization）」第 2 條第 8 款的規定，智慧財產權包括下列相關權利：1. 文學、藝術及科學之創作（literary, artistic and scientific works）。2. 演藝人員之表演、錄音及廣播（performances of performing artists, phonograms and broadcasts）。3. 人類在所有領域之發明（inventions in all fields of

---

[7]　謝銘洋，智慧財產權法，元照出版股份有限公司，2014 年 8 月，5 版 1 刷，頁 1 至 2。

human endeavor）。4. 科學上之發現（scientific discoveries）。5. 工業設計（industrial designs）。6. 商標、服務標章、商業名稱及營業標記（trademarks, service marks, commercial names and designations）。7. 不公平競爭之防止（protection against unfair competition）。8. 其他在工業、科學、文學或藝術領域，由心智活動所產生之權利（all other rights resulting from intellectual activity in the industrial, scientific, literary or artistic fields）。

目前對全世界最具影響力的智慧財產權國際協定，當推世界貿易組織（World Trade Organization, WTO）的「與貿易相關之智慧財產權協定（Agreement on Trade-Related Aspects of Intellectual Property Rights, TRIPs）」。此 TRIPs 協定所規範的智慧財產權包括：1. 著作權與相關權利（copyright and related rights）。2. 商標（trademarks）。3. 產地標示（geographical indications）。4. 工業設計（industrial designs）。5. 專利（patents）。6. 積體電路之電路布局（layout designs of integrated circuits）。7. 未揭露資訊之保護（protection of undisclosed information），此為指營業秘密。8. 契約授權中違反競爭行為之管理（control of anti-competitive practices in contractual licences）。

我國與下列國家亦簽署保護智慧財產權協定，顯示我國極重視智慧財產權之保障：1. 中華民國與巴拉圭共和國間關於保護智慧財產權協定。2. 中華民國與薩爾瓦多共和國間相互保護智慧財產權協定。3. 臺灣經濟部智慧財產局與法國國家工業財產局間雙邊合作協定。4. 中華民國與尼加拉瓜共和國間發展及保護智慧財產權雙邊協定。

## 二、我國法制

我國現行的智慧財產權，包括：商標法（trademark law）、專利法（patent law）、著作權法（copyright law）、營業秘密法（trade secret law）與積體電路電路布局保護法（layout law）等所保護之智慧財產權益。依我國智慧財產法院管轄案件之範圍，所謂智慧財產權，除上述五種法律所保護之智慧財產權益外，尚包括光碟管理條例、植物品種及種苗法所保護者，前者因預錄式光碟可能含有版權內容，故特設條例用以管制之；後者則保障植物之品種權。皆在智慧財產權概念內。惟與

本書積體電路之保護及營業秘密顯不相涉，故以下並未論及之。

## UNIT 1.4　智慧財產權的特性

### 一、無體財產權

　　智慧財產權也稱為「無體財產權」，與一般有體財產權（特別是物權）之區別主要在於所保護的客體不同。有體財產權所保護者為對有體物之所有權，基本上係採一物一物權主義；智慧財產權所保護者則為抽象存在之人類精神創作，且所有權人得同時授權多數人實施其權利。再者，智慧財產權所保護的無形精神創作雖藉由實體物呈現，但受保護者並非該實體物本身，該實體物僅為傳達心智精神創作的媒介。例如，某甲買一本書所買到的是這本書的所有物權，並非書的智慧財產權，因此買這本書的所有權人甲不能主張或行使這本書的智慧財產權，若甲未經此書著作權人的同意，而擅自將該書複製銷售圖利，則基本上會構成著作權之侵害。

　　司法實務對此也有嚴謹之區分。在一則著作權授權契約事件中，智慧財產法院表示：伴唱影音光碟涉及之著作類別有二種，一為音樂及語文著作，即光碟內歌曲之音樂及歌詞；另一為視聽著作，即伴唱影音歌曲之影像、聲音部分，亦即該光碟內除結合聲音、影像之視聽著作本身有著作權外，歌曲中之詞、曲亦有著作權。又著作物與著作權係屬不同概念，著作附著於有體物上，始為著作物，該物之所有權即是著作物所有權，乃為一般之物權，與著作權為無體財產權不同[8]。雖說智慧財產權「無一定形體」，惟屬「財產權」之一環，實務上其價值仍有鑑定、估算之可能。

### 二、人格權

　　智慧財產權法除了賦予財產層面的保護外，也賦予精神層面的保護，故提供發明人或創作人在所謂人格權的保護。例如，專利法第 7 條規定發明人、新型創作人或設計人享有姓名表示權、著作權法第三節規定「著作人格權」（著作權法第 15 條至第 21 條），包括公開發表之權利、姓名表示之權利等等。這些都與發明人或創

---

[8]　智慧財產法院 99 年度民著上字第 4 號民事判決。

作人本身有關,故稱爲人格權。

對於智慧財產人格權之侵害,可能需負損害賠償責任。例如,在一則商標評定事件中,智慧財產法院對於商標法第 23 條第 1 項第 15 款規定:「商標有他人之肖像或著名之姓名、藝名、筆名、字號者,不得註冊。但得其同意申請註冊者,不在此限」進一步闡示並認定:本款旨在保護自然人之人格權。所稱姓名、藝名、筆名、字號者,限於完全相同且達到著名的程度。本案就原告所檢送之證據資料觀之,有關日本細胞學博士之姓名,已爲著名姓名之事實,而其確有授權同意參加人之前手以其姓名申請商標指定使用於蔬菜湯等商品,從而,被告所爲評定不成立之處分,並無不法[9]。可說明智慧財產權之人格權特性。

## 三、屬地保護主義

智慧財產權之保護,原則上採「屬地保護主義」[10]。意即在有註冊的國家依該國智慧財產權法的保護。舉專利保護爲例,因各國授予專利權及保護專利權,實爲國家行使公權力之表徵,故各國專利權所保護之範圍以該國主權所及之領域爲限,即一國一專利權。例如,某甲的產品僅在台灣取得新型專利權,並未於中國大陸或其他國家取得專利權,而某乙雖於此專利有效期間在大陸製造及販賣,甲無法依據我國專利法之規定向乙主張專利權。此乃因甲未於中國大陸或其他國家取得專利權,無法獲得大陸或其他國家的專利法保護。申言之,專利法採屬地主義原則,專利保護僅在專利獲准之國家有效,而不及於其他國家。因此,一個企業對於具有潛在獲利價值的專利,原則上應向各國申請專利,在取得專利權後,始受各國專利法制之保護。

商標權之保護也採屬地保護主義。在一則商標註冊事件中,最高行政法院便表示:商標係採屬地主義,各國法制、國情不同,應以本國之法制與國情爲適用法律及認定事實之標準,尙不得據外國法制及其不同之認定資爲本件應准註冊之理

---

[9] 智慧財產法院 97 年度行商更 (一) 字第 5 號行政判決。

[10] 林洲富,智慧財產權法—案例式,五南圖書出版股份有限公司,2018 年 1 月,10 版 1 刷,頁 6。

由[11]。故對該案原告訴稱：二商標在外觀、讀音、觀念及字義上均有不同，原告以系爭商標在多國獲准商標專用權，英國認系爭商標與據以核駁之商標不構成近似，故准併存註冊及使用云云，認為無可採。

## 四、外國人保護主義

國際上對於外國人智慧財產權的保護，一般都採平等互惠原則的「形式互惠」[12]。意指一旦兩國建立互惠保護關係後，對於該外國人的智慧財產權利用本國智慧財產權法保護，也就是「國民待遇原則」，以保護本國人智慧財產權的相同方式保護該外國人的智慧財產權。惟應強調者，這種「互惠」仍需個案認定之，非可一概而論。在一則「新式樣專利申請」案中，我國與法國為相互承認專利優先權，惟臺北高等行政法院認為：「1996 年 7 月 1 日被告致法國工業財產局之信函（即中法互惠協議）內容，僅係中法雙方對於有關相互承認專利、設計、商標及合作等事項的換文（EXCHANGE OF LETTERS），法國人民向我國主張優先權，仍應依據前經濟部中央標準局 85 年 8 月 10 日（八五）台專（企）09011 字第 130140 號公告及專利法有關優先權之相關規定。依該公告內容，法國國民自 85 年 9 月 1 日起第一次在其「本國」申請之發明專利、實用證明或設計及造型，得依我國專利法規定主張優先權，原告於原案中所主張優先權之基礎案（法國 DM/044929 號申請案），既係原告向世界智慧財產權組織提出申請之專利案，並非其向法國工業財產局提出申請者，自與前開公告內容未合。而本件分割案於其專利申請書中所載明之優先權基礎案既為法國 DM/044929 號申請案，且依原告所檢送之優先權證明文件，並非由法國工業財產局所出具，而係由世界智慧財產權組織所核發者，自不得據以向我國主張優先權（臺北高等行政法院 90 年度訴字第 6028 號行政判決）。」即屬適例。

依據 WTO 的 TRIPs 協定第 42 條，會員應賦予權利人實施本協定涵蓋的智慧財產權之民事司法程序之權利。又我國為 WTO 的會員，故 WTO 之其他會員的國民，均可在我國境內行使智慧財產權之權利，以符合國民待遇原則之基本精神。

---

11　最高行政法院 86 年度判字第 217 號行政判決。
12　陳櫻琴、葉玟妤，智慧財產權法，五南圖書出版股份有限公司，2011 年 3 月，3 版 1 刷，頁 6。

# UNIT 1.5 各種智慧財產權法的保護關係

我國的智慧財產權法各有其立法目的。例如，專利法在於鼓勵、保護、利用發明、新型及設計之創作，以促進產業發展；營業秘密法在於保障營業秘密，維護產業倫理與競爭秩序，調和社會公共利益。由於各個法律各有其不同的保護目的，因此在保護客體與保護要件上的要求也不相同，甚至在賦予的權利內容及限制上，也有所不同。也因此有可能出現同一客體，同時受到數個智慧財產權法的保護，或是由於法律的規範或權利的性質，而排除同一客體受到數個智慧財產權保護的可能性，就此說明於後。

## 一、擇一保護

某種權利雖然同時符合兩種智慧財產權法的保護要件，但為了避免重複保護，僅能就其中一種智慧財產權法加以保護。例如，專利法第 124 條第 3 款規定，合於「積體電路電路布局保護法」之電路布局，即不屬於設計專利之保護範圍。

## 二、同時併存保護

一個客體是否能夠取得某個智慧財產權之保護，主要視其是否符合該智慧財產權法保護要件之要求，因此若一個客體能夠同時符合數個智慧財產權法的要求，並不排除其同時受到兩種以上智慧財產權法保護的可能性。若以人物卡通造型為例，其得同時受商標法（商標法第 18 條）與著作權法（著作權法第 5 條第 4 款美術著作或第 6 款圖形著作）的保護外，如果以其作為商品的造形，也有可能取得設計專利權的保護（專利法第 121 條）。倘客體受兩種以上的智慧財產權保護下，當構成侵害時，可同時以此兩種以上的法律處罰。例如，未經所有權人授權而影印並重製屬於所有權人的營業秘密資料，除侵害營業秘密外，也可能構成侵害著作權。

## 三、不同智慧財產權間的保護互斥

智慧財產權法制間可能因為要求的保護要件與程序不同，而產生保護上互相排斥的情形。最典型的例子當屬專利權與營業秘密權，因為專利法第 26 條規定申請

專利必須要明確且充分揭露技術內容，而且核准的專利必須於專利公報上公告之，這些都會使技術失去秘密性，牴觸營業秘密法第 2 條的要件而無法成為營業秘密法保護的客體[13]。此時權利人可選擇對自己比較有利的法律加以保護。例如，有些企業為維持技術的秘密性，不申請專利而採用營業秘密法保護，就不用公開其技術內容，也不受專利有效期間的限制。

### 四、分割客體以不同智慧財產權保護

由上述的說明可知，不同的智慧財產權法制可能會有保護上互斥的情況。但若一項商品涉及兩個以上的技術，且權利人也可將之明確分割成兩個以上的技術，則權利人可針對不同的技術，視情況採取較有利的智慧財產權分別保護之。這種情形常見於半導體的晶圓代工。例如，晶圓代工廠可能會針對某個製程的化學配方申請發明專利保護，但對其製程方法不申請專利而以營業秘密保護之。

## UNIT 1.6　商標法介紹

我國於 1930 年公布施行商標法，其後經過多次修正，最近一次修正為 2016 年 11 月 30 日。目前商標法的架構相當符合國際協定，共分五章：第一章總則；第二章商標；第三章證明標章、團體標章及團體商標；第四章罰則；第五章附則，條文共計 111 條。第 1 條指出制定商標法的目的為保障商標權、證明標章權、團體標章權、團體商標權及消費者利益，維護市場公平競爭，促進工商企業正常發展。以下就商標分類、商標法立法原則、商標權內容與註冊要件等作一精簡介紹：

### 一、商標分類

(一) 商品商標與服務商標

商標依表彰商品或服務之不同，分為商品商標及服務商標。商標係指任何具

---

13 只要符合營業秘密法的「秘密性」、「經濟性」與「合理保密措施」三要件，就依法受保護，直至喪失秘密性為止。此三要件會在第二章作詳細討論。

有識別性之標識，得以文字、圖形、記號、顏色、立體形狀、動態、全像圖、聲音等，或其聯合式所組成（商標法第 18 條）。上面所稱識別性，指足以使商品或服務之相關消費者認識為指示商品或服務來源，並得與他人之商品或服務相區別者。例如，以文字 7-ELEVEn 作為便利商店的商品商標；麥當勞以圖形 M 作為提供速食服務的服務商標。

　　論究商品有無識別性，除端視商標圖樣與他人之商品有相區別之情形外，仍需考量商標之獨創性、實際商品市場環境、各類商標併存情形、商品性質與關聯性、商品購買人之注意程度等因素綜合判斷之，而非單純以圖樣作為其識別之依據[14]。以牙膏為例，「牙膏為大眾民生基本用品，其商品之替代性高，且因無特定商品領域，故不具市場區隔性，一般消費者於選購商品時，依一般社會通念，客觀上當對其以圖樣所表彰之商品來源、性質或產銷主體等產生聯想。從而雖牙膏實際擠出之圖形，或因著力點、施用力道及時間長短等因素，而致長、短、尖、圓、扁、寬或細不一，但因仍不失為係牙膏擠出之形狀，是以一般商品購買人在購買牙膏時自有將該商標圖樣與牙膏作相當程度聯想之可能。且牙膏商品業界亦有以牙膏擠出之圖形為商標圖樣之習慣，此觀被上訴人所提出之 Aquafresh 家護牙膏、Close-Up 牙膏之包裝盒、家護晶亮美白牙膏包裝盒及黑人白綠雙星牙膏之包裝盒即知，是系爭商標單以圖樣為主要部分，別無其他字樣或特殊設計，以資與其他牙膏商品商標相區別，自不足以使消費者認識其為表彰被上訴人商品信譽來源之標誌，殊難謂具有特別顯著性，在社會大眾主觀印象上亦無識別作用可言。」

## (二) 證明標章

　　證明標章係指證明標章權人用以證明他人商品或服務之特定品質、精密度、原料、製造方法、產地或其他事項，並藉以與未經證明之商品或服務相區別之標識（商標法第 80 條）。其中用以證明產地者，該地理區域之商品或服務應具有特定品質、聲譽或其他特性，證明標章之申請人得以含有該地理名稱或足以指示該地理區域之標識申請註冊為產地證明標章。證明標章的例子有我國常見的正字標記、ST玩具安全標誌、池上米標章等等。由於證明標章在表彰一定的特性，因此就會涉及

---

[14] 最高行政法院 92 年度判字第 1066 號行政判決。

如何證明該商品或服務確實具有該特性，因此商標法第 81 條規定證明標章之申請人，以具有證明他人商品或服務能力之法人、團體或政府機關爲限。但申請人如果是從事於欲證明之商品或服務之業務者，不得申請註冊證明標章，避免球員兼裁判。

## (三) 團體標章

團體標章係指具有法人資格之公會、協會或其他團體，爲表彰其會員之會籍，並藉以與非該團體會員相區別之標識（商標法第 85 條）。例如，獅子會、政黨組織團體等。關於團體標章，值得注意者，係團體標章圖樣襲用他人之商標或標章有致公眾誤信之虞者，不得申請註冊（商標法第 77 條準用同法第 37 條第 1 項第 7 款）。在一則團體標章異議事件中，最高行政法院表示：本件原告以外觀及構圖意匠相近似之圖樣，作爲系爭團體標章之圖樣，指定使用於表示係中華職業棒球聯盟之組織和會員之會籍申請註冊，以原告同爲從事職棒運動之經營者，對關係人據以異議商標已有認識之情形，客觀言之，實難謂無基於不公平競爭之目的，襲用他人商標，並有使一般消費者對其所表彰之會籍或組織來源發生混淆誤認之虞，自有首揭法條之適用。再原告所舉案例，或其案情與本案互異，或其圖樣皆無本案係皆以上半身打擊姿態爲構圖主體之情形。另有無襲用他人商標致公眾誤信之虞，應以一般消費者有無產生混淆誤認之虞以爲斷。況商標之設計理念、過程一般消費者通常無從得知，設計者應力求避免與他人商標構成近似，否則對自己或他人皆不免造成商譽損害，自非合宜 [15]。

## (四) 團體商標

團體商標係指具有法人資格之公會、協會或其他團體，爲指示其會員所提供之商品或服務，並藉以與非該團體會員所提供之商品或服務相區別之標識（商標法第 88 條）。例如，農會、漁會等團體得註冊團體商標。團體商標本質上仍屬商標，其主要不同在於團體商標的使用，係由團體各個成員將團體商標使用於商品或服務上，而分由註冊人用以表彰自己的商品或服務 [16]。再者，地理標示也可藉由申請團

---

[15] 最高行政法院 86 年度判字第 3298 號行政判決。

[16] 陳櫻琴、葉玟妤，智慧財產權法，五南圖書出版股份有限公司，2011 年 3 月，3 版 1 刷，頁 36。

體商標獲得保護，如果團體商標是用以指示會員所提供之商品或服務來自一定產地者，該地理區域之商品或服務應具有特定品質、聲譽或其他特性，團體商標之申請人得以含有該地理名稱或足以指示該地理區域之標識申請註冊，為產地團體商標（商標法第 88 條）。

## 二、商標法立法原則

### (一) 註冊保護主義

商標權的取得有兩種方式：使用主義與註冊主義。使用主義主張商標權因實際使用而當然取得，美國即採用此制度。我國商標法對商標權的取得，原則係採註冊保護主義，即必須依法申請註冊取得商標權始能獲得保護，排除他人使用。我國商標法第 33 條規定商標自註冊公告當日起，由權利人取得商標權，商標權期間為 10 年。商標權期間得申請延展，每次延展為 10 年。

### (二) 先申請先註冊原則

所謂先申請先註冊原則，係指若有二人以上以相同或近似商標，各別申請申請註冊使用於相同或類似之商品或服務上，應由最先提出申請者取得註冊。但若在同日申請而不能辨別時間先後者，由各申請人協議定之；不能達成協議時，以抽籤方式定之（商標法第 22 條）。

### (三) 屬地主義

商標法採屬地主義原則，商標權的取得與保護依各國法律所主張的權利範圍，以及各國主權的領域為限。因此在某一國註冊保護的商標權，原則上不得在其他國家主張。

### (四) 使用保護主義

商標法第 63 條第 1 項第 2 款規定，商標註冊後無正當事由迄未使用或繼續停止使用已滿 3 年者，商標專責機關應廢止其註冊。使用保護主義在於避免商標註冊者長期不使用仍占有商標權，妨礙他人的申請與使用權益。

## (五) 公衆審查制度

　　保護商標主要以避免混淆爲目的，但在近似商標或類似商品、服務，易造成註冊爭議，因此各國商標立法制定公衆審查制度以彌補審查主義之不足。我國商標法的公衆審查制度有異議（商標法第 48 條）、評定（商標法第 57 條）與廢止（商標法第 63 條、第 93 條）。

# 三、商標權內容

## (一) 商標權期間

　　商標自註冊公告當日起，由權利人取得商標權，商標權期間爲 10 年（商標法第 33 條第 1 項）。商標權期間得申請延展，每次延展爲 10 年（商標法第 33 條第 2 項）。因此，商標權之期限得無限延展。而商標權之延展，應於商標權期間屆滿前 6 個月內提出申請，並繳納延展註冊費；其於商標權期間屆滿後 6 個月內提出申請者，應繳納 2 倍延展註冊費（商標法第 34 條第 1 項）。前項核准延展之期間，自商標權期間屆滿日後起算（商標法第 34 條第 2 項）。

## (二) 商標權之使用

　　商標之使用，指爲行銷之目的，而有下列情形之一，並足以使相關消費者認識其爲商標：(1) 將商標用於商品或其包裝容器。(2) 持有、陳列、販賣、輸出或輸入前款之商品。(3) 將商標用於與提供服務有關之物品。(4) 將商標用於與商品或服務有關之商業文書或廣告。前項各款情形，以數位影音、電子媒體、網路或其他媒介物方式爲之者，亦同（商標法第 5 條）。使用商標時，應注意以下事項[17]：(1) 以行銷爲目的。(2) 商標應整體使用，不得任意分割。(3) 禁止致有誤認他人商標之虞，故不宜隨意變換或加附記使用。(4) 商標之使用應用於指定之商品或服務爲限。

## (三) 商標權之限制

　　商標權之限制是指非商標權人在下列情況之一時使用他人商標，並不構成商標權之侵害。

---

[17] 林洲富，智慧財產權法 — 案例式，五南圖書出版股份有限公司，2018 年 1 月，10 版 1 刷，頁 31。

## 1. 合理使用

以符合商業交易習慣之誠實信用方法，表示自己之姓名、名稱，或其商品或服務之名稱、形狀、品質、性質、特性、用途、產地或其他有關商品或服務本身之說明，非作為商標使用者（商標法第 36 條第 1 項第 1 款）。舉例來說，汽車維修廠通常均會將各大車廠之商標標示於招牌上，因其一次標示出多家車廠之商標，縱使未特別說明係維修各大車廠之車輛，相關消費者亦不會誤認為係某一特定車廠之直營或加盟維修廠，就行業慣例而言，自屬合理使用[18]。

允許商標之合理使用有其必要。在一則商標撤銷事件中，最高行政法院認為：原審斟酌全辯論意旨及調查證據之結果，認定『於商品型錄及報紙廣告上使用中文『畢卡索藝術生活精品』及外文『PICASSO ART CARLECTION』等字樣，核屬以善意且合理使用之方法，表示商品上所使用之圖案係來自世界知名畫家畢卡索畫作之衍生著作，藉以倡導、提升國人生活之藝術美，是所附記於商品之上者，顯係有關商品本身之說明文字，而並非做為商標使用，依行為時商標法第 23 條第 1 項規定，自不受上訴人商標專用權之效力所拘束，認事用法尚稱妥適[19]。

## 2. 功能性使用

為發揮商品或服務功能所必要者（商標法第 36 條第 1 項第 2 款）。此款藉由功能性理論限制商標權的範圍，除非依專利法取得專利權外，任何人均可使用。例如，加上葡萄口味的藥水，雖不會增加藥效，但是功能是遮蓋藥物的味道，不受他人商標權效力所拘束。最高行政法院一則商標評定事件中，以充分運用功能性理論限制商標權範圍：原告以系爭商標與據以評定商標所指定使用之商品均為捕殺蚊蠅以維護居家環境清潔之器具，故捕字為本案商品習慣上通用之功能說明性文字，在比較判斷兩商標是否近似時，應去除具有描述性、且為普通使用方法之文字，本案兩商標去除末尾捕字後，據以評定商標剩餘部分為神，系爭商標剩餘部分為天元神，無論外觀、觀念、讀音均區別顯然云云。訴經經濟部訴願決定及行政院再訴願決定，以兩商標主要部分之圖樣，神捕相同，且均為左至右橫書，異時異地隔離觀

---

[18] 智慧財產法院 99 年度民商訴字第 42 號民事判決。
[19] 最高行政法院 93 年度判字第 72 號行政判決。

察，外觀上有使一般消費者發生混同誤認之虞，原處分認係屬相近似之商標，復因兩商標俱指定使用於蚊香、捕蠅紙等相同之商品，乃評決系爭第 591287 號「天元神捕」商標之註冊應作為無效，並無不當。原告將「捕」字自系爭商標與據以評定商標圖樣之整體中文予以析離，執為兩商標不近似之論據核不足採[20]。

### 3. 善意先使用

在他人商標註冊申請日前，善意使用相同或近似之商標於同一或類似之商品或服務者。但以原使用之商品或服務為限；商標權人並得要求其附加適當之區別標示（商標法第 36 條第 1 項第 3 款）。此款目的在於彌補商標權註冊主義的缺點。例如，台南一間烤玉米店家「石頭鄉」，被另一業者控告他在 1997 年就已經註冊的商標權。後來台南這間店家提出電影「賭神 2」的招牌入鏡畫面，證明早在 1994 年他們就使用這商標。智財法院確認後，認為台南這間店家使用「石頭鄉」，是符合商標法善意先使用之規定，不受他人商標權之效力所拘束[21]。「善意先使用」之要件旨在保障善意先使用人能在原有之社會關係，享有其應受保護之利益，避免某商標之准許，破壞原有之和諧社會生活。在一則商標審議案件中，智慧財產法院有明確說明：「因善意先使用人能在原有之社會關係，享有其應受保護之利益。故善意先使用者除得增加提供商品或服務之店家數目，並於不同地理區域開設分店外，亦可基於加盟經營關係，繼續使用其原本商標之權利，不應受經營規模、地區或加盟之限制。商標權人僅得視實際交易需求，有權要求善意先使用人附加適當之標示，以區別商標權人之商標。查「熊手包」、「熊食」字型，均屬未經設計之簡單字體與線條，並未彰顯作者創作之獨特性及其欲表達之意涵，不符合原創性之要件，非著作權所保護之標的。況系爭協議書內容未確認究竟何類型創作、何種設計為何人所有。再者，被上訴人使用系爭商標符合善意先使用之要件，其有權利授權加盟店在原使用之服務範圍，使用系爭商標，自不受系爭商標權之效力所及。職是，被上訴人公司之士林夜市加盟店縱使於臉書社群網站，上傳有關「熊手包」、「熊 食」及「誰說魚與熊掌不可兼得」之說明、價格、招牌及宣傳單等資訊，均無法證明被上

---

20　最高行政法院 86 年度判字第 2957 號行政判決。
21　智慧財產法院 100 年度刑智上易字第 20 號刑事判決。

訴人違反系爭協議書之約定，不成立侵害系爭著作與系爭商標」[22]。

### 4. 權利耗盡原則

　　商標法第 36 條第 2 項前段規定：附有註冊商標之商品，由商標權人或經其同意之人於國內外市場上交易流通，商標權人不得就該商品主張商標權。揭示「權利耗盡原則」。係指商標由商標權人或經其同意之人標示於商品上並於市場上交易流通，則權利人不得就該商品主張商標權而禁止該商品嗣後轉售，亦即商標權於第一次放入市場銷售時，商標權已耗盡，二次行銷或消費者的使用或轉售，不受商標權效力所拘束。此商標權之耗盡原則、第一次銷售理論或首次銷售理論（First Sale Doctrine），又分為「國內耗盡」與「國際耗盡」不同理論。我國商標法係採國際耗盡原則，指商標權人對於經其同意而流通於市場之商品，不問第一次投入市場在國內或國外即已取得報酬，都不能再主張權利[23]。此商標法條文亦承認真品平行輸入[24]。上述耗盡原則為防止商品流通於市場後，發生變質、受損，或有其他正當事由者，不在此限。例如，商品遭變動後，客觀上足以影響消費者作出購買該商品之意願，或購買該商品之價格，該變動復有造成消費者混淆、誤認之虞，則該項遭變動後之商品與原商品間，即應認有實質上差異，而構成商標權耗盡原則之例外情形。

---

[22] 智慧財產法院 104 年度民著上字第 12 號民事判決。

[23] 智慧財產法院 106 年度民商訴字第 17 號民事判決。
　　智慧財產法院 102 年度民商訴字第 49 號民事判決。

[24] 王義明，論主張真品平行輸入之界限—以商標法規範為中心，智慧財產權月刊，230 期，2018 年 2 月，頁 15。我國商標法並無「平行輸入」之用語，依學者見解，係指在國外已經註冊之商標，由於其在國內也有合法授權之商標使用人，或已按國內法為商標之註冊，此時，若未經合法授權之第三人，未得到國內合法被授權人或商標權人之同意，自國外輸入或進口附著該商標之商品進行銷售行為，此現象即稱為平行輸入。至於所稱「真品」，則是用來指涉相對於「仿冒品」、「贗品」等侵害商標權物品的情形。因此，綜合前述說明，輸入貼附有國外合法註冊商標之真正商品，就構成所謂真品平行輸入。

## 四、商標註冊要件

### (一) 商標註冊積極要件

#### 1. 商標構成要件

我國商標法採註冊保護主義，故欲申請註冊取得商標權，申請之商標必須具備商標註冊要件。商標，指任何具有識別性之標識，得以文字、圖形、記號、顏色、立體形狀、動態、全像圖、聲音等，或其聯合式所組成。前項所稱識別性，指足以使商品或服務之相關消費者認識爲指示商品或服務來源，並得與他人之商品或服務相區別者（商標法第18條）。此爲商標構成要素及識別性，爲商標註冊之積極條件。例如，氣味不屬於商標構成要素，因此無法以氣味作爲商標客體申請註冊取得商標權。而已註冊的聲音商標如綠油精（註冊審定號：01135554），由於聲音屬於商標構成要素且商標具有識別性。

#### 2. 第二意義

商標的標識雖然原本不具有商標法第 18 條第 2 項規定的識別性，但是經申請人使用後，已經在交易上被消費者認識，成爲申請人商品或服務之識別標識者，則應被視爲已經具備識別性（商標法第 29 條第 2 項），此稱爲第二意義或次要意義，惟商標註冊主張有第二意義情事者，應提出相關證明。舉例來說，以人的姓名爲商標者。例如，麥當勞，一般人的姓名並不具有識別性，但經過使用後亦具有極高的識別性，此即爲第二意義。職是，所稱「次要意義」，則指某項原本不具識別力之特徵，因長期繼續使用，使相關事業或消費者認知並將之與商品或服務來源產生聯想，該特徵因而產生具區別商品或服務來源之另一意義而言。是以何謂商品之「表徵」，應著眼於相關事業或消費者見諸該特徵，能否認知其表彰該商品來源或對於該來源產生聯想。從而，姓名、商號或公司名稱、商標或標章；具識別力之商品容器、包裝、外觀；因長期間繼續使用，可使相關事業或消費者對於該來源產生聯想之商品容器、包裝、外觀等，均爲公平交易法第 21 條、第 22 條所定之「表徵」[25]。

---

25　臺灣臺中地方法院 92 年智字第 18 號民事判決。

## (二) 商標註冊消極要件

　　註冊商標除了必須具備商標構成要素與識別性的積極要件外，還必須不能具有特定要件即消極要件。商標法的消極要件採列舉方式，有下列消極要件之一者，不得註冊商標。依商標法第 29 條第 1 項與第 30 條第 1 項，消極要件包括：(1) 僅由描述所指定商品或服務之品質、用途、原料、產地或相關特性之說明所構成者。(2) 僅由所指定商品或服務之通用標章或名稱所構成者。(3) 僅由其他不具識別性之標識所構成者。(4) 僅為發揮商品或服務之功能所必要者。(5) 相同或近似於中華民國國旗、國徽、國璽、軍旗、軍徽、印信、勳章或外國國旗，或世界貿易組織會員依巴黎公約第六條之三第三款所為通知之外國國徽、國璽或國家徽章者。(6) 相同於國父或國家元首之肖像或姓名者。(7) 相同或近似於中華民國政府機關或其主辦展覽會之標章，或其所發給之褒獎牌狀者。(8) 相同或近似於國際跨政府組織或國內外著名且具公益性機構之徽章、旗幟、其他徽記、縮寫或名稱，有致公眾誤認誤信之虞者。(9) 相同或近似於國內外用以表明品質管制或驗證之國家標誌或印記，且指定使用於同一或類似之商品或服務者。(10) 妨害公共秩序或善良風俗者。(11) 使公眾誤認誤信其商品或服務之性質、品質或產地之虞者。(12) 相同或近似於中華民國或外國之葡萄酒或蒸餾酒地理標示，且指定使用於與葡萄酒或蒸餾酒同一或類似商品，而該外國與中華民國簽訂協定或共同參加國際條約，或相互承認葡萄酒或蒸餾酒地理標示之保護者。(13) 相同或近似於他人同一或類似商品或服務之註冊商標或申請在先之商標，有致相關消費者混淆誤認之虞者。但經該註冊商標或申請在先之商標所有人同意申請，且非顯屬不當者，不在此限。(14) 相同或近似於他人著名商標或標章，有致相關公眾混淆誤認之虞，或有減損著名商標或標章之識別性或信譽之虞者。但得該商標或標章之所有人同意申請註冊者，不在此限。(15) 相同或近似於他人先使用於同一或類似商品或服務之商標，而申請人因與該他人間具有契約、地緣、業務往來或其他關係，知悉他人商標存在，意圖仿襲而申請註冊者。但經其同意申請註冊者，不在此限。(16) 有他人之肖像或著名之姓名、藝名、筆名、字號者。但經其同意申請註冊者，不在此限。(17) 有著名之法人、商號或其他團體之名稱，有致相關公眾混淆誤認之虞者。但經其同意申請註冊者，不在此限。(18) 商標侵害他人之著作權、專利權或其他權利，經判決確定者。但經其同意申請註冊

者，不在此限。

# UNIT 1.7　專利法介紹

我國專利法於 1944 年公布，1949 年 1 月 1 日正式實施，最近一次修正為 2019 年 5 月 1 日。目前專利法共分五章：第一章總則；第二章發明專利；第三章新型專利；第四章設計專利；第五章附則，條文共計 159 條。第 1 條指出制定專利法的目的為鼓勵、保護、利用發明、新型及設計之創作，以促進產業發展。以下就專利種類、專利法立法原則、專利權內容與專利要件等作一精簡介紹：

## 一、專利種類

(一) 發明專利

### 1. 定義

發明，指利用自然法則之技術思想之創作（專利法第 21 條）。自然法則係指宇宙自然存在之原理原則。例如，萬有引力為自然界支配下的自然現象。準此，專利法所指的發明乃利用自然法則之創作，且此創作必須具有技術性。而所謂技術性，係為達成某特定目的或解決某特定課題所使用之具體手段，此與一般大眾通常認知的發明涵義不同，因為一般認知的發明不以具備技術性為必要條件[26]。因此，專利法所關心的發明在於是否為技術性之創作，必須先符合發明的定義後，再檢視是否符合發明專利的要件。例如，僅發現自然界中存在深紫外線（DUV），無法獲得專利權，但若運用此發現進而做成半導體產業上使用的曝光機台，始可取得專利權。

### 2. 發明專利類型 [27]

發明專利分為物之發明及方法發明兩種（專利法第 58 條）。所謂物之發明，係指技術思想之創作表現在一定之物上（包括物質與物品），不論其製造方法或過

---

[26] 林洲富，智慧財產權法 — 案例式，五南圖書出版股份有限公司，2018 年 1 月，10 版 1 刷，頁 79。專利申請之發明不具有技術性者，不符合發明之定義，自不得授予發明專利權。例如，單純之發現、科學原理或單純之美術創作等。

[27] 林洲富，專利法 — 案例式，五南圖書出版股份有限公司，2017 年 7 月，7 版 1 刷，頁 29 至 30。

程。發明表現在物質上面的有化合物或化學物質，例如一種用在半導體製程上蝕刻含銅金屬的化學蝕刻溶液 [28]；發明表現在物品上面的例如一種用於化學蝕刻的設備 [29]。因物之發明專利包含保護該物之製造，故採用任何方法製造相同之物均應禁止 [30]。所謂方法發明，係指技術思想之創作表現在方法上。方法發明專利包括有產物之製造方法及無產物的技術方法。前者，如積體電路中連接電晶體的金屬導線製程方法 [31]；後者，如超薄閘極氧化層等效厚度的量測方法 [32]。再者，同一發明專利申請案可同時包含物之發明與方法發明。例如，發明專利名稱「液體組成物及利用該液體組成物的蝕刻方法」（中華民國專利 I667373 號），申請專利範圍共計 11 項，請求項 1 至 7 為物之發明專利，而請求項 8 至 11 為方法發明專利。

## (二) 新型專利

### 1. 定義

新型，指利用自然法則之技術思想，對物品之形狀、構造或組合之創作（專利法第 104 條）。比較發明專利與新型專利二者的定義，可知二者均為利用自然法則之技術思想的創作，惟新型專利必須為有關物品之形狀、構造或組合之創作，構想或技術方法的創新不在新型專利的保護範疇內。簡言之，新型專利保護的客體以占有一定空間的實體物品為限，因此有關物品的製造、檢測或處理等技術方法，或氣態、液態、粉末或顆粒狀等不具固定形狀的物質或材料等，均不屬於新型專利的標的。例如，發明專利名稱「含銅金屬用之蝕刻劑組成物」（中華民國專利 I660030 號），不得申請新型專利；發明專利名稱「濕式蝕刻裝置」（中華民國專利 I660419 號），亦可申請新型專利。

---

28 中華民國專利 I660030 號，含銅金屬用之蝕刻劑組成物。
29 中華民國專利 I660419 號，濕式蝕刻裝置。
30 所謂相同之物，除了物之外觀外，尤指執行相同特定的功能，及達到相同預期的結果。例如，用在薄膜電晶體液晶顯示器上的玻璃基板，最常見的兩種玻璃為石英玻璃和無鹼玻璃。這兩種玻璃的主要成份都是二氧化矽（$SiO_2$），但兩者的材料結構與材料特性均不同（前者為單結晶，耐高溫，價格昂貴；後者為非結晶，耐熱性低，價格便宜），不為相同之物。
31 中華民國專利 I660459 號，一種雙重鑲嵌製程。
32 中華民國專利 180347 號，量測超薄氧化層等效厚度之方法。

## 2. 發明專利與新型專利的區別

　　發明專利與新型專利除了上述的保護標的容易混淆外，由於兩者的專利要件都必須具備產業上利用性（或稱實用性）、新穎性及進步性[33]，重疊度高使得許多人困擾。基本上，兩者對於專利要件的進步性、專利保護期間及專利審查程序等均不相同。發明專利為技術層次較高的創作，而新型專利的技術層次較低，也因此授予發明專利較長的權限期（自申請日起算 20 年屆滿），而新型專利的權限期較短（自申請日起算 10 年屆滿）。就專利審查程序而言，發明專利採實體審查（專利法第 36 條），專利專責機關對於發明專利之申請案，應指定專利審查人員審查之。而新型專利採形式審查（專利法第 112 條），不審查專利實質要件，審查人員不需耗費大量時間進行專利檢索或提出引證，故取得專利權的時間一般會比發明專利快速。例如，新型專利名稱「浸泡式蝕薄銅機」（中華民國專利 M581348 號）的案件申請（申請日為 2019 年 3 月 27 日）至獲得專利權（核准公告日為 2019 年 7 月 21 日），大約 4 個月的時間。反觀，發明專利名稱「濕式蝕刻裝置」（中華民國專利 I660419 號）的案件申請（申請日為 2014 年 3 月 21 日）至獲得專利權（核准公告日為 2019 年 5 月 21 日），大約 5 年的時間。可知，採取形式審查具有迅速取得保護、提供暫時性保護、成本較低及節省審查人力等優點[34]。準此，若申請專利案件的創新程度較低，或高科技產業的產品壽命週期短，想爭取時效早日將創作投入市場時，可考慮申請新型專利。或就相同創作，於同日分別申請新型專利與發明專利[35]，再依專利法第 32 條規定取得新型專利權或發明專利權[36]。

---

[33] 此三要件稱為專利三性，會在此單元最後作詳細討論。

[34] 謝銘洋，新型、新式樣專利採取形式審查之發展趨勢，律師雜誌，237 期，1999 年 6 月，頁 40。

[35] 例如，中華民國專利 I550851 號，具有平面狀通道的垂直功率金氧半場效電晶體。

[36] 專利法第 32 條：「同一人就相同創作，於同日分別申請發明專利及新型專利者，應於申請時分別聲明；其發明專利核准審定前，已取得新型專利權，專利專責機關應通知申請人限期擇一；申請人未分別聲明或屆期未擇一者，不予發明專利。申請人依前項規定選擇發明專利者，其新型專利權，自發明專利公告之日消滅。發明專利審定前，新型專利權已當然消滅或撤銷確定者，不予專利。」

## (三) 設計專利

### 1. 定義

設計,指對物品之全部或部分之形狀、花紋、色彩或其結合,透過視覺訴求之創作(專利法第 121 條第 1 項)。因此,設計專利保護的標的在於物品,因為一旦離開物品,則設計不能成立,而且物品相關的形狀、花紋、色彩或結合創作,強調以物品整體外觀所呈現的視覺效果。故專利法第 129 條第 3 項規定:「申請設計專利,應指定所施予之物品。」申言之,物品可藉由設計提升產品質感,增加市場競爭力。高科技產業競爭激烈,故常利用設計專利提升產品競爭力,例如手機或平板電腦的外觀型狀設計[37],以及半導體晶圓與晶圓載具的設計[38]。再者,應用於物品之電腦圖像及圖形化使用者介面,亦得依本法申請設計專利(專利法第 121 條第 2 項)。如智慧型手機或平板電腦等行動裝置的觸控式介面[39],可依相關規定申請設計專利。

### 2. 新型專利與設計專利的區別

新型專利為利用自然法則之技術思想的具體創作,必須為有關物品之形狀、構造或組合之創作或改良。雖然設計專利保護的標的也是在物品,但強調物品整體外觀設計的視覺效果,以吸引消費者目光增加市場競爭力,並非為解決某特定問題之技術創作或功能改良。例如,專利「浸泡式蝕薄銅機」(中華民國專利 M581348 號)與「濕製程之公自轉設備」(中華民國專利 D179313 號)都可用在蝕刻製程設備上的相關專利[40],但前者有技術層面的創作,故以新型專利權保護,而後者為設備整體造型的美觀創意設計,依法申請設計專利保護之。

### 3. 積體電路(IC)電路布局及電子電路布局設計與設計專利的區別

依專利法第 124 條第 3 款,不授設計專利予積體電路電路布局及電子電路布局

---

[37] 例如,中華民國專利 D199485 號,手機;中華民國專利 D199682 號,筆記型電腦。

[38] 例如,中華民國專利 D187175 號,圖案化石英晶圓;中華民國專利 D186208 號,用於沉積之晶圓載體。

[39] 例如,中華民國專利 D199109 號,顯示螢幕之圖形化使用者介面。

[40] 半導體產業的製造技術可分為蝕刻、微影成像、薄膜沉積與擴散等幾個製程單元或稱為製程模組。整個半導體產業的製造過程就是交替地重複使用這些製程模組,這些會在第三章作簡潔介紹。

設計。此乃因積體電路電路布局及電子電路布局為製造積體電路及電子產品所需要的布局設計，屬於技術導向的功能設計，不同於強調視覺效果的外觀設計，本質上不屬於設計的領域範疇。積體電路電路布局及電子電路布局設計屬於「積體電路電路布局保護法」的保護標的。

(四) 再發明專利

### 1. 定義

再發明或稱改良發明，指利用他人先前發明或新型之主要技術內容所完成之發明（專利法第 87 條第 2 項第 2 款）。由於人類文明之發展，無不是站在前人之基礎上不斷改良創新，故專利法賦予再發明專利的目的在於鼓勵技術改良發明或創作。

### 2. 再發明實施的限制

利用他人發明或新型之主要技術內容所完成之專利，固得申請再發明，惟在原發明專利期限內，仍須經原專利（基礎專利）權人之同意，始得實施再發明，若未經同意，則侵害原專利權人之專利權。而在再發明專利授權契約或技術移轉契約中，授權人僅將其擁有之專利權或技術授權予被授權人實施，至於涉及原專利的部分，亦須取得原專利權人之同意，否則仍然侵害原專利權人之專利權[41]。

(五) 衍生設計專利

專利法第 127 條第 1 項規定：「同一人有二個以上近似之設計，得申請設計專利及其衍生設計專利。」及專利法第 127 條第 4 項規定：「同一人不得就與原設計不近似，僅與衍生設計近似之設計申請為衍生設計專利。」準此，衍生設計專利為原設計專利的類似設計，並依附在原設計專利，故衍生設計專利不需具備創作性，其與原設計專利權具有從屬性。因此，衍生設計專利權，應與其原設計專利權一併讓與、信託、繼承、授權或設定質權（專利法第 138 條第 1 項）。惟衍生設計專利權得單獨主張，且及於近似之範圍（專利法第 137 條）。此外，專利法第 135 條規定：「設計專利權期限，自申請日起算 15 年屆滿；衍生設計專利權期限與原設計專利權期限同時屆滿。」也由於衍生設計專利與原設計專利權具有從屬性，當原設計

---

41 臺灣新竹地方法院 91 年度重訴字第 145 號民事判決。

專利權遭撤銷或消滅時，無法單獨行使衍生設計專利權。

## 二、專利法立法原則

### (一) 先申請主義

　　專利權的取得有兩種方式：先發明主義與先申請主義。先發明主義主張專利權應賦予最先發明人，同一發明有兩個以上專利申請案時，僅得授專利權予最先發明者，美國於 2011 年 10 月前採此制度。我國對專利權的取得採先申請主義，將專利權給予最先申請者，此也爲大多數國家所採用。我國專利法第31條第1項規定：「相同發明有二以上之專利申請案時，僅得就其最先申請者准予發明專利。但後申請者所主張之優先權日早於先申請者之申請日者，不在此限。」所謂不在此限，並不表示該後申請者當然取得專利權，此時如果先申請者也享有優先權[42]，則以優先權日之先後來決定專利權之歸屬[43]。

### (二) 屬地保護主義

　　專利權採屬地主義原則，專利權的取得與保護依各國法律所主張的權利範圍，以及各國主權所及的疆域爲限，無法於其他國家發生效力。因此專利法爲國內法，不是國際法，欲取得世界各國之專利保護，原則上應向各國申請專利取得專利權。

### (三) 專利審查制度

#### 1. 發明專利 — 實體審查

　　專利專責機關對於發明專利申請案之實體審查，應指定專利審查人員審查之（專利法第 36 條）。各國專利審查人員多採內審制，專責審查專利申請案；我國情形則採內審與外審雙軌制。內審制係由專利主管機關正式編制之審查人員擔任審查

---

[42] 林洲富，專利法 — 案例式，五南圖書出版股份有限公司，2017 年 7 月，7 版 1 刷，頁 94。所謂優先權，係指申請人就相同發明或創作，其於提出第一次申請案後，在特定期間內向本國或其他國家提出專利申請案時，得主張以第一次申請案之申請日作爲優先權日，作爲審查是否符合專利要件之基準日。

[43] 鄭中人，智慧財產權法導讀，五南圖書出版股份有限公司，2003 年 10 月，3 版 1 刷，頁 53。

工作；外審制則委請主管機關以外之專家學者擔任審查工作。專利法第 47 條：「申請專利之發明經審查認無不予專利之情事者，應予專利，並應將申請專利範圍及圖式公告之。經公告之專利案，任何人均得申請閱覽、抄錄、攝影或影印其審定書、說明書、申請專利範圍、摘要、圖式及全部檔案資料。但專利專責機關依法應予保密者，不在此限。」如果發明專利申請人對於不予專利之審定有不服者，得於審定書送達後 2 個月內備具理由書，申請再審查（專利法第 48 條第 1 項）。此外，我國專利法對於發明專利採取「早期公開」與「請求審查」制度。所謂早期公開亦即強制公開，指專利專責機關接到發明專利申請文件後，經審查認為無不合規定程式，且無應不予公開之情事者，自申請日後經過 18 個月，應將該申請案公開之（專利法第 37 條第 1 項）。至於請求審查，指專利申請案提出後，雖取得申請日，但專責機關並不主動進行實體審查，而讓申請人有足夠的時間考慮是否有取得專利權的必要，如有必要再付費用申請實體審查。依我國專利法，自發明專利申請日後 3 年內，任何人均得向專利專責機關申請實體審查（專利法第 38 條第 1 項）；逾 3 年期間申請實體審查者，該發明專利申請案，視為撤回（專利法第 38 條第 4 項）。

### 2. 新型專利 — 形式審查

我國在 2003 年修法將新型專利的審查，由實體審查改為形式審查制度。對技術創新層次較低或產品壽命週期較短的新型專利，僅審查其說明書的內容是否符合形式要件，並未對其專利實體要件進行審查。專利法第 113 條：申請專利之新型，經形式審查認無不予專利之情事者，應予專利，並應將申請專利範圍及圖式公告之。準此，可以節省審查資源，及申請人對壽命週期較短的產品可在短時間內取得專利權保護等優點。也由於新型專利採形式審查，未經實體審查，導致專利權的權利內容存在相當不確定性。若專利權人利用此不確定權利，影響第三人對技術的利用及開發，則將妨害產業正常發展與競爭秩序，因此設計「新型專利技術報告」以救濟此新型專利的權利不確定性。專利法第 115 條第 1 至 3 項：申請專利之新型經公告後，任何人得向專利專責機關申請新型專利技術報告。專利專責機關應將申請新型專利技術報告之事實，刊載於專利公報。專利專責機關應指定專利審查人員作成新型專利技術報告，並由專利審查人員具名。因此新型專利技術報告具有公眾審

查性質，若任何人認爲該新型專利有不該核准之情事，得依專利法第 119 條規定向專利專責機關提起「舉發」。

### 3. 設計專利採實體審查

我國在設計專利方面，仍然維持實體審查，但並未採取對於發明專利的「早期公開」與「請求審查」制度。

### (四) 公眾審查制度

過去我國專利法的公眾審查制度，分爲異議制度與舉發制度兩種。異議制度是指專利審定公告後，於公告期間內無人提出異議，或異議不成立，於審查確定後始發予專利證書。而舉發制度是指專利申請案經審查確定取得專利權後，利害關係人或任何人認爲有違反專利法之規定，得檢附證據對該專利提出舉發。鑑於實務上常藉異議程序阻礙專利申請人領證之情形，以及異議爭訟曠費時日使得專利權遲遲無法確定，有礙產業發展及競爭秩序，因此我國於 2003 年修改專利法時，全面廢除異議程序。目前不論是發明、新型或設計專利，均無異議制度，任何人認爲專利主管機關所核準之專利有不合法情事，可分別依專利法第 71 條、第 119 條或第 141 條規定，循舉發程序舉發之。專利經舉發審查不成立者[44]，任何人不得就同一事實以同一證據再爲舉發，此爲一事不再理（專利法第 81 條第 1 款、第 120 條、第 142 條第 1 項）。反之，專利權經舉發審查成立者，應撤銷其專利權；其撤銷得就各請求項分別爲之（專利法第 82 條第 1 項、第 120 條、第 142 條第 1 項）[45]。專利權經撤銷後，有下列情事之一，即爲撤銷確定：(1) 未依法提起行政救濟者。(2) 提起行政救濟經駁回確定者。專利權經撤銷確定者，專利權之效力，視爲自始不存在（專利法第 82 條第 2 項、第 120 條、第 142 條第 1 項）。

---

[44] 例如，中華民國專利 I469946 號，供用於太陽能電池電極的組成物及使用該組成物製造的電極。

[45] 例如，發明專利「半導體濺鍍設備的反應室結構」（中華民國專利 I470104 號），其專利範圍之所有請求項 1 至 10 經舉發不具進步性成立，故撤銷其專利權；發明專利「發光裝置封裝支架之製造方法」（中華民國專利 I419365 號），其專利範圍 1 至 19 之請求項 1 至 7 及 10 經舉發成立，應予撤銷，其餘專利範圍請求項維持不變。

## 三、專利權內容

### (一) 專利權期間

　　發明專利權期限，自申請日起算 20 年屆滿（專利法第 52 條第 3 項）。新型專利權期限，自申請日起算 10 年屆滿（專利法第 114 條）。設計專利權期限，自申請日起算 15 年屆滿；衍生設計專利權期限與原設計專利權期限同時屆滿（專利法第 135 條）。申請專利經核准審定者，申請人應於審定書送達後三個月內，繳納證書費及第一年專利年費後，始予公告；屆期未繳費者，不予公告（專利法第 52 條第 1 項、第 120 條、第 142 條第 1 項）。

### (二) 專利權效力

#### 1. 發明專利權

　　專利法第 58 條：發明專利權人，除本法另有規定外，專有排除他人未經其同意而實施該發明之權。物之發明之實施，指製造、為販賣之要約、販賣、使用或為上述目的而進口該物之行為。方法發明之實施，指下列各款行為：①使用該方法。①使用、為販賣之要約、販賣或為上述目的而進口該方法直接製成之物。發明專利權範圍，以申請專利範圍為準，於解釋申請專利範圍時，並得審酌說明書及圖式。摘要不得用於解釋申請專利範圍。

#### 2. 新型專利權

　　新型專利必須為有關物品之形狀、構造或組合之創作。新型專利權人，除本法另有規定外，專有排除他人未經其同意而製造、為販賣之要約、販賣、使用或為上述目的而進口該物之行為（專利法第 58 條第 1 項、第 2 項、第 120 條）。新型專利權範圍，以申請專利範圍為準，於解釋申請專利範圍時，並得審酌說明書及圖式；摘要不得用於解釋申請專利範圍（專利法第 58 條第 4 項、第 5 項、第 120 條）。

#### 3. 設計專利權

　　專利法第 136 條：「設計專利權人，除本法另有規定外，專有排除他人未經其同意而實施該設計或近似該設計之權。設計專利權範圍，以圖式為準，並得審酌說明書。」

## (三) 專利權不及之效力

專利權人取得專利權後，即專有排除他人未經其同意而實施該專利之權。但專利權之效力，仍有下列之限制，即專利法第 59 條、第 120 條、第 142 條規定：

### 1. 非出於商業目的之未公開行為

這是許多國家主要所採取之免責要件，必須該行為主觀上不具有商業目的，且客觀上未公開。例如，個人在家中不涉及商業目的之自用行為。

### 2. 以研究或實驗為目的實施發明之必要行為

專利法之目的包括鼓勵及利用發明、新型及設計之創作，以促進產業發展。倘若必須取得專利權人同意始得以進行研究、教學或實驗的話，將不利於改良或創新，違反專利法之基本精神。故若無營利行為且不致影響專利權人之經濟利益，我國專利法准許在研究、教學或實驗的前提下，實施該專利。

### 3. 申請前已在國內實施，或已完成必須之準備者

此即所謂「先使用權」。由於我國專利法是採先申請主義，將專利權給予最先申請者，而非最先發明者，故此規定在救濟先申請主義造成對最先發明者的不公平現象。但於專利申請人處得知其發明後未滿 12 個月，並經專利申請人聲明保留其專利權者，不在此限。但該實施人僅限於在其原有事業目的範圍內繼續利用[46]。

### 4. 僅由國境經過之交通工具或其裝置

指交通工具或其裝置經過我國國境，如飛機或輪船的降落或靠港，不受專利權的拘束，以維護國際交通順暢與安全之公共利益。

### 5. 善意被授權人之使用

專利法第 59 條第 1 項第 5 款：「非專利申請權人所得專利權，因專利權人舉發而撤銷時，其被授權人在舉發前，以善意在國內實施或已完成必須之準備者。」這一款規定的目的，是為了保護善意的專利被授權人，該被授權人信任專利專責機關核准之專利權，故不應由其承擔專利權遭撤銷之風險。但該被授權人只限於在其原

---

[46] 專利法第 59 條第 2 項：「前項第 3 款、第 5 款及第 7 款之實施人，限於在其原有事業目的範圍內繼續利用。」

有事業範圍內使用，不得擴張實施，且依專利法第 59 條第 3 項規定，支付專利權人合理之權利金[47]。

### 6. 權利耗盡原則

專利法第 59 條第 1 項第 6 款：「專利權人所製造或經其同意製造之專利物販賣後，使用或再販賣該物者。上述製造、販賣，不以國內為限。」此款規定稱為權利耗盡原則或第一次銷售理論，又分為「國內耗盡」與「國際耗盡」兩種理論。我國專利法採國際耗盡原則，指專利權人所製造或經其同意製造之專利物品一旦於國內或國外市場第一次販賣後，專利權人即喪失其於專利物品上之權利[48]。此款規定亦允許真品平行輸入。

### 7. 信賴保護原則

專利法第 59 條第 1 項第 7 款：「專利權依第 70 條第 1 項第 3 款規定消滅後，至專利權人依第 70 條第 2 項回復專利權效力並經公告前，以善意實施或已完成必須之準備者。」換言之，專利權因專利權人逾補繳專利年費期限而消滅，第三人本於善意，信賴該專利權已消滅而實施該專利權或已完成必須之準備者，雖該專利權之後因專利權人申請回復專利權，依信賴保護原則，該善意第三人，仍應給予保護。但依專利法同條第 2 項規定，該善意第三人僅限於在其原有事業目的範圍內繼續使用。

### (四) 專利權之消滅

有下列情事之一者，專利權當然消滅（專利法第 70 條、第 120 條、第 142 條）：(1) 專利權期滿時，自期滿後消滅。(2) 專利權人死亡而無繼承人。(3) 第二年以後之專利年費未於補繳期限屆滿前繳納者，自原繳費期限屆滿後消滅。但專利權人非因故意，未於第 94 條第 1 項所定期限補繳者，得於期限屆滿後 1 年內，申請回復專利權，並繳納三倍之專利年費後，由專利專責機關公告之。(4) 專利權人拋棄

---

[47] 專利法第 59 條第 3 項：「第 1 項第 5 款之被授權人，因該專利權經舉發而撤銷之後，仍實施時，於收到專利權人書面通知之日起，應支付專利權人合理之權利金。」

[48] 司法實務有相同見解，錄之如下：「專利權人自己製造、販賣或同意他人製造、販賣之專利物品經第一次流入市場後，專利權人就該專利物品之權利已經耗盡，不得再享有其他權能，此即為權利耗盡原則。」（最高法院 98 年度台上字第 597 號民事判決）

時，自其書面表示之日消滅。

## 四、專利要件

### (一) 產業利用性

#### 1. 定義

　　產業利用性或稱實用性，係指具有產業上之利用價值，可於產業上得以實施及利用。專利制度是為促進產業發展而制定，因此不論是發明（專利法第 22 條第 1 項）、新型（同法第 120 條）或設計（同法第 122 條第 1 項）都必須具有產業上利用性，始能受到專利法保護。例如，若只是單純文藝的創作，無法為產業所利用，則無專利保護的必要。此外，一個創作若能在產業上被利用，該創作必須具有可實施性，如果該創作無法實施，必然無法為產業所利用，則無專利保護之必要。例如，以「獨立自主自由式積複激自動環聚同步磁能動力發電機」申請發明專利，由於違反自然法則不符合發明的定義外，亦因為無法實施不具產業利用性，故未能取得專利權[49]。由於產業利用性是專利本質上的規定，不需進行檢索即可判斷，故通常在審查申請案是否具新穎性及進步性之前即應先行判斷。至於產業之定義，一般共識認為專利法所指之產業應採廣義解釋。例如，工業、農業、林業、漁業、牧業、礦業、水產業等，甚至包含運輸業、通訊業、商業等[50]。

#### 2. 產業利用性與充分揭露並可據以實現要件之差異[51]

　　專利法第 22 條第 1 項前段所規定的產業利用性，係規定申請專利之創作本質上必須能被製造或使用；而同法第 26 條、第 120 條、第 126 條所規定說明書應明確且充分揭露並可據以實現之要件，係規定申請專利之記載形式，必須使該創作所屬技術領域中具有通常知識者，能瞭解其內容，並可據以實施，兩者在判斷順序或層次上有先後、高低之差異。若申請專利之創作在本質上能被製造或使用，尚應審究專利說明書在形式上是否明確且充分記載對於先前技術之貢獻，使該創作之揭露

---

[49] 智慧財產法院 103 年度行專訴字第 14 號行政判決。
[50] 經濟部智慧財產局，專利審查基準，2004 年版，頁 2-3-1。
[51] 經濟部智慧財產局，專利審查基準，2004 年版，頁 2-3-2 至 2-3-3。

內容達到其所屬技術領域中具有通常知識者可據以實施之程度，始得准予專利。反之，若申請專利之創作在本質上就不可能被製造或使用，例如違反能量不滅定律自然法則之永動機發明，即使專利申請說明中明確且充分記載其內容，仍不可能據以實施，亦無法獲得專利。

## (二) 新穎性

### 1. 定義

新穎性係指申請之發明或創作，於專利申請日之前未被公開，並非為公眾所知悉或構成先前技術的一部分者，則稱該發明或創作具新穎性。新穎性為取得專利的要件之一（專利法第 22 條、第 120 條、第 122 條），申請專利之發明或創作是否具新穎性，通常於其具產業利用性之要件後，始予審查。

### 2. 新穎性之標準

新穎性要件幾乎為世界各國專利法所一致採行，但各國所採之標準不盡相同。新穎性之標準有絕對新穎性和相對新穎性[52]。絕對新穎性指發明或創作一經公開致他人知曉或可得而知的公開使用，則在世界上不論公開方式及公開地點，均視為喪失新穎性。相對新穎性則依公開方式及公開地點，又可分為兩種：一種為發行刊物於世界任何地點以及侷限在該國國內公開使用，另一種為侷限在該國國內發行刊物以及公開使用。我國專利法採行絕對新穎性要件，依專利法第 22 條第 1 項、第 120 條、第 122 條第 1 項，喪失新穎性的情形有：(一) 申請前已見於刊物者。(二) 申請前已公開實施者。(三) 申請前已為公眾所知悉者。除了上述喪失新穎性的規定外，專利法第 23 條亦屬新穎性要件之規定。專利法第 23 條：「申請專利之發明，與申請在先而在其申請後始公開或公告之發明或新型專利申請案所附說明書、申請專利範圍或圖式載明之內容相同者，不得取得發明專利。但其申請人與申請在先之發明或新型專利申請案之申請人相同者，不在此限」，此一規定於新型專利亦準用之（專利法第 120 條）。申請日之前尚未公開或公告之技術，原本不會影響申請案

---

[52] 趙晉枚、蔡坤財、周慧芳、謝銘洋、張凱娜，智慧財產權入門，元照出版股份有限公司，2010 年 2 月，7 版 1 刷，頁 67 至 68。

的新穎性判斷，但如果相同的技術已被他人先提出專利申請，且載於申請專利範圍中，則基本上依專利法第 31 條的先申請原則核駁後申請案；然而若前申請案只是將相同的技術載明於申請案所附的說明書或圖式中，則無法依先申請原則核駁後申請案，是以專利法第 23 條乃以法律擬制喪失新穎性的方式，使後申請者無法獲得專利權。

### 3. 優惠期制度

我國專利法採行之絕對新穎性要件，有時會對於發明人或創作人過於嚴苛，為補救此缺失，特明定不喪失新穎性的優惠期。例如因學術研究、實驗或陳列於政府主辦或認可之展覽會或非出於申請人本意而洩漏者，只要在事實發生後的一定優惠期限內提出申請者，不喪失其新穎性。依專利法第 22 條第 3 項、第 120 條，發明與新型專利的優惠期為 12 個月；依專利法第 122 條第 3 項，設計專利的優惠期為 6 個月。

### (三) 進步性

#### 1. 定義 [53]

所謂進步性，美國專利法稱為非顯而易知（nonobvious）之性質。依我國專利法，進步性係指該發明或創作，並非其所屬技術領域中具有通常知識者依申請前之先前技術所能輕易完成者（專利法第 22 條第 2 項、第 120 條）。上述所謂先前技術（prior art）為專利法第 22 條第 1 項所列之 3 款情事，但不包括在申請日及申請日之後始公開或公告之技術。至於「顯而易知」與「能輕易完成」，兩者實為同一概念。倘一發明或創作所屬技術領域中具有通常知識者，依據一份或多份引證文件所揭露之先前技術，並參酌申請專利時的通常知識，而能將該先前技術加以轉用、置換、改變或組合等方式完成申請之專利，該發明或創作之整體即屬顯而易知，應認定為能輕易完成者。簡言之，若一發明或創作具進步性，將其申請專利範圍與先前技術作比較，須具有突破之技術特徵，或明顯優越之功效，且非熟悉該項技術者所

---

[53] 經濟部智慧財產局，專利審查基準，2004 年版，頁 2-3-18 至 2-3-19。

顯而易知者[54]。進步性也是取得發明專利與新型專利的要件之一，申請之發明或新型專利是否具進步性，應於其具新穎性（含擬制喪失新穎性）之後始予審查，不具新穎性者，無須再審究其進步性。

### 2. 進步性之標準

我國專利法對於發明、新型與設計等三種專利所要求的進步性並不相同。專利法第 22 條第 2 項：「發明雖無前項各款所列情事，但爲其所屬技術領域中具有通常知識者依申請前之先前技術所能輕易完成時，仍不得取得發明專利」，此一規定雖然於新型專利亦準用之（專利法第 120 條），然而新型專利對於進步性之要求較發明專利爲低，兩者間有程度上的差異[55]。至於設計專利的進步性，專利法第 122 條第 2 項：「設計雖無前項各款所列情事，但爲其所屬技藝領域中具有通常知識者依申請前之先前技藝易於思及時，仍不得取得設計專利。」雖然設計專利的規範方式與發明、新型專利類似，但設計專利的保護與發明或新型專利並不相同。設計專利強調的是原創性與新穎性，至於進步性並不是很重要，因爲設計專利在於保護物品的整體外觀設計而非技術，重要的是與既有之創作間的差異性，而不在於該創作比既有的創作有所突破或進步，因此以發明或新型專利強調技術的進步性觀念套用在設計專利上，其實並不適當，惟我國仍常以進步性之有無作爲核駁設計專利之標準[56]。

### 3. 新穎性與進步性之差異

新穎性與進步性兩要件都涉及先前技術，很容易令人混淆，底下以發明專利爲例釐清兩者差異。由專利法第 22 條第 1 項，發明專利的新穎性應判斷申請專利範圍中所載之發明是否於先前技術中已被公開，重點在於是否有相同的先前技術。審查新穎性時，採每一請求項中所載之發明與單一先前技術作比對，即單一文件逐項比對判斷。而由專利法第 22 條第 2 項，發明專利進步性的判斷重點，在於申請的

---

[54] 林洲富，專利法 — 案例式，五南圖書出版股份有限公司，2017 年 7 月，7 版 1 刷，頁 161 至 162。

[55] 最高法院 102 年度台上字第 1800 號民事判決。
謝銘洋，智慧財產權法，元照出版股份有限公司，2014 年 8 月，5 版 1 刷，頁 122。

[56] 謝銘洋，智慧財產權法，元照出版股份有限公司，2014 年 8 月，5 版 1 刷，頁 124 至 125。

發明專利與先前技術間的差異是否能輕易完成。審查進步性時，採每一請求項中所載之發明對照先前技術之功效作整體考量，逐項進行判斷，故得以一份或多份引證文件組合判斷申請專利之發明是否能輕易完成。司法實務對「新穎性」與「進步性」有明確區別，並賦予其定義、界定其判斷標準。在一則排除侵害專利權之案例中，智慧財產法院表示：「判斷專利是否具有新穎性或進步性，均以申請前既有之技術或知識爲據。所謂新穎性，乃在發明專利申請案之申請日之前，大眾經由刊物公開或使用公開所能得知之先前技術，將使系爭專利不具新穎性。所謂進步性，則爲運用申請前既有之技術或知識，非熟習該項技術者所能輕易完成者。而關於此兩專利要件之判斷，其不同之處在於有關專利要件，新穎性之判斷較進步性爲優先，且判斷新穎性時，係採單獨對比原則，即將發明專利申請案之申請專利範圍與每一份引證資料中所公開與該申請案相關的技術內容單獨地進行比較。至判斷進步性時，則應整體判斷申請案之發明解決課題之技術手段、目的及效果，並得將其與數引證資料內容之組合，包含將數引證資料之某部分，或同一引證資料的不同部分加以組合，進行比對判斷 [57]。

## UNIT 1.8　著作權法介紹

我國現行的著作權法是延續國民政府於 1928 年制定的著作權法而來，期間經過多次修正，最近一次修正爲 2019 年 5 月 1 日。目前的著作權法相當符合與貿易相關之智慧財產權協定（TRIPs），共分八章：第一章總則；第二章著作；第三章著作人及著作權；第四章製版權；第五章著作權集體管理團體與著作權審議及調解委員會；第六章權利侵害之救濟；第七章罰則；第八章附則，條文共計 117 條。第 1 條前段指出制定著作權法的目的爲保障著作人著作權益，調和社會公共利益，促進國家文化發展。以下就著作權保護客體種類、著作權法立法原則、著作權內容與著作權保護要件等作一精簡介紹：

---

[57] 智慧財產法院 98 年度民專上字第 15 號民事判決。

# 一、著作權保護客體種類

## (一) 受保護之著作

著作權法第 5 條第 1 項列舉受著作權法保護的 10 款類型之一般著作，以及由一般著作延伸產生出受著作權法第 6 條至第 8 條保護之特殊著作。但著作權法所保護之著作類別，並不侷限於前述之類型[58]。

### 1. 一般著作

著作權法第 5 條第 1 項所列的 10 款著作有：語文著作、音樂著作、戲劇與舞蹈著作、美術著作、攝影著作、圖形著作、視聽著作、錄音著作、建築著作、電腦程式著作。

### 2. 特殊著作

#### (1) 衍生著作

衍生著作或稱改作著作，係以翻譯、編曲、改寫、拍攝影片或其他方法就原著作另為創作（著作權法第 3 條第 1 項第 11 款）。就原著作改作之創作為衍生著作，以獨立之著作保護之。衍生著作之保護，對原著作之著作權不生影響（著作權法第 6 條）。例如，將某愛情小說拍成電影，該愛情小說為原著作，而拍出來的電影是新的著作，為衍生著作，有獨立的著作權。

#### (2) 編輯著作

所謂編輯著作，係指就資料之選擇及編排具有創作性者，以獨立之著作保護之。編輯著作之保護，對其所收編著作之著作權不生影響（著作權法第 7 條）。故編輯著作，就資料之選擇及編排，能表現一定程度之創意及作者之個性者，即足當之。而就資料之選擇而言，如編輯者予以衡量、判斷，非機械式的擇取，通常即得表現其創作性[59]。例如，將資料按姓名筆劃編排，不能成為編輯著作。

#### (3) 表演著作

表演人對既有著作或民俗創作之表演，以獨立之著作保護之。表演之保護，對

---

[58] 蕭雄淋，著作權法論，五南圖書出版股份有限公司，2017 年 8 月，8 版 2 刷，頁 89 至 117。
[59] 最高法院 106 年度台上字第 2673 號民事判決。

原著作之著作權不生影響（著作權法第 7 條之 1）。

### (4) 共同著作

所謂共同著作者，指二人以上共同完成之著作，其各人之創作，不能分離利用者（著作權法第 8 條）。申言之，共同著作之要件有三：(a) 二人以上共同創作。(b) 創作之際有共同關係。(c) 須為單一著作之形態，致無法將各人創作部分予以分割而為個別之利用 [60]。

## (二) 不受著作權保護者

著作權法第 9 條第 1 項列舉 5 款不得為著作權之標的：(1) 憲法、法律、命令或公文。(2) 中央或地方機關就前款著作作成之翻譯物或編輯物。(3) 標語及通用之符號、名詞、公式、數表、表格、簿冊或時曆。(4) 單純為傳達事實之新聞報導所作成之語文著作。(5) 依法令舉行之各類考試試題及其備用試題。例如，新聞報導有加入記者個人之見解，並非單純傳達事實，自應受著作權法之保護，未經著作人之同意，將該新聞張貼於個人網站，該利用行為屬侵害重製權及公開傳輸權之範圍。

# 二、著作權法立法原則

## (一) 創作保護主義

著作權的取得方式有註冊保護主義及創作保護主義兩種。註冊保護主義是指著作完成後必須經登記程序，始能取得著作權保護。我國於 1985 年之前，係採註冊保護主義。惟在此著作權登記制度下，產生諸多缺失，也與許多國家之規定及國際條約規範不同，因此於 1985 年修法時，改採創作保護主義。所謂創作保護主義，係指著作人於著作完成時享有著作權（著作權法第 10 條前段）。但取得之著作權，其保護僅及於該著作之表達，而不及於其所表達之思想、程序、製程、系統、操作方法、概念、原理、發現（著作權法第 10 條之 1）。

---

[60] 最高法院 86 年度台上字第 763 號民事判決。

## (二) 外國人著作之保護

　　我國於 1985 年修法時，將著作權的取得方式由註冊保護主義修改為創作保護主義，一旦著作完成即受著作權保護，但當時僅限於本國人之著作，外國人的著作仍然維持註冊保護主義。直至 1992 年修法時，才將外國人的著作改為創作保護主義。惟外國著作除符合著作權一般要件外，還必須合於下列情形之一者，得依我國專利權法第 4 條享有著作權。但條約或協定另有約定，經立法院議決通過者，從其約定：：

### 1. 首次發行

　　於中華民國管轄區域內首次發行，或於中華民國管轄區域外首次發行後 30 日內在中華民國管轄區域內發行者。但以該外國人之本國，對中華民國人之著作，在相同之情形下，亦予保護且經查證屬實者為限（著作權法第 4 條第 1 款）。

### 2. 互惠原則

　　依條約、協定或其本國法令、慣例，中華民國人之著作得在該國享有著作權者（著作權法第 4 條第 2 款）。因我國為 WTO 之會員國，加入 WTO 會員之外國人的著作保護，採互惠原則保護之。例如，日本影音光碟，依我國著作權法第 4 條第 1 款之規定，享有著作權。又我國對於同屬 WTO 會員國國民之著作，應加以保護，而日本國亦為 WTO 之會員國，故日劇影音光碟，依著作權法第 4 條第 2 款之規定，亦應受我國著作權法之保護[61]。

# 三、著作權內容

## (一) 著作權之存續期間

### 1. 著作人格權

　　著作人死亡或消滅者，關於其著作人格權之保護，視同生存或存續，任何人不得侵害。但依利用行為之性質及程度、社會之變動或其他情事可認為不違反該著作人之意思者，不構成侵害（著作權法第 18 條）。

---

[61] 智慧財產法院 98 年度刑智上易字第 26 號刑事判決。

## 2. 著作財產權

### (1) 自然人

著作權法第 30 條：「著作財產權，除本法另有規定外，存續於著作人之生存期間及其死亡後 50 年。著作於著作人死亡後 40 年至 50 年間首次公開發表者，著作財產權之期間，自公開發表時起存續 10 年。」

### (2) 共同著作

著作權法第 31 條：「共同著作之著作財產權，存續至最後死亡之著作人死亡後 50 年。」

### (3) 別名著作或不具名著作

著作權法第 32 條：「別名著作或不具名著作之著作財產權，存續至著作公開發表後 50 年。但可證明其著作人死亡已逾 50 年者，其著作財產權消滅。前項規定，於著作人之別名為眾所周知者，不適用之。」

### (4) 法人

著作權法第 33 條：「法人為著作人之著作，其著作財產權存續至其著作公開發表後 50 年。但著作在創作完成時起算 50 年內未公開發表者，其著作財產權存續至創作完成時起 50 年。」

### (5) 攝影、視聽、錄音及表演之著作

攝影、視聽、錄音及表演之著作財產權存續至著作公開發表後 50 年。但著作在創作完成時起算 50 年內未公開發表者，其著作財產權存續至創作完成時起 50 年（著作權法第 34 條）。

## (二) 著作人格權

### 1. 定義

我國著作權法採取二元論[62]，著作人就其著作分別享有著作人格權及著作財產權（著作權法第 3 條第 1 項第 3 款）。著作人格權為權利的一種，指著作人基於其著作人之資格，為保護其名譽、聲望及其人格利益，在法律上享有之權利，其屬人

62 謝銘洋，智慧財產權法，元照出版股份有限公司，2014 年 8 月，5 版 1 刷，頁 187。

格權之一環[63]。著作人格權具有專屬性，專屬於著作人本身，不得讓與或繼承（著作權法第 21 條）。

### 2. 種類

#### (1) 公開發表權

所謂公開發表，指權利人以發行、播送、上映、口述、演出、展示或其他方法向公眾公開提示著作內容（著作權法第 3 條第 1 項第 15 款）。著作人就其著作享有公開發表之權利（著作權法第 15 條第 1 項）。但公務員，依同法第 11 條及第 12 條規定為著作人，而著作財產權歸該公務員隸屬之法人享有者，該公務員無公開發表權（著作權法第 15 條第 1 項但書）。

#### (2) 姓名表示權

著作人於著作之原件或其重製物上或於著作公開發表時，有表示其本名、別名或不具名之權利。著作人就其著作所生之衍生著作，亦有相同之權利（著作權法第 16 條第 1 項）。但公務員，依同法第 11 條及第 12 條規定為著作人，而著作財產權歸該公務員隸屬之法人享有者，該公務員無姓名表示權（著作權法第16條第2項）。

#### (3) 不當變更禁止權

著作人享有禁止他人以歪曲、割裂、竄改或其他方法改變其著作之內容、形式或名目致損害其名譽之權利（著作權法第 17 條）。其目的在於避免著作因他人變更而導致名譽受損，故要求必須有達「致損害名譽」的程度，始屬於著作人變更禁止權的權利範圍[64]。此外，公務員依同法第 11 條及第 12 條規定為著作人，而著作財產權歸該公務員隸屬之法人享有者，該公務員雖無公開發表權及姓名表示權，然得對第三人主張不當變更禁止權，防止侵害其名譽[65]。

---

[63] 林洲富，著作權法 — 案例式，五南圖書出版股份有限公司，2017 年 8 月，4 版 1 刷，頁 59。

[64] 趙晉枚、蔡坤財、周慧芳、謝銘洋、張凱娜，智慧財產權入門，元照出版股份有限公司，2010 年 2 月，7 版 1 刷，頁 225。

[65] 林洲富，著作權法 — 案例式，五南圖書出版股份有限公司，2017 年 8 月，4 版 1 刷，頁 63。

## (三) 著作財產權

### 1. 定義 [66]

著作財產權，係指著作人或依法取得著作上財產權利之人對於屬於文學、科學、藝術或其他學術範圍之創作，享有獨占利用與處分之類似物權之權利，因此是具有經濟價值與排他性的權利。前述所謂依法取得著作上財產權利之人，如依著作權法第 11 條第 2 項或第 12 條第 2 項規定取得著作財產權之雇用人或出資人，專有第 22 條至第 29 條規定之權利（著作權法第 29 條之 1）。再者，著作財產權為財產權之一環，其得全部或部分讓與他人或與他人共有（著作權法第 36 條第 1 項）。

### 2. 種類

### (1) 重製權

所謂重製，指以印刷、複印、錄音、錄影、攝影、筆錄或其他方法直接、間接、永久或暫時之重複製作。於劇本、音樂著作或其他類似著作演出或播送時予以錄音或錄影；或依建築設計圖或建築模型建造建築物者，亦屬之（著作權法第 3 條第 1 項第 5 款）。著作人除本法另有規定外，專有重製其著作之權利（著作權法第 22 條第 1 項）。表演人專有以錄音、錄影或攝影重製其表演之權利（著作權法第 22 條第 2 項）。職是，表演人對現有著作之表演有著作權，因此私自以錄音、錄影或攝影方式存錄他人的表演也是侵害重製權；但以錄音、錄影或攝影之外的方式（如筆錄或素描）加以重製表演，無需經過表演之著作財產權人的同意。專為網路合法中繼性傳輸，或合法使用著作，屬技術操作過程中必要之過渡性、附帶性，而不具獨立經濟意義之暫時性重製（temporary reproduction），原則不成立侵害著作財產人之重製權。例外情形，係電腦程式著作，不在免責之範圍（著作權法第 22 條第 3 項）。

### (2) 公開口述權

公開口述，係指以言詞或其他方法向公眾傳達著作內容（著作權法第 3 條第 1 項第 6 款）。前述所謂公眾，指不特定人或特定之多數人。但家庭及其正常社交之

---

66 林洲富，智慧財產權法 — 案例式，五南圖書出版股份有限公司，2018 年 1 月，10 版 1 刷，頁 148 至 149。

多數人，不在此限（著作權法第 3 條第 1 項第 4 款）。著作人專有公開口述其語文著作之權利（著作權法第 23 條）。準此，著作權法第 5 條第 1 項所列的 10 款著作中，僅有語文著作有公開口述權。

### (3) 公開播送權

所謂公開播送，指基於公眾直接收聽或收視為目的，以有線電、無線電或其他器材之廣播系統傳送訊息之方法，藉聲音或影像，向公眾傳達著作內容。由原播送人以外之人，以有線電、無線電或其他器材之廣播系統傳送訊息之方法，將原播送之聲音或影像向公眾傳達者，亦屬之（著作權法第 3 條第 1 項第 7 款）。此所稱的公開播送有一特徵，即接收訊息的公眾是於同一時間接收相同的訊息，亦即具有同步性[67]。著作人除本法另有規定外，專有公開播送其著作之權利（著作權法第 24 條第 1 項）。舉例來說，甲為某音樂著作之著作人，乙若欲將此音樂在廣播電台或電視台播放，必須取得甲的同意。例外情形，表演人就其經重製或公開播送後之表演，再公開播送者，不適用前項規定（著作權法第 24 條第 2 項）。換言之，表演人僅具有首次公開播送的權利。

### (4) 公開上映權

公開上映，係指以單一或多數視聽機或其他傳送影像之方法於同一時間向現場或現場以外一定場所之公眾傳達著作內容（著作權法第 3 條第 1 項第 8 款）。所謂現場或現場以外一定場所，包含電影院、俱樂部、錄影帶或碟影片播映場所、旅館房間、供公眾使用之交通工具或其他供不特定人進出之場所（著作權法第 3 條第 2 項）。著作人專有公開上映其視聽著作之權利（著作權法第 25 條）。職是，公開上映權乃針對視聽著作而設計的權利。

### (5) 公開演出權

公開演出，係指以演技、舞蹈、歌唱、彈奏樂器或其他方法向現場之公眾傳達著作內容。以擴音器或其他器材，將原播送之聲音或影像向公眾傳達者，亦屬之（著作權法第 3 條第 1 項第 9 款）。例如，在餐廳或唱片行公開播放音樂著作，亦屬公開演出。著作人除本法另有規定外，專有公開演出其語文、音樂或戲劇、舞蹈

[67] 謝銘洋，智慧財產權法，元照出版股份有限公司，2014 年 8 月，5 版 1 刷，頁 205。

著作之權利。表演人專有以擴音器或其他器材公開演出其表演之權利。但將表演重製後或公開播送後再以擴音器或其他器材公開演出者，不在此限（著作權法第26條第1項、第2項）。有公開演出權的著作只限於語文、音樂、戲劇或舞蹈著作。著作權法第26條第3項：「錄音著作經公開演出者，著作人得請求公開演出之人支付使用報酬。」讓錄音著作人得向公開演出之人收取使用報酬。此使用報酬請求權僅屬一種民法上的請求權，並不涉及著作權法上侵害著作權之責任問題[68]。

### (6) 公開傳輸權

所謂公開傳輸，指以有線電、無線電之網路或其他通訊方法，藉聲音或影像向公眾提供或傳達著作內容，包括使公眾得於其各自選定之時間或地點，以上述方法接收著作內容（著作權法第3條第1項第10款）。隨著網際網路與通訊科技的普及，使公眾可以在自行選定的時間或地點與著作人處於互動傳輸模式，亦即具有非同步性。著作人除本法另有規定外，專有公開傳輸其著作之權利（著作權法第26條之1第1項）。準此，各種著作都享有公開傳輸權，惟表演人的公開傳輸權較其他著作狹隘。著作權法第26條之1第2項：「表演人就其經重製於錄音著作之表演，專有公開傳輸之權利。」公開傳輸爲網路科技之重要特色，無論一對多之單向網路廣播電視傳播（webcasting）或多對多之雙向互動式傳播（interactive transmission），均使消費者與著作者處於互動傳播（on-demand）模式。而設置網站係最典型之公開傳輸的型態，其爲無形傳達權。例如，甲未經著作權人乙之同意或授權，將乙之著作內容放置於網站，甲除侵害乙之複製權外，其亦侵害乙之公開傳輸權。

### (7) 公開展示權

所謂公開展示，指向公眾展示著作內容（著作權法第3條第1項第13款）。著作人專有公開展示其未發行之美術著作或攝影著作之權利（著作權法第27條）。因此，若美術或攝影著作人將其作品複製發行販售，就失去公開展示權。

### (8) 改作權

所謂改作，指以翻譯、編曲、改寫、拍攝影片或其他方法就原著作另爲創作（著作權法第3條第1項第11款）。著作人專有將其著作改作成衍生著作之權利。

---

[68] 陳櫻琴、葉玟好，智慧財產權法，五南圖書出版股份有限公司，2011年3月，3版1刷，頁273。

但表演不適用之（著作權法第 28 條）。例如，欲將日文著作翻譯爲中文著作，需取得原日文著作人的同意或授權。就原著作改作之創作爲衍生著作（derivative work），以獨立之著作保護之（著作權法第 6 條第 1 項）。衍生著作之保護，對原著作之著作權不生影響（第 2 項）。所謂對原著作之著作權無影響，係指原著作與衍生著作各自獨立，各受本法之保護，互不影響與牽制。

### (9) 編輯權

著作人專有將其著作編輯成編輯著作之權利。但表演不適用之（著作權法第 28 條）。就資料之選擇及編排具有創作性者爲編輯著作，以獨立之著作保護之。編輯著作之保護，對其所收編著作之著作權不生影響（著作權法第 7 條）。例如，將資料按姓名筆劃編排，不具有創作性，不能成爲編輯著作。編輯著作之保護，係採原創性之標準，並非辛勤原則（sweat of the brow）或勤勞彙集準則（industrious collection）。故就資料之選擇（selection）及編排（arrangement）不具備創作性者，不因從事蒐集（collection）工作，而成爲受保護之編輯著作[69]。例如，資料庫具備創意性，始得成爲受保護之編輯著作。

### (10) 散布權

所謂散布，指不問有償或無償，將著作之原件或重製物提供公衆交易或流通（著作權法第 3 條第 1 項第 12 款）。著作人除本法另有規定外，專有以移轉所有權之方式，散布其著作之權利（著作權法第 28 條之 1 第 1 項）。但表演人的散布權受到限縮。著作權法第 28 條之 1 第 2 項：「表演人就其經重製於錄音著作之表演，專有以移轉所有權之方式散布之權利。」另外，爲了調和著作人的散布權與著作物所有人的物權，明定散布權耗盡原則[70]，即著作財產權人將其著作原件或重製物之所有權移轉的同時，失去該著作的散布權。

### (11) 出租權

著作人除本法另有規定外，專有出租其著作之權利。表演人就其經重製於錄音

---

[69] 臺灣臺北地方法院 92 年度訴字第 773 號刑事判決。
[70] 權利耗盡原則、第一次銷售理論或首次銷售理論，又分爲「國內耗盡原則」與「國際耗盡原則」不同理論，我國著作權法採國內耗盡原則。著作權法第 59 條之 1：「在中華民國管轄區域內取得著作原件或其合法重製物所有權之人，得以移轉所有權之方式散布之。」

著作之表演，專有出租之權利（著作權法第 29 條）。同樣地，出租權亦引進權利耗盡原則加以限制，著作權法第 60 條第 1 項：「著作原件或其合法著作重製物之所有人，得出租該原件或重製物。但錄音及電腦程式著作，不適用之。」

### (12) 輸入權

我國著作權法採國內耗盡原則，禁止眞品平行輸入。因此，輸入未經著作財產權人或製版權人授權重製之重製物或製版物者，視爲侵害著作權或製版權（著作權法第 87 條第 4 款），除非有著作權法第 87 條之 1 所訂情事。例如，爲供輸入者個人非散布之利用或屬入境人員行李之一部分而輸入著作原件或一定數量重製物者（著作權法第 87 條之 1 第 1 項第 3 款）。

### (四) 著作權之限制

著作權法賦予著作人各種權利，以保障著作人的私益，但另一方面爲調和社會大眾的公益，而對著作人的著作權加以適當的限制。著作權的限制係指著作的合理使用，允許他人於一定的合理範圍內使用該著作，不須取得著作人的同意。我國著作權法第 44 條至第 63 條，即屬於此種合理使用的規定。例如，依法設立之各級學校及其擔任教學之人，爲學校授課需要，在合理範圍內，得重製他人已公開發表之著作。第 44 條但書[71]規定，於前項情形準用之（著作權法第 46 條）。爲報導、評論、教學、研究或其他正當目的之必要，在合理範圍內，得引用已公開發表之著作（著作權法第 52 條）。但利用他人著作者，應明示其出處。前項明示出處，就著作人之姓名或名稱，除不具名著作或著作人不明者外，應以合理之方式爲之（著作權法第 64 條）。因此，著作之合理使用，不構成著作財產權之侵害（著作權法第 65 條第 1 項）。著作之利用是否合於第 44 條至第 63 條所定之合理範圍或其他合理使用之情形，應審酌一切情狀，尤應注意下列事項，以爲判斷之基準（著作權法第 65 條第 2 項）：(1) 利用之目的及性質，包括係爲商業目的或非營利教育目的。(2) 著作之性質。(3) 所利用之質量及其在整個著作所占之比例。(4) 利用結果對著作潛在市場與現在價值之影響。前述著作權之限制僅以著作財產權爲限，對著作人之著作人格

---

71　著作權法第 44 條但書：「但依該著作之種類、用途及其重製物之數量、方法，有害於著作財產權人之利益者，不在此限。」

權不生影響（著作權法第 66 條）。

## (五) 著作財產權之消滅

　　著作財產權因存續期間屆滿而消滅。於存續期間內，有下列情形之一者，亦同：(1) 著作財產權人死亡，其著作財產權依法應歸屬國庫者。(2) 著作財產權人為法人，於其消滅後，其著作財產權依法應歸屬於地方自治團體者（著作權法第 42 條）。著作財產權一旦消滅，其著作即為公眾財，基本上任何人均可加以利用，但其利用不可侵害到著作人的著作人權格。著作權法第 43 條：「著作財產權消滅之著作，除本法另有規定外，任何人均得自由利用。」

# 四、著作權保護要件 [72]

## (一) 屬於著作權保護的客體

　　著作權法所保護的著作，係指屬於文學、科學、藝術或其他學術範圍之創作（著作權法第 3 條第 1 項第 1 款），因此第一個要件是必須屬於上述領域範圍的創作才可以。例如，技術性的創作不屬於著作權法所保護的範圍，而是專利法或其他法律所保護的範圍 [73]。我國著作權法第 5 條第 1 項列舉受著作權法保護的 10 款類型之一般著作，以及由一般著作延伸產生出受著作權法第 6 條至第 8 條保護之特殊著作。此外，基於社會大眾公益的考量，某些創作雖然符合著作權保護的著作要件，但仍排除於著作權法保護的標之範圍。著作權法第 9 條：「下列各款不得為著作權之標的：(1) 憲法、法律、命令或公文。(2) 中央或地方機關就前款著作作成之翻譯物或編輯物。(3) 標語及通用之符號、名詞、公式、數表、表格、簿冊或時曆。(4) 單純為傳達事實之新聞報導所作成之語文著作。(5) 依法令舉行之各類考試試題及其備用試題。前項第 1 款所稱公文，包括公務員於職務上草擬之文告、講稿、新聞稿及其他文書。」

---

[72] 謝銘洋，智慧財產權法，元照出版股份有限公司，2014 年 8 月，5 版 1 刷，頁 93 至頁 108。
　　臺灣高等法院 94 年度上訴字第 3 號刑事判決。

[73] 但關於技術性創作的文字說明或圖示（例如關於半導體蝕刻機台技術的專書），因其屬於科學或學術範圍的創作，仍然可以為著作權法保護的客體。

## (二) 必須具有原創性

著作權法第3條第1項第1款定有明文。是著作權法所保護之著作須具原創性，故本於自己獨立之思維、智巧、技術而具有原創性之創作，即享有著作權[74]。所謂原創性，廣義解釋包括狹義之原創性及創作性。狹義之原創性係指著作人原始獨立完成之創作，非單純模仿、抄襲或剽竊他人作品而來；創作性不必達於前無古人之地步，僅依社會通念，該著作與前已存在作品有可資區別之變化，足以表現著作人之個性為已足[75]。準此，原創性與專利法所要求之新穎性並不相同。原創性之程度不如專利法中所要求的新穎性，亦即不必達到完全獨創之地步，倘非重製或製作他人之著作，即使與他人作品相似或雷同，因屬自己獨立之創作，具原創性，同受著作權法之保護[76]。

## (三) 必須是人類精神之創作

著作權法所稱之著作，係著作人所創作之精神上作品，而所謂之精神上作品指須為人類思想或感情上之表現[77]。如果不是由人類所為，而是由電腦、機器自動或動物自主所為，因為不屬於人類精神之創作，不受著作權法的保護。例如，利用電腦翻譯軟體將一本英文著作直接翻譯成中文，無法成為著作權法保護的客體，因為翻譯出來的內容不是人類精神上的創作。但若將此翻譯出來的內容，人為地加以修改與修飾，因為加入人類精神上的創作而受著作權法保護。

## (四) 必須具有一定之表現形式

著作權法第10條之1：「依本法取得之著作權，其保護僅及於該著作之表達，而不及於其所表達之思想、程序、製程、系統、操作方法、概念、原理、發現。」著作權之保護標的僅及於表達，而不及於思想，此即思想與表達二分法。然思想如僅有一種或有限之表達方式，此時因其他著作人無他種方式或僅能以極有限方式表達該思想，倘著作權法限制該等有限表達方式之使用，將使思想為原著作人所壟

---

[74] 臺灣高雄地方法院98年度易字第783號刑事判決。
臺灣高等法院91年度上訴字第1246號刑事判決。
[75] 智慧財產法院107年度民著訴字第25號民事判決。
[76] 最高法院92年度台上字第1339號刑事判決。
[77] 臺灣高等法院93年度上訴字第3298號刑事判決。

斷，該有限之表達即因與思想合併而非著作權保護之標的，因此，就同一思想僅具有限表達方式之情形，縱他人表達方式有所相同或近似，此爲同一思想表達有限之必然結果，亦不構成著作權之侵害。是以著作權法僅保護思想或概念之表達，即思想或概客觀表現在外之一定形式，而不及於思想或概念本身[78]。

(五) 必須足以表現出作者的個別性或獨特性

著作權法所保護之著作，除了必須具有原創性之人類精神上之創作外，且須達足以表現作者之個性或獨特性之程度者[79]。例如，商場交易上所慣用固定格式之商業書信，雖然也是人類精神上的表現，但是未能達到足以表現作者的個別性或獨特性，因此無需以著作權法保護之必要，以免使得著作權法的保護範圍過於浮濫。

# UNIT 1.9　積體電路電路布局保護法介紹

我國於 1995 年 8 月 11 日制定公布積體電路電路布局保護法，最近一次修正爲 2002 年 6 月 12 日。目前的積體電路電路布局保護法共分五章：第一章總則；第二章登記之申請；第三章電路布局權；第四章侵害之救濟；第五章附則，條文共計 41 條。第 1 條指出制定積體電路電路布局保護法的目的爲保障積體電路電路布局，並調和社會公共利益，以促進國家科技及經濟之健全發展。以下就積體電路電路布局保護法之保護客體、立法原則、電路布局權內容與保護要件等作一精簡介紹：

## 一、積體電路電路布局保護法之保護客體

(一) 受保護之客體

積體電路電路布局保護法保護的客體爲積體電路電路布局，積體電路電路布局保護法第 1 條定有明文。前述所謂積體電路，指將電晶體、電容器、電阻器或其他電子元件及其間之連接線路，集積在半導體材料上或材料中，而具有電子電路功能之成品或半成品（積體電路電路布局保護法第 2 條第 1 款）；而所謂電路布局者，

---

[78]　智慧財產法院 102 年度民著訴字第 68 號民事判決。
[79]　臺灣高等法院 89 年度上易字第 759 號刑事判決。

係指在積體電路上之電子元件及接續此元件之導線的平面或立體設計（同法第 2 條第 2 款）。

## (二) 積體電路電路布局與設計專利的區別

　　積體電路（integarted circuit, 簡稱 IC）的電路布局（circuit layout, 簡稱 layout）是從一開始的積體電路設計（IC design）至完成積體電路製造過程中的一個重要且必要步驟[80]。簡言之，積體電路設計的最後一個步驟是產生電路布局，此電路布局再製作成光罩（photo mask, 簡稱 mask），使電路布局上的設計圖案（design pattern）轉移到不同層（layer）的光罩上，這些光罩將於製造過程中使用，在製造過程中再將不同層光罩上的圖案依序轉移到半導體晶圓上，以完成積體電路的製造。職是，積體電路的電路布局屬於功能性的設計，有別於專利法中強調以物品整體外觀所呈現視覺效果之設計專利，因此不屬於設計專利的保護客體，專利法第 124 條第 3 款定有明文。

## (三) 積體電路電路布局與圖形著作的區別

　　圖形著作為著作權法第 5 條第 1 項第 6 款所規定著作之一種，內政部依著作權法第 5 條第 2 項授權於 1992 年 6 月 10 日所公告之「著作權法第 5 條第 1 項各款著作內容例示」，其中第 2 條第 6 款規定圖形著作包括地圖、圖表、科技或工程設計圖及其他之圖形著作[81]。其中所謂科技或工程圖形著作，係指器械結構或分解圖、電路圖或其他科技或工程設計圖形及其圖集著作[82]。例如，機台設備的機械零件圖顯示機台各零件之標示、標線、標示角度、材料編碼、尺寸或公差等，係為工程設計圖，屬於圖形著作[83]。再者，用來說明機電設備或電子產品中電路板的電路圖，也是屬於著作權法上之科技或工程設計圖形著作[84]，不屬於積體電路電路布局保護

---

[80] Maly, W. (1987). *Atlas of IC Technologies: An Introduction to VLSI Processes*. CA: Benjamin/Cummings Publishing Company.
Baker, R. J. (2005). *CMOS: Circuit Design, Layout, and Simulation* (2nd ed). NJ: IEEE Press.
積體電路的製造過程會在第三章作介紹。
[81] 智慧財產法院 97 年度民著上字第 1 號民事判決。
[82] 臺灣新竹地方法院 91 年度重訴字第 213 號民事判決。
[83] 智慧財產法院 97 年度民著上字第 6 號民事判決。
[84] 最高法院 92 年度台上字第 2760 號刑事判決。

法規定之積體電路之電路圖[85]。

## 二、積體電路電路布局保護法之立法原則

### (一) 登記保護主義

　　積體電路電路布局權之保護模式，和發明專利權或著作權都不相同。發明專利採實體審查制度，發明人必須向專利專責機關申請，並經由實體審查程序後取得專利權；著作權採創作保護主義，著作創作完成時自動享有著作權。積體電路電路布局權則採登記保護制度，具備保護要件的電路布局必須申請登記，但不需要經過實質審查始可取得電路布局權。積體電路電路布局保護法第 15 條：「電路布局非經登記，不得主張本法之保護。電路布局經登記者，應發給登記證書。」電路布局必須在商業利用後兩年內申請登記，超過兩年則無法申請積體電路電路布局法保護。積體電路電路布局保護法第 13 條：「電路布局首次商業利用後逾二年者，不得申請登記。」所謂商業利用，係指為商業目的公開散布電路布局或含該電路布局之積體電路（積體電路電路布局保護法第 2 條第 4 款）。

### (二) 外國人之電路布局之保護

　　國際上對於外國人智慧財產權的保護，一般都採互惠原則，即國民待遇原則，意思指一旦兩國建立互惠保護關係後，以保護本國人智慧財產權的相同方式保護該外國人的智慧財產權。我國積體電路電路布局保護法第 5 條：「外國人合於下列各款之一者，得就其電路布局依本法申請登記：(1) 其所屬國家與中華民國共同參加國際條約或有相互保護電路布局之條約、協定或由團體、機構互訂經經濟部核准保護電路布局之協議，或對中華民國國民之電路布局予以保護且經查證屬實者。(2) 首次商業利用發生於中華民國管轄境內者。但以該外國人之本國對中華民國國民，在相同之情形下，予以保護且經查證屬實者為限。」

---

85　在此，電路圖正確的名稱為電路布局圖或簡稱布局圖。由於許多人誤用，積非成是，導致與科技或工程圖形著作中的電路圖產生混淆。

## 三、電路布局權內容

### (一) 權利期間

積體電路電路布局保護法第 19 條：「電路布局權期間為 10 年，自左列 2 款中較早發生者起算：(2) 電路布局登記之申請日。(2) 首次商業利用之日。」電路布局權期滿者，自期滿之次日消滅（積體電路電路布局保護法第 25 條第 1 款）。

### (二) 權利內容

#### 1. 複製權

電路布局權人專有排除他人未經其同意，而複製電路布局之一部或全部之權利（積體電路電路布局保護法第 17 條第 1 款）。前述所謂複製，指以光學、電子或其他方式，重複製作電路布局或含該電路布局之積體電路（積體電路電路布局保護法第 2 條第 5 款）。複製權的例外情形，為研究、教學或還原工程之目的，分析或評估他人之電路布局，而加以複製者（積體電路電路布局保護法第 18 條第 1 款）。而所謂還原工程[86]，係指經分析、評估積體電路而得知其原電子電路圖或功能圖，並據以設計功能相容之積體電路之電路布局（積體電路電路布局保護法第2條第6款）。

#### 2. 輸入權與散布權

電路布局權人專有排除他人未經其同意，而為商業目的輸入、散布電路布局或含該電路布局之積體電路之權利（積體電路電路布局保護法第 17 條第 2 款）。前述所謂散布，指買賣、授權、轉讓或為買賣、授權、轉讓而陳列（積體電路電路布局保護法第 2 條第 3 款）。例外情形，合法複製之電路布局或積體電路所有者，得輸入或散布其所合法持有之電路布局或積體電路（積體電路電路布局保護法第 18 條第 3 款）。在此所謂的合法複製，經由還原工程的方式複製得到之電路布局即為一典型例子。

#### 3. 讓與、授權或設定質權

數人共有電路布局權者，其讓與、授權或設定質權，應得共有人全體之同意

---

[86] 還原工程（或稱逆向工程）為半導體業界普遍使用，且為合法接受的一種研究創新方法。

（積體電路電路布局保護法第 21 條第 1 項）。電路布局權共有人未得其他共有人全體之同意，不得將其應有部分讓與、授權或設定質權。各共有人，無正當理由者，不得拒絕同意（第 2 項）。電路布局權有讓與、授權或質權之設定、移轉、變更、消滅等事由，應向電路布局專責機關申請登記，非經登記，不得對抗善意第三人（積體電路電路布局保護法第 22 條第 1 項），採登記對抗主義。電路布局權人之姓名或名稱有變更者，應申請變更登記（積體電路電路布局保護法第 20 條）。以電路布局權爲標的而設定質權者，除另有約定外，質權人不得利用電路布局（積體電路電路布局保護法第 23 條）。

## (三) 權利之限制[87]

電路布局權包括複製權、輸入權與散布權等，但不及於下列情形：

### 1. 合理使用

積體電路電路布局保護法第 18 條第 1 款：「爲研究、教學或還原工程之目的，分析或評估他人之電路布局，而加以複製者。」此款規定是針對複製權的限制，目的在於鼓勵學習研究。再者，還原工程爲半導體產業界普遍使用的一種研究方法，所以特別立法明文承認。

### 2. 基於還原工程的創新電路布局

積體電路電路布局保護法第 18 條第 2 款：「依前款分析或評估之結果，完成符合第 16 條之電路布局或據以製成積體電路者。」此款規定是指若依前款的分析或評估結果得到新的電路布局，不僅不屬於抄襲，不構成侵權，而且有些微的創作性，還可得到自己的電路布局權。

### 3. 權利耗盡原則

積體電路電路布局保護法第 18 條第 3 款：「合法複製之電路布局或積體電路所有者，輸入或散布其所合法持有之電路布局或積體電路。」此款規定爲權利耗盡原則之適用。就該電路布局而言，所有人合法持有即表示已付費給權利所有人，其權

---

[87] 鄭中人，智慧財產權法導讀，五南圖書出版股份有限公司，2003 年 10 月，3 版 1 刷，頁 203 至頁 204。

利已因行使而消滅。

### 4. 善意使用

積體電路電路布局保護法第 18 條第 4 款：「取得積體電路之所有人，不知該積體電路係侵害他人之電路布局權，而輸入、散布其所持有非法製造之積體電路者。」此款規定為保護善意進口在國外製造之侵害他人電路布局權的善意買主。

### 5. 平行獨立創作

積體電路電路布局保護法第 18 條第 5 款：「由第三人自行創作之相同電路布局或積體電路。」此款規定與專利權法的禁止獨立創作不同，反而和著作權法相似，允許平行獨立創作。

### 6. 特許實施

為增進公益之非營利使用，電路布局專責機關得依申請，特許該申請人實施電路布局權。其實施應以供應國內市場需要為主（積體電路電路布局保護法第 24 條第 1 項）。電路布局權人有不公平競爭之情事，經法院判決或行政院公平交易委員會處分確定者，雖無前項之情形，電路布局專責機關亦得依申請，特許該申請人實施電路布局權（積體電路電路布局保護法第 24 條第 2 項）。

## (四) 權利之當然消滅

積體電路電路布局保護法第 25 條：「有下列情事之一者，除本法另有規定外，電路布局權當然消滅：(1) 電路布局權期滿者，自期滿之次日消滅。(2) 電路布局權人死亡，無人主張其為繼承人者，電路布局權自依法應歸屬國庫之日消滅。(3) 法人解散者，電路布局權自依法應歸屬地方自治團體之日消滅。(4) 電路布局權人拋棄者，自其書面表示之日消滅。」

# 四、權利保護要件

## (一) 原創性

積體電路電路布局保護法第 16 條第 1 項第 1 款：「由於創作人之智慧努力而非抄襲之設計。」準此，積體電路電路布局的原創性與著作權法的原創性同義，不必

達到專利法所要求的新穎性，只要創作人獨立完成的創作，不是抄襲或剽竊他人的創作，就具有原創性。職是，利用還原工程的方法為基礎，創作新的電路布局，即使與他人的電路布局相似，只要不是抄襲就不構成侵權，並同受積體電路電路布局保護法之保護。

## (二) 非顯而易知

積體電路電路布局保護法第 16 條第 1 項第 2 款：「在創作時就積體電路產業及電路布局設計者而言非屬平凡、普通或習知者。」由於積體電路的電路布局是由積體電路設計的結果而來，一個平凡、普通或習知之電路設計，不僅需要花費可觀成本於生產製造上 [88]，製造出來的晶片（即產品）還不具有市場性，因此沒有保護其電路布局的必要。

## (三) 具有原創性與非顯而易知的組合電路布局

積體電路電路布局保護法第 16 條第 2 項：「以組合平凡、普通或習知之元件或連接線路所設計之電路布局，應僅就其整體組合符合前項要件者保護之。」舉例說明，發明專利名稱「掃描正反器及相關方法」（中華民國專利 I543535），乃組合普通且廣為習知的 CMOS 電晶體等電子元件所設計的掃描正反器積體電路 [89]。此積體電路設計滿足發明專利之產業利用性、新穎性與進步性等三要件，除了可取得發明專利權外，此積體電路的電路布局亦可依積體電路電路布局保護法申請保護。

---

[88] 電路布局接著會製作成光罩，這些光罩將於生產製造積體電路過程中使用。然而，若僅就製作光罩的主要材料石英玻璃而言，所需成本高，更遑論後續製程的成本所需。
[89] 此發明專利中的圖 2 是依據此發明依實施例的掃描正反器，圖 3 是圖 2 中掃描正反器的電路布局。

# 第二章　營業秘密與競業禁止

UNIT 2.1　前言

UNIT 2.2　營業秘密法之立法目的

UNIT 2.3　營業秘密之保護理論

UNIT 2.4　營業秘密之性質

UNIT 2.5　營業秘密之客體與保護要件

UNIT 2.6　營業秘密權利之歸屬

UNIT 2.7　司法程序之保密令制度

UNIT 2.8　營業秘密之侵害、救濟與責任

UNIT 2.9　競業禁止約款

# UNIT 2.1　前言

　　保護營業秘密之目的，在於使發明者或創作家，其投入時間、勞力及金錢，所獲得之心血結晶，不因他人剽竊而付諸東流。故為鼓勵發明或創作，維護競爭秩序，法律應予明確之保護。營業秘密法為智慧財產權法制之一環，營業秘密之保護是否落實，常成為諸多企業經營能否成功之關鍵。例如，可口可樂公司之配方、微軟公司 Windows 系統之原始碼等，都是其能成功營業的重要營業秘密。

　　臺灣 30 年來在半導體相關產業的成就，全世界有目共睹，尤其在半導體的製程技術與積體電路設計上，已與世界先進技術並駕齊驅，不遑多讓。臺灣在半導體相關的製造技術已屬業界前沿，擁有全世界最密集的半導體製造工廠；在晶片電路設計上，技術及產值也在激烈的國際競爭下名列前矛。然而，隨著科技的進步及商業活動日趨複雜，同業間之競爭也愈加激烈。邇來透過產業間諜、惡意挖角或跳槽等方式，掠奪營業秘密，造成不公平競爭行為，屢見不鮮。舉例來說，調查局在 2014 年 7 月成立專責打擊企業不法的企業肅貪科後，企業一年平均主動送辦七十多件刑事案件，比往年爆增六倍。這些案件裡，只有四成是侵占公司錢的傳統內賊案件，而有六成是偷公司機密資料的內鬼（商業間諜）案件。在短短近一年半，調查局移送地檢署近 150 件矚目案件，移送人數突破 525 人；不計算技術層面的營業損失，光是實際上的企業損失，內鬼們就已偷走了企業 452 億元，而這很可能只是浮出檯面的冰山一角而已[1]。因此，絕對有必要以法律保護營業秘密，以妥善維護產業倫理與市場公平競爭秩序。

　　我國營業秘密法於 1996 年 1 月 17 日制定公布，全文共 16 條，以保障營業秘密，維護產業倫理與競爭秩序，及調和社會公共利益。營業秘密法未規定者，適用其他法律之規定（營業秘密法第 1 條）。宣示特別優先保護營業秘密。之後鑑於侵害營業秘密之事件層出不窮，原有之規定已不敷使用，致使許多企業投入之大筆經費、時間、人力與物力，化於無形，嚴重戕害產業競爭力，營業秘密法遂於 2013 年 1 月 30 日修正，增訂第 13 條之 1 至第 13 條之 4 的刑事責任條文，期望透過

---

[1] 新新聞，匪諜就在企業身邊，2015 年 12 月 17 日，第 1501 期，頁 52。

此次修法能夠有效遏止營業秘密侵害案件,以強化我國營業秘密之保護。2017 年
2 月由經濟部智慧財產局召開的「營業秘密法增訂刑事責任成效檢討會議」,與會
產、官、學專家反應,營業秘密法法制面已臻完備,惟司法實務之執行面仍存在幾
點問題,其中包括企業為了要證明營業秘密遭他人竊取,在偵查過程階段需要提出
更多涉及企業內部營業秘密之證據,因此擔心營業秘密於偵辦過程中二次洩密,企
業為免面臨更大的洩密風險,故多不願配合提供事證,導致營業秘密刑事案件不易
偵辦[2]。職是,營業秘密法增訂偵查保密令之制度,相關修正案於 2019 年 12 月 31
日經立法院三讀通過,並於 2020 年 1 月 15 日公布。此修正案主要目的,係為確保
於偵查案件過程中獲取的營業秘密,不因偵查過程而喪失秘密性,促使企業願意提
供相關資料,檢察官於偵辦營業秘密案件,認有偵查必要時,得依職權核發偵查保
密令,違反偵查保密令者,最重可處 3 年以下有期徒刑。修正案亦強化對外國人營
業秘密之保護,包括未經認許之外國法人,就營業秘密法之規定事項得提出告訴、
自訴或提起民事訴訟,以及互惠保護原則,以期吸引跨國投資,促進我國產業發
展。

目前營業秘密法全文共 16 條,其內容分為:一、立法目的(營業秘密法第 1
條)。二、營業秘密之定義與要件(營業秘密法第 2 條)。三、營業秘密權利之歸
屬(營業秘密法第 3 條至第 5 條)。四、營業秘密之使用、處分、讓與及授權(營
業秘密法第 6 條至第 7 條)。五、營業秘密質權設定與強制執行之禁止(營業秘密
法第 8 條)。六、保密義務(營業秘密法第 9 條)。七、侵害營業秘密之行為(營
業秘密法第 10 條)。八、營業秘密之民事救濟(營業秘密法第 11 條至第 13 條)。
九、侵害營業秘密之刑事責任(營業秘密法第 13 條之 1 至第 13 條之 4)。十、外
國法人之訴訟主體適格(營業秘密法第 13 條之 5)。十一、專業法庭之設立與審判
程序之特別規定(營業秘密法第 14 條)。十二、偵查保密令機制(營業秘密法第
14 條之 1 至第 14 條之 4)。十三、外國人之互惠保護原則(營業秘密法第 15 條)。
十四、施行日(營業秘密法第 16 條)。

---

2　經濟部智慧財產局,營業秘密保護實務教戰手冊 2.0,2019 年 12 月,頁 2。

# UNIT 2.2　營業秘密法之立法目的[3]

我國營業秘密法第 1 條：「為保障營業秘密，維護產業倫理與競爭秩序，調和社會公共利益，特制定本法。本法未規定者，適用其他法律之規定。」依立法理由說明，營業秘密法之立法目的有三：

一、保障營業秘密：營業秘密是企業投入之人力、時間及金錢，所獲得具有經濟價值之心血結晶，若不加以保護，而遭他人剽竊，將使企業投資研發的意願降低。除不利於企業的競爭力，也將影響整個社會的經濟發展。申言之，保障營業秘密之目的與專利法相同，均在鼓勵研發創新。職是，在提升產業投資與研發意願的立場，有保障營業秘密的實益。

二、維護產業倫理與競爭秩序：營業秘密的保護，至少可追溯到羅馬帝國時代。羅馬法禁止競業者「惡意引誘」或「強迫對方的奴隸洩漏營業秘密」，而有「奴隸誘惑訴訟」之設計，奴隸的雇主得請求雙倍之損害賠償。可見營業秘密的保護，自始即寓有維護產業倫理與競爭秩序之意[4]。營業秘密的要件之一「秘密性」，是企業賴以維持競爭優勢或利益的關鍵，因此，為避免產業彼此間以不正當的方式挖取營業秘密，造成不公平競爭的現象，某些國家將營業秘密之保護訂於不正競爭法內。例如，日本之「不正競爭防止法」、中國大陸之「反不正當競爭法」等。

三、調和社會公共利益：營業秘密法除了上述兩個目的外，也以調和社會公共利益為考量。換言之，在保護營業秘密的同時，也要求兼顧其他人利益的衡平，不可因保護特定的私人利益而使更大的社會利益受到影響或損害。

營業秘密法第 1 條規定不僅僅是宣示規定，於司法實務上，更具有輔助判別某項資訊，是否為營業秘密法所稱「營業秘密」之具體功能。最高法院便曾依營業秘密法第 1 條與第 2 條規定作為判別之重要依據：「若僅表明名稱、地址、連絡方式

---

3　謝銘洋、古清華、丁中原、張凱娜，營業秘密法解讀，月旦出版社股份有限公司，1996 年 11 月，頁 18 至 20。

4　徐玉玲，營業秘密的保護，三民書局，1993 年 11 月，頁 4。
　葉茂林、蘇宏文、李旦，營業秘密保護戰術 ─ 實務及契約範例應用，永然文化公司，1995 年 5 月，頁 11。

之客戶名單，可於市場上或專業領域內依一定方式查詢取得，且無涉其他類如客戶之喜好、特殊需求、相關背景、內部連絡及決策名單等經整理、分析之資訊，即難認有何秘密性及經濟價值；而市場中之商品交易價格並非一成不變，銷售價格之決定，復與成本、利潤等經營策略有關，於無其他類如以競爭對手之報價為基礎而同時為較低金額之報價，俾取得訂約機會之違反產業倫理或競爭秩序等特殊因素介入時，亦難以該行為人曾接觸之商品交易價格資訊逕認具有經濟價值，以調和社會公共利益。」[5]

# UNIT 2.3　營業秘密之保護理論

營業秘密的保護理論有契約理論、信賴關係理論、侵權行為理論、不正競爭理論與財產權理論 5 種。財產權理論為國際多數國家所採行，亦為我國營業秘密法所採用。

## 一、契約理論

契約理論認為營業秘密之所以應予保護，是營業秘密所有人與接觸人間，因契約產生保密義務；主要展現在保密約款與競業禁止約款，而普遍存在於僱傭契約、授權契約、委任契約、代工或加工契約、共同研發契約或獨立保密契約中。契約理論有其不完美之處，在法律適用上會遭遇挑戰，例如契約未明確規定保密義務或規定不完整時，營業秘密所有人可否主張契約相對人應負保密義務？又營業秘密的保護範圍，是否可能因契約自由原則而不當擴張？再者，對欠缺契約關係卻以不正當方法取得營業秘密之人，如企業間諜，營業秘密所有人又將如何主張？按契約的原理，主要在保障市場交易安全；如將營業秘密之保護，委諸於契約理論，則形同將此保護比擬為市場機制，而脫逸於國家之保障，則防止不正競爭之目的，即可能落空。例如，員工與公司簽訂保持營業秘密之約款，員工依約應負保持營業秘密之責任，倘員工違反契約規定，依據營業秘密法之規定，應負侵害營業秘密之民事責

---

[5] 最高法院 99 年度台上字第 2425 號民事判決。

任，營業祕密法或刑法均有洩密罪之刑事責任制裁。公司與員工間得於僱傭契約或公司人事規章，訂定法律規定以外之保密責任。而公司為避免接觸過公司營業秘密之人員，在離職後使用公司之營業秘密而對公司產生不正當之競爭，亦會在僱傭契約訂定競業禁止條款，以防止企業合法利益之損害。故員工對於自己應負之保密責任，應明瞭法律之規定，以免因疏忽而造成侵害營業秘密之民事糾紛，甚至須負擔刑事責任[6]。

## 二、信賴關係理論

由於契約理論會遭遇上述困難，信賴關係理論乃應運而生。信賴關係理論認為，營業秘密所有人基於信賴，將營業秘密提供給接受者時，毋需契約特別規定，接受者本就負有為營業秘密所有人的利益而保密之責任。本理論仍立於契約理論上，祇謂保護營業秘密責任毋庸以契約特別指明。而其依發展時間之先後，可分為三種類型[7]。

### (一) 契約前義務

營業秘密所有人因與其準備締約之相對人進行接觸或磋商，而使無契約關係之相對人知悉或取得營業秘密，當事人在此階段中基於信賴關係或誠信原則負有告知、注意、忠誠等先契約義務，即相對人負有保守秘密及不為使用之先契約義務。

### (二) 契約附隨義務

契約成立生效後所生之附隨義務，而所謂的附隨義務乃為確保當事人締約之目的及利益得以獲得實現及滿足，於契約關係發展過程中，基於信賴關係或契約漏洞之填補所發生之義務，此種義務之發生必當事人於契約中未加以約定者始有之[8]。例如，在僱傭契約中雖未對受雇人之保密義務加以約定，但受雇人對雇主仍負有保守營業秘密之忠誠義務，此忠誠義務即基於信賴關係，附隨於僱傭契約。

6　經濟部智慧財產局 2005 年 9 月 30 日電子郵件字第 940930 號函。
7　賴文智、顏雅倫，營業秘密法二十講，翰蘆圖書出版股份有限公司，2004 年 4 月，頁 109 至 111。
　　高雄高等行政法院 96 年度簡字第 232 號行政判決。
8　最高法院 103 年度台上字第 2605 號民事判決。

## (三) 後契約義務

所謂後契約義務，係指契約關係消滅後，當事人尚負有某種作為或不作為義務，以維護給付效果，或協助相對人處理契約終了的善後事宜，後契約義務於解釋上應屬附隨義務之一環[9]。例如，在僱傭契約中雖未就受雇人離職後之保密義務加以約定，但受雇人離職後基於誠信原則對雇主仍負有保守營業秘密之後契約義務。申言之，在契約關係消滅後，為維護相對人人身及財產上之利益，當事人間衍生以保護義務為內容，所負某種作為或不作為之義務，諸如離職後之受僱人得請求雇主開具服務證明書、受僱人離職後不得洩漏任職期間獲知之營業秘密等，其係脫離契約而獨立，不以契約存在為前提，違反此項義務，即構成契約終結後之過失責任，應依債務不履行之規定，負損害賠償責任，此為後契約義務。職是，員工於任職期間固不得兼任其他工作業務，而與客戶私相往來或洩漏業務上所保有之資料文件；然於離職後，本於信賴關係及後契約義務之法理，亦應認前員工無正當理由而備份或持有與雇主業務相關之資料文件，應於離職後應予銷毀或歸還顧主，不因雇主未督促交還或銷毀而免其違反工作契約約定之責任，更遑論將該資料洩漏提供予與雇主處於競爭關係之第三人使用。故雇主主張前員工構成債務不履行，自得依民法第227條第2項規定請求損害賠償[10]。

我國司法實務上似有採此說者。最高法院在一則損害賠償案件中，便曾謂「依營業秘密法規定，僅須因法律行為（如僱傭關係）取得營業秘密而洩漏者，即為侵害營業秘密，不以發生實害結果為必要[11]。」

## 三、侵權行為理論

侵權行為理論強調，侵權行為人因破壞保密關係而產生法律責任。1939年美國法律協會（American Law Institute）制訂第1版之「侵權行為法整編（Restatement of Torts）」，正是該理論與實務之總結。其中第757條規定有關洩漏或使用他人營業秘密的責任。不正當發現手段，係指行為人透過其他不正當之方法發現他人之營

---

[9] 臺灣臺中地方法院101年度訴字第374號民事判決。

[10] 智慧財產法院98年度民著訴字第9號民事判決。

[11] 最高法院97年度台上字第968號民事判決。

業秘密，無論結果爲何，均應負擔責任。即使未造成危害，然而使用損害營業秘密權益之手段，亦屬營業秘密之侵害，例如，以欺詐手段引誘他人洩漏營業秘密，或以電話竊聽營業秘密等均屬之[12]。侵權行爲理論的特點是不必強調當事人間的契約關係或義務，但也不禁止他人合法取得營業秘密，甚至可以保護到不屬於營業秘密的資訊，理論上，責任主體可擴至最大（任何人均可能侵犯營業秘密），從保障的強度及廣度言，故其適用性強而廣泛，也不用深究營業秘密的財產性質是所有權、智慧財產權、抑或其他權利或財產利益。侵權行爲理論純係私法權利本位之體現，直接保護營業秘密所有人的權利或經濟利益[13]。然而，侵害營業秘密有害於個人的私益，同時也破壞市場公平交易的競爭秩序，但侵權行爲理論對此卻無法作周嚴之解釋，其理論亦不無瑕疵，因此便有「不正競爭理論」。

## 四、不正競爭理論

不正競爭理論主張，凡破壞市場公平交易之競爭秩序者，應加以禁止。與其他理論最大不同之處，認爲營業秘密之保護不完全係私人間之私法責任，國家應有介入空間，以強化其保障。由於營業秘密是一種競爭優勢，不應被他人以不正當方法取得、使用或洩漏。但法律並非保護營業秘密本身，而是在禁止他人以不正當方法取得、使用或洩漏營業秘密，以維護產業倫理與競爭秩序。例如，商業間諜活動（industrial espionage）是以不正當方法取得營業秘密，適用不正競爭理論；以還原工程或獨立研發等合法方法取得營業秘密的行爲，均不適用於不正競爭理論。職是，不正競爭理論亦可稱爲「禁止不當取得理論」。由於不正競爭理論主張法律所保護者並非營業秘密本身，而是在禁止他人以不正當的方法取得，因此本理論強調，營業秘密是屬於財產利益之性質，而非法律之權利[14]。主張營業秘密法中所保

---

12　林洲富，營業秘密與競業禁止——案例式，五南圖書出版股份有限公司，2018 年 8 月，3 版 1 刷，頁 14。

13　張靜，營業秘密法整體法制之研究，經濟部智慧財產局，2005 年 10 月，頁 17 至 18。

14　民法第 184 條第 1 項：「因故意或過失，不法侵害他人之權利者，負損害賠償責任。故意以背於善良風俗之方法，加損害於他人者亦同。」本項規定前後兩段爲相異之侵權行爲類型。關於保護之法益，前段爲權利，後段爲一般法益。前段所稱權利，係指私權言，原則上僅限於既存法律體系所明認之權利，如人格權、物權或智慧財產權等等，而不及於權利以外之利益特別是學說上

護的營業秘密，應該被定性為民法第 184 條第 1 項後段之利益，而加以保護[15]。

## 五、財產權理論

財產權理論將營業秘密定性成一種財產或財產權，而依據財產法加以保護。本理論將營業秘密視為一種無體財產（智慧財產），與有體財產一樣具有價值，可作為讓與、授權等之標的。財產權理論為國際上多數國家所採用，我國營業秘密法於 1996 年 1 月 17 日制定公布，亦認為營業秘密為財產權之一環[16]。主張營業秘密法中所保護的營業秘密，應該被定位為民法第 184 條第 1 項前段之權利，加以保護。依此理論，本書第一章稱營業秘密為營業秘密權，將營業秘密法視為是保障營業秘密權之重要立法。

# UNIT 2.4　營業秘密之性質

## 一、營業秘密不具獨占性

保護營業秘密的目的與專利法相同，都在鼓勵研發創新[17]。惟仍有不同之處。專利法賦予專利權人在一定的期限內具有專屬排他之權利，但付出的代價是發明人或創作人就申請專利範圍所示之技術內容，必須充分揭露給社會大眾，使該發明或創作所屬技術領域中具有通常知識者，能瞭解其技術內容，毋庸過度實驗即可據以實現，以促進產業之發展。專利申請人若未盡充分揭露專利技術之義務，無法賦予專利權[18]。簡言之，專利權以獨占使用相當的一段時間[19]，作為公開揭露技術之代價。

---

所稱之「純粹經濟上損失」；後段所保護之法益為受害人之利益，即因權利被侵害而生「純粹經濟上損失」或「純粹財產上損害」（智慧財產法院 102 年度民公訴字第 5 號民事判決、最高法院 102 年度台上字第 342 號民事判決參照）。

[15] 林洲富，營業秘密與競業禁止 — 案例式，五南圖書出版股份有限公司，2018 年 8 月，3 版 1 刷，頁 8。

[16] 林洲富，智慧財產權法 — 案例式，五南圖書出版股份有限公司，2018 年 1 月，10 版 1 刷，頁 188。

[17] 專利法第 1 條：「為鼓勵、保護、利用發明、新型及設計之創作，以促進產業發展，特制定本法。」

[18] 智慧財產法院 103 年度行專訴字第 115 號行政判決。

[19] 發明專利權期限，自申請日起算 20 年屆滿（專利法第 52 條第 3 項）；新型專利權期限，自申請日起算 10 年屆滿（專利法第 114 條）；設計專利權期限，自申請日起算 15 年屆滿（專利法第 135

營業秘密法則不需要權利人向任何機關申請或註冊登記，更不需要公開揭露技術，但也因此其營業秘密權不具有排他性。營業秘密中有些部分可能具備取得專利權保護的技術或創作，有些則無；如果就可取得專利權保護的部分而言，不申請專利保護而逕以營業秘密的方式保護之，卻仍賦予與專利相同的獨占性保護，則與專利法的立法精神產生矛盾，且無異於鼓勵企業將其技術或創作隱密化（因為不需要公開揭露技術就可以受到與專利相同的專屬排他權利），勢將無人願意將其技術公開而申請專利，則專利法必因此被架空。況且，申請專利還需花費時間與金錢申請與審查，但還未必能夠取得。因此，如果賦予營業秘密與專利相同的獨占性保護，兩者具同一性，將削弱專利保障之功能，則專利制度也將隨之瓦解；且對營業秘密的浮濫保護，反而不利於整體產業的技術發展。至於營業秘密的保護期間，只要該營業秘密不被公開，或隨著產業技術的發展逐漸失去秘密性或經濟性外，營業秘密理論上是可以永久受到保護。例如，可口可樂飲料就是以營業秘密來保護配方，不被公開已經超過一個世紀以上，至今仍受營業秘密法律的保護，一直具有競爭優勢與豐厚獲利。然而，因為營業秘密不具有獨占性，如果他人自行獨立研發或以還原工程等合法方法取得相同之營業秘密，營業秘密所有人並不能禁止其使用。

## 二、營業秘密可數人共有

我國營業秘密法將營業秘密定性為一種無體財產（智慧財產），與有體財產一樣具有經濟價值，屬於營業秘密所有人財產的一部分，因此營業秘密與一般財產一樣，除可以成為交易、繼承或讓與等之客體外，亦有數人共有的可能性。我國民法上對於共有關係的規範，區分為「公同共有」與「分別共有」，而營業秘密法對共有關係，亦有規範，因此在法律的適用上，應優先適用營業秘密法的規定，而在營業秘密法未規定之處，始類推適用民法關於共有之規定[20]。

數人公同共有營業秘密之原因，可能是因合夥或繼承關係而共有[21]。營業秘密

---

條前段）。

20　營業秘密法第 1 條後段：「本法未規定者，適用其他法律之規定。」

21　民法第 668 條：「各合夥人之出資及其他合夥財產，為合夥人全體之公同共有。」

　　民法第 1151 條：「繼承人有數人時，在分割遺產前，各繼承人對於遺產全部為公同共有。」

法並未特別規範上述公同共有之情形，因此共有人之權利義務，應類推適用民法之規定。民法第 828 條第 1 項：「公同共有人之權利義務，依其公同關係所由成立之法律、法律行爲或習慣定之。」準此，合夥之情形，共有人之權利義務，依民法有關合夥之規定處理；繼承之情形，依民法有關繼承之規定處理。與此相對，數人分別共有營業秘密的主要原因，在於營業秘密的研發過程中有數人共同參與，因此對於所產生的營業秘密均應享有一定程度的權益。營業秘密法第 5 條：「數人共同研究或開發之營業秘密，其應有部分依契約之約定；無約定者，推定爲均等。」分別共有的另一個原因則是讓與。營業秘密法第 6 條第 1 項：「營業秘密得全部或部分讓與他人或與他人共有。」例如，營業秘密可分割數個部分時[22]，營業秘密所有人可將營業秘密部分讓與他人，而形成分別共有之。

營業秘密爲共有時，對營業秘密之使用或處分，如契約未有約定者，應得共有人之全體同意。但各共有人無正當理由，不得拒絕同意（營業秘密法第 6 條第 2 項）。同樣地，當營業秘密爲共有時，欲將營業秘密授權給他人，也有類似的規定。營業秘密法第 7 條第 3 項：「營業秘密共有人非經共有人全體同意，不得授權他人使用該營業秘密。但各共有人無正當理由，不得拒絕同意。」再者，在分別共有營業秘密的情況，各共有人非經其他共有人之同意，不得以其應有部分讓與他人。但契約另有約定者，從其約定（營業秘密法第 6 條第 3 項）。此項規定與民法關於分別共有的規定不同。民法第 819 條第 1 項：「各共有人，得自由處分其應有部分。」不同的原因在於，營業秘密法考量分割的營業秘密間之秘密性與關聯性，如果可以任意將應有部分讓與他人，將可能使該營業秘秘失去秘密性，或影響該營業秘密全體共有人之共同利益。例如，三家半導體製造公司分別共有一個先進製程技術之營業秘密，雖然半導體製程是由不同的製程模組所組成，但任一家公司未經另兩家公司的同意，不得將其自己的營業秘密讓與他人，因爲很有可能讓與的營業秘密是競爭對手在提升產品良率上所欠缺的關鍵製程，一旦競爭對手產品的良率大幅提升，必將影響該三家公司的產品競爭力與共同獲利[23]。

---

22 例如，客戶名單可分割爲數個部分客戶名單；半導體製程可分割爲前段製程與後段製程，而前段製程或後段製程又可分別分割爲數個獨立的製程模組。

23 這種情況常發生在半導體業界，特別是跨國性合作。例如，於西元 2000 年，臺灣某大半導體公

## 三、不得對營業秘密設定質權及強制執行

營業秘密法第 8 條：「營業秘密不得為質權及強制執行之標的。」假若營業秘密可設定質權或為強制執行之標的，則於未受清償公開拍賣時，有關營業秘密的內容必須公開給參與投標者得知，以決定其投標價格，如此必將使營業秘密的「秘密性」喪失，進而喪失其經濟價值，因此營業秘密法明文規定營業秘密不得為設定質權及強制執行之標的。不得強制執行之程序，包含假扣押與假處分。

## 四、營業秘密與競業禁止之關聯

營業秘密（trade secret）權為市場競爭下之產物，係產業倫理（industrial ethics）、商業道德（commercial morals）所衍生之智慧財產權[24]。有鑒於產業蓬勃發展及商業市場競爭激烈，各行業透過惡意挖角之方式，不當獲取營業秘密，時有所聞。雇主為避免受僱人離職後，將營業秘密外洩，甚至將產業之研發技術成果，讓他人坐享其成，雇主除與受人在職或離職期間，簽訂保密條款外，受僱人於離職後，在一定期間不得為自己或他人從事或經營與前雇主競爭之相關工作，以保護雇主之權益及避免不公平競爭之發生。因競業禁止約款，影響受僱人之工作權甚鉅，而競業禁止與營業秘密雖屬不相同之概念，其等之規範要件有異，然其等間亦有密切之關連。準此，如何兼顧企業之競爭優勢及員工之工作權，誠有探討之必要。

## 五、營業秘密之法律性質 — 利益與權利之爭

營業秘密在我國究竟被視為「權利」或「利益」，久為學術界與實務界爭論不斷。在我國營業秘密法制定之前，即已出現此論爭，討論、制定營業秘密法過程中也未明白承認「營業秘密權」，使此一爭論延續至今仍未休止[25]。本書主張營業秘密

---

司和美國某大半導體公司及歐洲某大半導體公司共同研發 90 奈米的 CMOS 製程技術，但分別負責開發不同的製程模組，因此該三家公司分別共有此 90 奈米 CMOS 製程技術的營業秘密。

[24] 葉茂林、蘇宏文、李旦，營業秘密保護戰術 — 實務及契約範例應用，永然文化出版股份有限公司，1995 年 5 月，頁 11。營業秘密之起源得追溯至羅馬帝國時代，羅馬法禁止行為人誘使他人或奴隸洩漏僱用人或主人有關營業秘密。

[25] 我國營業秘密法雖在第 2 條規定「營業秘密」之定義，但未明文將營業秘密規定為「權利」或以

為權利，為無體財產權，屬於智慧財產權的一種，故亦稱之為「營業秘密權」。

## (一) 利益說

　　採取利益說者，多是基於法律並未明定營業秘密為一種權利，似採行「智慧財產權法定主義」。即使在營業秘密法制定後，仍堅持營業秘密並非「權利」。實務上也有採此立場。在營業秘密法施行前，已有不承認營業秘密為權利的判決。1988年關於「光學閱讀機」[26]一案中，法院當時即認定原告之技術並非法定無體財產權，也不是物權或債權[27]。雖然於 1996 年 1 月 17 日制定公布營業秘密法，惟卻未如商標、專利或著作之有明文承認為一種權利。因此，採利益說的學者認為，營業秘密法所享有者是受到法律所保護的利益，而非權利，且如認為營業秘密是「權利」，則此權利就必須是具有排他性的權利，才有意義[28]。也有採利益說者認為，從營業秘密法的立法理由、立法目的來看，營業秘密法是屬於公平交易法所規範之不公平競爭之一環，我國只不過在公平交易法之外，特別再獨立另立一法保護之[29]。營業秘密保護的目的，除了保障營業秘密所有人之秘密性的利益外，更重要的在於維護自由、公平且正當之競爭秩序。且不論在我國或在國際間，不會認為依公平交易法會產生某種智慧財產權，而認為是依法維護產業倫理與公平競爭下，所衍生出對於營業秘密所有人的一種利益。申言之，此論述主張營業秘密法並不是立於「保護」，

---

　　「營業秘密權」稱之：營業秘密法中所有條文均使用「營業秘密」，未見「營業秘密權」之用語。

[26] 趙晉枚、蔡坤財、周慧芳、謝銘洋、張凱娜，智慧財產權入門，元照出版股份有限公司，2010年 2 月，7 版 1 刷，頁 271。臺灣在 1988 年，新竹科學園區研發影像掃瞄器的全友電腦公司控告六名離職員工及其新任職的力捷電腦公司侵權一案，引發產業界對營業秘密的熱烈討論。之後，更由於資訊業界的強烈反映，以及美方經貿談判的壓力和國際間保護「未公開資訊」的趨勢，我國始將營業秘密保護的議題納入研究討論。

[27] 臺灣新竹地方法院 77 年度訴字第 579 號民事判決。法院認為：「技術（know-how）應屬一種『知識』，無論其如何高深精密，均存在於人類之「思惟活動」，並非有體物，亦非自然力（如光、電、熱等），應不屬所有權之標的。原告主張其就系爭技術得享有所有權，於法尚屬無據，而所謂無體財產權，又稱智慧財產權，我國現行法所承認之智慧財產權僅有商標權、專利權及著作權（註：當時尚無營業秘密法及積體電路電路布局保護法），系爭技術並非上開法定無體財產權，亦非物權或債權，應不生『行使其財產權之人，為準占有人』問題，從而原告主張依民法第 767條之所有權人物上請求權或依民法第 966 條第 2 項，準用民法第 962 條之占有人物上請求權，禁止被告使用系爭技術，於法尚難謂合。」

[28] 謝銘洋，營業秘密之保護與管理，經濟部智慧財產局，2008 年 3 月，頁 3。

[29] 賴文智、顏雅倫，營業秘密法二十講，翰蘆圖書出版股份有限公司，2004 年 4 月，頁 117 至118。

而是居於「禁止侵害」之視角，所保護的並不是營業秘密本身，而是在禁止他人以不正當的方法取得營業秘密，因此營業秘密不屬於法律上的權利，而僅是一種受法律所保護的利益。

## (二) 權利說

主張營業秘密為權利者，是由民法上權利的本位來加以論述。民法上區分權利與利益的學說主要有三，包括意思說、利益說與法力說；法力說為目前的通說。根據法力說的見解，權利是為了使特定人能享受合理利益，由法律賦予該特定權利人的一種法律手段，權利人得依其意思行使其權利，並得以訴訟方式依賴法律力量實現其權利內容。因此，權利有兩項要素：1.所滿足者為人類合理的利益，也即法律承認的利益，通常稱為法益或法律利益；2.未能獲得滿足時，以國家權力強制促其實現，此即法力說所重視的法力或法律實力[30]。當營業秘密被侵害而有保護未滿足時，營業秘密所有人亦可透過法律，以國家權力強制營業秘密保護之實現。職是，由我國營業秘密法對保護營業秘密的現況而言，符合法力說之權利兩項要素，故營業秘密為權利，並非權利以外之利益。再者，營業秘密法在立法草案階段時，行政部門基本上將營業秘密定位為權利之一種，因此營業秘密法第 6 條、第 7 條、第 11 條及第 12 條，均是以權利的觀念為前提，而制訂營業秘密可以讓與、處分、授權等規定[31]。

---

[30] 施啓揚，民法總則，三民書局股份有限公司，1995 年 6 月，6 版，頁 29。

[31] 1995 年 3 月 27 日立法院經濟、司法委員會第一次聯席審查營業秘密法時，法務部代表游參事指出：「營業秘密是權利或利益仍未定，若能制定本法即可確定為權利，若遭受侵害可請求賠償，有侵害之虞也可以加以排除。」經濟部楊次長也指出：「營業秘密係歸屬於智慧財產權下的一種權，卻有別於專利權。」1995 年 5 月 22 日第二次聯席審查會時，當時負責草案的行政主管機關經濟部商業司陳司長表示：「國際上的共識與潮流，已將營業秘密視為智慧財產權的一環，尤其是烏拉圭回合中與貿易相關之智慧財產權的 TRIPS 協定第 39 條中，視營業秘密為權利。而且，美國及加拿大已專門立法；亞洲國家中的日、韓兩國，也修正所謂不正利益防治法，以求明確保護權益。其次，過去學者專家之所以將營業秘密視為利益，主因在於吾國沒有法律明文規定營業秘密是一種權利。依據法學原則：非依法，權利不能創造，所以討論營業秘密法時，我們認為商場上運作之營業秘密，須有法律加以保護，以維商業上的倫理與秩序。綜上所述，我們根據國際上的見解，將營業秘密確定為權利之一種。所以本法草案第 2 條已有所定義，而第 6 條、第 7 條、第 11 條至第 12 條，均以權利之觀念為前題來訂出條文的，所以其可以讓與、處分、持有，這是在權利的基礎上架構出來的，也是根據法律來創造權利。」

# UNIT 2.5　營業秘密之客體與保護要件

## 一、營業秘密之定義

　　營業秘密也是一種資訊。雖然資訊之透明、公開、自由流通是民主社會之基石，但從財產權及保障私有財產之角度，仍應給予營業秘密所有人適當之保護，以為調和。我國營業秘密法為避免所保護的營業秘密之內涵與範圍漫無標準，因此參酌外國規定與立法例，以作為界定法律上所欲保護之「營業秘密」之參考。

### (一) 美國

　　美國法律協會在 1939 年制定「侵權行為法整編（Restatement of Torts）」，其中第 757 條有營業秘密之定義，營業秘密包括任何配方（formula）、模型（pattern）、裝置（device）或資訊之編纂（compilation），只要其為營業上使用，並能提供競爭上的優勢，且具有秘密性，均得為營業秘密之客體。因此，營業秘密可以是化學成分之配方、製造過程、原料處理或保存、機器或裝置的型式、或是客戶名單。又依據美國之統一州法國家委員會（National Conference of Commissioners on Uniform State Laws）於 1979 年所公布之「統一營業秘密法（Uniform Trade Secrets Act, UTSA）」，其中第 1 條第 1 項第 4 款關於營業秘密，係指資訊（information），包括配方（formula）、模型（pattern）、編纂（compilation）、程式（program）、裝置（device）、方法（method）、技術（technique）或過程（process），且符合下列要件：1. 其具有獨立之實際或潛在經濟價值係來自於非他人所公知，且他人無法以正當方法輕易確知，而其洩漏或使用可使他人獲得經濟上價值者。2. 已盡合理之努力維持其秘密性者 [32]。

### (二) 加拿大

　　加拿大於 1989 年「統一營業秘密法」第 1 條第 2 項將營業秘密定義為資訊，

---

[32] 美國法院在審理營業秘密案件，判斷資訊是否符合營業秘密的要件時，也常參考與引用 1939 年之侵權行為法整編第 757 條註解 b 所列的六個因素，包括：(1) 該項資訊在事業外部為人所知悉的程度。(2) 該項資訊在事業內部為受雇人及相關人員所知悉的程度。(3) 該事業為維護該項資訊之秘密性所採取措施的程度。(4) 該項資訊對於該事業與其競爭者的經濟價值。(5) 該事業於開發該項資訊所付出的努力或金錢多寡。(6) 他人以正當方式取得或複製該項資訊的難易程度。

包括但不限於包含或具體表現於一配方（formula）、模型（pattern）、計畫（plan）、編纂（compilation）、電腦程式（computer program）、方法（method）、技術（technique）、過程（process）、產品（product）、裝置（device）或結構（mechanism）之資訊，而且：1. 被或可能使用於交易或商業者。2. 於該交易或商業上非一般公知者。3. 不因公知而具經濟價值者。4. 已盡合理之努力維持其秘密性者。加拿大的規定顯係借鏡美國立法例，而屬英美法系之歸納式（induction）立法模式。

## (三) 日本

日本於 1990 年不正競爭防止法第 1 條第 3 項將營業秘密定義為：持有且視為機密而加以管理之生產方法、販賣方法以及其他不被公眾所知悉，且對事業活動有用之技術上或營業上之資訊[33]。

## (四) 韓國

韓國的規定類似日本，於 1991 年的不正競爭防止法第 2 條第 2 項規定所謂營業秘密，係指無法公然得知，具有獨立經濟價值，經相當之努力且維持秘密之生產方法、販賣方法，或於其他營業活動上實用之技術或經營資料而言。韓國與日本均屬於大陸法系之演繹式（deduction）的立法模式。

## (五)TRIPs 協定

世界貿易組織（WTO）的「與貿易相關之智慧財產權協定（TRIPs）」中第 7 章所規範的未揭露資訊之保護（protection of undisclosed information）即為對營業秘密的保護，其中第 39 條第 2 項對營業秘密的定義，係指自然人及法人對其合法擁有之資訊，得防止他人未經其同意，而以違背誠實商業行為之方法，洩漏、取得或使用之，且該資訊須：1. 具秘密性質，亦即不論以整體而言，或以其組成細節之配置及組合而言，該項資訊目前仍不為一般涉及該類資訊之人所知悉或易於取得者。2.因其秘密性而具有商業價值者。3. 資訊所有人已採取合理措施，以保護該資訊之秘密性者。

---

[33] 日本於 1990 年不正競爭防止法對營業秘密的定義規定在第 1 條第 3 項，但於 1993 年修訂時改列為第 2 條第 4 項。

## (六) 我國

我國營業秘密法第 2 條規定：「本法所稱營業秘密，係指方法、技術、製程、配方、程式、設計或其他可用於生產、銷售或經營之資訊，而符合下列要件者：1. 非一般涉及該類資訊之人所知者。2. 因其秘密性而具有實際或潛在之經濟價值者。3. 所有人已採取合理之保密措施者。」此定義係將營業秘密的保護標的與保護要件結合，兼顧歸納（列舉）式與演繹（概括）式的立法優點。申言之，採取英美法系之歸納法立法，羅列出方法、技術、製程、配方、程式、設計等營業秘密之保護標的，具體明確。惟為求周全，故考量大陸法系之演繹法優點，以「其他可用於生產、銷售或經營之資訊」概括其餘可成為營業秘密之客體，避免掛一漏萬。

## 二、營業秘密之客體

依據上述營業秘密法第 2 條規定，營業秘密之保護客體，係指方法、技術、製程、配方、程式、設計或其他可用於生產、銷售或經營之資訊，而符合秘密性、經濟性及合理保密措施等三要件者[34]。需再次強調的是，營業秘密的客體並不以法條列舉的為限，事實上只要是可用於生產、銷售或經營方面，具有經濟價值之秘密資訊，均有機會被認定為營業秘密[35]。以手機設計為例，對廠商而言，下一年度將推出之手機，其款式、功能與特性等即屬生產資訊，該資訊之保密足以使競爭者無法在短時間內設計與推出欲與之正面迎戰或避開之手機產品。手機之銷售價格與促銷活動等則屬於銷售資訊，其資訊之保密足以使競爭者無法預測產品之成本、利潤，或事先知道而採取類似之促銷手法。手機晶片將下單之製造廠商或採取策略聯盟之合作關係等乃屬於經營資訊，其資訊之保密足以使競爭者失去至該製造廠商投單機會或降低投單產量、價格之談判空間等。以下，以不同的分類方式，來討論營業秘密的客體種類與性質。

---

[34] 智慧財產案件審理法第 2 條規定，本法所稱營業秘密，係指營業秘密法第 2 條所定之營業秘密。此外，也包括刑法第 317 條、318 條所稱之工商秘密，以及刑法第 318-1 條、318-2 條之利用電腦洩密罪。

[35] 此也稱為營業秘密的「客體多樣性」或「客體包容性」。

## (一) 無形的營業秘密與有形的營業秘密

　　由定義來看，營業秘密的存在可以是無形體，也可以附著於有形體。營業秘密為一種資訊，具有類似光、電與熱等之無形體性特徵；又整部營業秘密法，也未限制營業秘密必須附著或表現在有形體媒介上，因此營業秘密可以無形體的方式存在[36]，也可以附著於有形體而存在。但應區分營業秘密與「理論」、「知識概念」的不同。也就是說，某種「理論」或「知識概念」是否可成為營業秘密的客體。「理論」、「知識概念」常是某營業秘密的基礎；依據營業秘密法第 2 條，如果一個「理論」或「知識概念」已臻具體，且可用於生產、銷售或經營上，同時也具備營業祕密法第 2 條之三大要件，即可歸入營業祕密的範疇。例如，運用紅外線的專業知識研發紅外線熱像儀等相關產品的製作概念，且具備營業秘密三要件，即屬於營業秘密之保護標的[37]。只是，營業秘密為無形體時，營業秘密所有人於訴訟中必須具體指明該營業秘密的內容並舉證，否則法院難以判斷是否屬於營業秘密保護的客體，而有敗訴之可能[38]。有形體的營業秘密則例如，某項營業秘密是一種獨特的製造工具，則該工具本身亦可成為營業秘密[39]。

## (二) 商業性營業秘密與技術性營業秘密

　　由用途來看，營業秘密可以區分為商業性營業秘密與技術性營業秘密兩大類型。商業性營業秘密是指用於銷售或經營方面的非技術性資訊，包括企業之客戶名單、經銷據點、商品售價、進貨成本、交易底價、人事管理、成本分析等等；技術性營業秘密主要包括與特定產業研發或創新技術有關之機密，包括方法、技術、製

---

[36] 謝銘洋、古清華、丁中原、張凱娜，營業秘密法解讀，月旦出版社股份有限公司，1996 年 11 月，頁 38。

[37] 臺灣新竹地方法院 94 年度重勞訴字第 1 號民事判決。

[38] 臺灣新北地方法院 100 年度勞訴字第 6 號民事判決。法院認為：「此處所稱『應用技術』、『企劃能力』、『整合系統之應用』均屬不確定之概念，原告不僅未能具體特定其內容，更未舉證已採取何種合理之保密措施，故能否成立營業秘密法上之『營業秘密』，已非無疑。」
臺灣新竹地方法院 104 年度勞訴字第 4 號民事判決。法院認為：「原告就其所指之『專業而獨到之積體電路佈局技術與知識』、『個案實務練習』究竟為何並未舉證證明之，且原告所稱之積體電路佈局、奈米製程訓練內容，並非無從透過其他管道獲知，原告亦未指出其新創、獨有、獨知之智慧財產為何？是縱被告甫進入職場即至原告公司工作，而原告公司有提供被告實務訓練，仍不影響該知識非屬原告所新創之實。」

[39] 臺灣高等法院 97 年度重上更 ( 一 ) 字第 167 號民事判決。

程及配方等資訊[40]。需注意的是，並非公司片面主張某些資訊是營業秘密就可以受營業秘密法的保護；要受營業秘密法的保護，就必須滿足營業祕密的三大要件，缺一不可。例如，企業的客戶名單資料若僅包含公司名稱、負責人姓名、聯絡方式等均係一般人可由工商名冊取得，或一般業務人員為相同業務招攬時即可輕易自客戶處取得之資訊，不具備秘密性檢驗通過之保護要件。此乃基於公益之考量，公開之資訊應不許私人所獨占使用，倘客戶資訊之取得係經投注相當之人力、財力，並經過篩選整理，始獲致該客戶名單之資訊，而該資訊存有一些非可從公開領域取得之客戶資料。例如，事業透過長期交易過程所得歸納而知或問卷調查所建構之客戶消費偏好記錄、客戶指定送貨地點所透露出之行銷通路、特定客戶一般所採行之貿易條件等等。該等秘密性具有實際或潛在的經濟價值，包含個別客戶之個人風格、消費偏好，相當程度可認為該等資料非競爭對手可得輕易建立，即該當「營業秘密」。至於從已公開於公眾之資訊編纂而成之客戶資訊，一般人均可由工商名冊任意取得，其性質僅為預期客戶名單，非受營業秘密保護之範疇[41]。

應注意者，是實務上技術性的營業秘密與專利在交互應用時之區別。某項技術外觀上雖是營業秘密，但改以專利權保護時，有可能保護效力較強，其缺點是專利權有一定的保護期限；其次，申請專利時必須要明確且充分揭露技術內容，且核准的專利也將會於專利公報上公告之，均使該項技術失去營業秘密法之「秘密性」。因此，業界常以營業秘密結合專利的方式來保護技術。換言之，若客體涉及兩項以上技術，則可分割客體，分別以營業秘密和申請專利保護之，特別是當某些技術可能無法申請到專利（常見的情況例如，營業秘密的新穎性與專利法要求的新穎性要件不同）[42]，或是不希望某些技術為了申請專利而公開其技術內容。例如：製造積體電路的半導體製程中，會使用到許多將晶圓置放在高溫爐中進行加熱的高溫製程，

---

40 臺灣臺中地方法院 102 年度訴字第 1547 號民事判決。
41 臺灣高等法院 94 年度勞上易字第 98 號民事判決。
42 林洲富，營業秘密與競業禁止—案例式，五南圖書出版股份有限公司，2018 年 8 月，3 版 1 刷，頁 16 至 17。我國專利法要求的是絕對新穎性，係指發明或創作在申請專利前從未被公開，其從未被公眾所知或使用過之情形；營業秘密法所要求的是相對新穎性，僅要具有最低程度的新穎性，即該資訊為「非一般涉及該類資訊之人所知者」，即具備新穎性之要件。將在下一節再多作說明。

而高溫爐之加熱組件的擺放位置很可能會影響晶圓上溫度的均勻性，進而影響良率[43]。因此，可以申請專利保護該製程技術，而高溫爐加熱組件之擺放位置則以營業秘密的方式加以保護。另一個常見的例子，若某個製程涉及多個製程技術，且其中三個關鍵製程技術中的一個容易以還原工程（或自行研發）的方式得到，一個很難以還原工程（或自行研發）的方式得到，以及另一個容易進行專利迴避設計[44]，則企業一個可能的作法：以專利保護第一個容易以還原工程或自行研發得到的技術，因為專利權是獨占權；以營業秘密保護第二個很難以還原工程或自行研發得到的技術，因為就沒有保護期間的限制；以營業秘密保護第三個容易進行專利迴避設計的技術，因為一旦申請專利，競爭對手就很可能以迴避設計來破解。

## (三) 無標示的營業秘密與有標示的營業秘密

　　所謂無標示的營業秘密與有標示的營業秘密，係指對於屬於營業秘密的資訊所採取的保密措施，是否在文件與檔案資料上標明「機密」、「限閱」或其他類似的註記，以與其他非屬營業秘密的資訊作區別。例如，某光電公司為砷化鎵晶圓之專業代工廠，該公司內部關於晶圓製程與技術說明等相關檔案資料，雖非一般涉及該類資訊之競爭廠商人員所能知悉，但因具有實際上之經濟價值，因此該公司訂有「機密性資訊／資料管理辦法」，清楚區分屬於營業秘密資訊之機密性等級，該類資訊即為有標示的營業秘密[45]。然一項資訊是否標記「機密資訊」，並不是法律所要求的營業秘密要件之一。換言之，一項具有經濟價值之資訊即使未標記為機密資訊，只要其秘密性存在，仍然不失其為營業秘密。舉例來說，倘企業與可能接觸營業秘密或知悉生產製造技術之員工簽訂保密約款或保密切結書，表示企業已經採取合理之

---

[43] Xiao, H. (2001). *Introduction to Semiconductor Manufacturing Technology*. Pages 20-22. NJ: Prentice-Hall. 良率（yield）的定義有好幾種，我們在此為了容易理解起見，採用良率的定義：當晶圓完成所有的製程步驟後，晶圓上良好晶粒（die，或稱晶片 chip，即為 IC）的數目與晶圓上晶粒總數的比值。例如，某批 25 片晶圓完成所有製程後，每片晶圓上有 100 顆晶粒，在此總數為 2500 顆的晶粒中，經過測試後發現只有 2000 顆是良好的，因此良率為 80%。半導體廠的良率基本上決定了公司賺錢或是賠錢及其多寡，因此提昇良率是半導體製造廠最重要的工作之一。

[44] 所謂專利迴避設計（design around），係指為了避免侵害當下仍處於有效狀態的某特定專利之設計技術，其根據所欲迴避侵權之專利技術特徵，設計出不構成侵權且達到相同目的之設計。然需注意者，專利迴避設計並不代表一定可以迴避專利侵權，例如，智慧財產法院 104 年度民專訴字第 36 號民事判決。

[45] 智慧財產法院 107 年度重附民上字第 2 號刑事判決。

保密措施，因此即使企業未在相關文件與檔案資料上標記為機密資訊，仍不妨礙其屬於受保護之營業秘密[46]。

　　雖說一項資訊是否有標示機密等註記，並不是法律所要求的要件之一，但在許多不當揭露營業秘密的爭議案件中，爭議點常發生在：1. 被揭露的資訊是否為營業秘密；2. 營業秘密所有人是否已採取合理之保密措施來維持該資訊的秘密性。此時，該項資訊是否有標示「機密」或其他適當的註記，而使接觸該資訊者知曉該資訊為營業秘密，常成為法院考量的一項重要因素。特別在洽談代理權簽訂的保密合約或營業秘密使用的授權契約等之條款中，由於營業秘密接受人為確定其保密義務與所接受的營業秘密範圍，通常會在條款中約定營業秘密揭露人於提供營業秘密資訊時，必須標明為機密資訊，若營業秘密係以口頭說明等無形方式提供時，營業秘密揭露人除同時表示該資訊為機密外，尚需於揭露後的一定時間（如 30 日）內以書面告知其所提供的資訊為營業秘密，被揭露人因而必須保密。職是，縱使有簽署保密合約，若營業秘密所有人對屬於營業秘密的資訊未以「機密」等明確的方式標示，仍可能會被認為未採取合理之保密措施[47]。

## (四) 營業秘密與工商秘密

　　營業秘密既多在工業或商業中發展而來，則與刑法上「工商秘密」是否相同？攸關洩露營業秘密時，是否另犯刑法第 317 條與第 318 條之洩漏工商秘密罪，而有討論之實益。司法實務通說從刑法及營業秘密法的立法進程認為，符合立法規範意旨之「工商秘密」，應係指工業或商業上之發明或經營計畫具有不公開性質者，均屬之，舉凡工業上之製造秘密、專利品之製造方法、商業之營運計畫、企業之資產負債情況及客戶名錄等，就工商營運利益如屬不能公開之資料，均屬本罪所應加以保護之工商秘密。1996 年營業秘密法立法時係將營業秘密法定位為民法之特別法，該法所稱之「營業秘密」，並未等同於刑法保護之「工商秘密」[48]。此項見解可資贊同，因「營業秘密」須滿足下段所述之「秘密性」、「經濟價值」與「合理保護措施」

---

[46] 臺灣桃園地方法院 87 年度訴字第 263 號民事判決。
[47] 臺灣臺北地方法院 105 年度聲判字第 286 號刑事裁定。
[48] 智慧財產法院 100 年度刑智上訴字第 14 號刑事判決。
　　司法院 108 年度「智慧財產法律座談會」之「刑事訴訟類相關議題」提案及研討結果第 2 號。

等三大要件，則推論上，刑法所謂之工商秘密，其範圍即有可能大於營業秘密。個案中雖可能觸犯刑法之洩露工商秘密罪，該案之工商秘密卻不一定等同於營業秘密法之營業秘密。

## 三、營業秘密之保護要件

我國營業秘密法第 2 條明文規定：本法所稱營業秘密，係指方法、技術、製程、配方、程式、設計或其他可用於生產、銷售或經營之資訊，而符合下列要件者：1. 非一般涉及該類資訊之人所知者。2. 因其秘密性而具有實際或潛在之經濟價值者。3. 所有人已採取合理之保密措施者。申言之，營業秘密本身是一種資訊，其可以是技術性之資訊，也可以是非技術性之商業資訊。至於方法、技術、製程、配方、程式、設計等，都只是例示之規定而已，只要其可用於生產、銷售或經營上並符合上述要件者，即可受營業秘密法之保護。因此，如果一項秘密資訊與產業之生產、銷售或經營上之運用無關，則不能成為受保護之客體。例如，國防軍事機密或選舉候選人之選戰策略等等。而當營業秘密所有人主張其營業秘密遭第三人侵害時而請求損害賠償，通常應證明具備營業秘密要件之事實。至於營業秘密要件之判斷次序，應先就主張為營業秘密之客體或標的，判斷是否有秘密性。其次認定是否具有經濟價值。最後，以主觀上有管理秘密之意思與客觀上管理秘密之狀態，以審究所有人是否盡合理之保密措施[49]。以下分別討論秘密性、經濟性及合理保密措施等三大保護要件。

### (一) 秘密性

所謂秘密性，係指非一般涉及該類資訊之人士所知悉之資訊。倘屬於產業間可輕易取得之資訊，則非營業秘密之標的。所謂一般涉及該類資訊之人士，在理論上有公眾標準和業界標準兩種。公眾標準說，係指一般公眾不知道的資訊，就具有秘密性；業界標準說，認為可以作為營業秘密之資訊，必須是某一特定專業領域之人（如半導體業、資訊業、建築業或化工業等）都不知道的資訊，才能算是秘密資

---

[49] 智慧財產法院 107 年度民營上字第 2 號民事判決。

訊[50]。申言之，秘密性之判斷，係採業界標準，除一般公眾所不知者外，相關專業領域中之人亦不知悉。倘為普遍共知或可輕易得知者，則不具秘密性要件[51]。換言之，營業秘密法要求的秘密性是相對秘密性，雖然知悉秘密者不只一人，但只要知悉該項秘密的人，僅限於某特定且具有一定封閉性的範圍內，而且秘密所有人在主觀上、客觀上，表現出有管理該項秘密資訊的意思，則該項資訊並未喪失其秘密性[52]。例如，業務人員開發業務與合作客戶簽約後，所取得之資料包含交易市場之競爭產品分析、產品售價、成本及銷售資料等，為企業之內部資料，並無對外公開之事實，非一般涉及該類資訊之人所能得知，故該資訊具有秘密性[53]。若產品之報價或銷售價格等得自市場中輕易獲取之資訊，則不符合秘密性要件[54]。在一則營業秘密訴訟案件攻防中，被告抗辯該系爭資料於月會報告會議後會寄送給總經理、副總經理、處長、經理、管理師及各營業部分之店長以上主管等，以此抗辯該資料不具秘密性，然所知悉者仍限於原告內部經營管理階層或各營業部門主管，並非一般公眾所得知悉，被告以此抗辯系爭資料不具秘密性，洵屬無稽[55]。如果資訊被他人非以不正當的方式取得。例如，憑藉專業知識或實際經驗拆解機械結構、分析規格之還原工程的方式得知，則無法受到營業秘密之保護[56]。秘密性也可稱為「新穎性」，但營業秘密的新穎性與專利法要求的新穎性並不相同[57]。專利法要求的是絕對新穎性，係指發明創作在申請專利前，從未被公開，因而從未被公眾所知或使用過之情形。一旦在國內外刊物上公開、或是因為公開使用，而使不特定多數人得知其使用之狀態，均將會使創作發明之新穎性喪失，致無法獲准專利。營業秘密法所要求之新穎性，則為相對新穎性，僅要具有最低程度之新穎性，亦即該資訊係非一般

---

[50] 張靜，我國營業秘密法學的建構與開展 — 第一冊營業秘密的基礎理論，新學林出版股份有限公司，2007 年 4 月，頁 257 至 261。

[51] 智慧財產法院 106 年度民營上字第 1 號民事判決。

[52] 池泰毅、崔積耀、洪佩君、張惇嘉，營業秘密：實務運用與訴訟攻防，元照出版股份有限公司，2018 年 11 月，初版 2 刷，頁 44 至 45。

[53] 智慧財產法院 107 年度刑智上訴字第 34 號刑事判決。

[54] 最高法院 102 年度台上字第 235 號民事判決。

[55] 臺灣臺北地方法院 103 年度勞訴字第 222 號民事判決。

[56] 智慧財產法院 98 年度民著上字第 23 號民事判決。

[57] 本書將此要件稱為秘密性，不使用新穎性，就是避免跟專利法的新穎性混淆。

涉及該類資訊之人所知者，即符合新穎性之要求[58]。

　　營業秘密所有人有保密之主觀意圖，基於事業活動之信賴關係或僱傭、銷售等契約中之保密條款，已採取合理之保密措施，以維護其秘密性，其將營業秘密合理揭露提供予特定之他人，仍不失其秘密性，顯見營業秘密之秘密性，係屬相對性，而非絕對性[59]。

　　綜合上述，舉凡屬於產業間可輕易取得之資訊，則不是營業秘密之標的。例如，技術早已申請專利公開[60]、資訊取自貨品目錄[61]、相關產品已為業界慣用[62]、技術可由專業學術理論推導得知[63]、資訊為同業所週知[64]或一般公開可得之資訊[65]等，都不符合秘密性要件之要求。由於「秘密性」是在營業秘密訴訟中第一個要判斷的要件，故在司法訴訟中扮演相當重要的地位。而且在司法訴訟攻防時，該等資訊是否具有秘密性，仍須由資訊所有人舉證證明該等資訊並非一般涉及該類資訊之人所知悉者，始足當之[66]。此外，為保護營業秘密的秘密性，法院裁判書不得公開觸及有關營業秘密之內容[67]。例如，臺灣雲林地方法院 105 年度智訴字第 3 號刑事判決之裁判書的公告資料中，就將控制奈米研磨機之操作參數等相關之營業秘密內容從裁判書中刪除。

　　營業秘密與專利不同，不具有排他效力，其不需有揭露與審查等保護要件。僅要該營業秘密不被公開或經由還原工程揭露之，其權利期間不受限制，並無專利權有權利之存續期間。營業秘密與專利權之性質雖有不同，兩者並非不得併存，企業界自得於契約內容約定，將已公開之專利權及未公開之營業秘密，依據授權條款或

---

[58] 智慧財產法院 105 年度民營上更 (一) 字第 1 號民事判決。
[59] 吳啓賓，營業秘密之保護與審判實務，台灣本土法學雜誌，98 期，2007 年 9 月，頁 7。
　　智慧財產法院 100 年度智上訴字第 14 號刑事判決。
[60] 智慧財產法院 107 年度民專上字第 17 號民事判決。
[61] 臺灣臺中地方法院 90 年度重訴字第 185 號民事判決。
[62] 智慧財產法院 107 年度民營訴字第 2 號民事判決。
[63] 臺灣臺北地方法院 88 年度勞訴字第 25 號民事判決。
[64] 智慧財產法院 104 年度民著訴字第 27 號民事判決。
[65] 臺灣臺北地方法院 103 年度勞訴字第 63 號民事判決。
[66] 智慧財產法院 103 年度民營上字第 5 號民事判決。
[67] 營業秘密法第 9 條第 1 項：「公務員因承辦公務而知悉或持有他人之營業秘密者，不得使用或無故洩漏之。」

讓與條款,將兩者權利一併授權或移轉之,使企業更具競爭力。因未公開之技術內容,在市場上常具有決定或重要之關鍵。

營業秘密也與員工固有知識不同。兩者不易區別,而其區分,有「不可避免揭露理論」之產生。所謂不可避免揭露理論,係指縱為意圖良善之員工,均難以期待其能夠從腦海中分辨,是固有知識或是自前雇主所獲得之經驗。當員工至競爭企業從事相同或近似之工作時,將會不可避免揭露前雇主之營業秘密,而造成難以彌補之損失。前雇主因而得請求法院核發禁制令,禁止該員工於一定期限內為競爭對手工作,甚至永久禁止其洩漏營業秘密,此為美國普通法上之理論。基於營業秘密與員工固有知識本難以區分,倘過度保障營業秘密,將造成資源難以共享流通,創造僅流於公司內部,而無適當之人才流動,不利整體產業進步[68]。不可避免揭露理論,此為有利於雇主之事實,應由雇主負舉證責任。證明如後事項:1.離職員工知悉為雇主之營業秘密;2.離職員工前後職務之範圍,大致相同或類似;3.離職員工所知悉之原雇主營業秘密,對新雇主有相當經濟價值;4.離職員工在新工作處,不可避免使用得自原雇主之營業秘密;5.離職員工有違於誠信之不正行為(misconduct)[69]。

## (二) 經濟性

所謂經濟價值者,係指技術或資訊有秘密性,且具備實際或潛在之經濟價值者,始有保護之必要性。職是,營業秘密之保護範圍,包括實際及潛在之經濟價值[70]。因此,尚在研發階段而未能實際量產獲利之技術或相關資訊,其具有潛在之經濟價值,亦受營業秘密法之保護。申言之,持有營業秘密之企業較未持有該營業秘密之競爭者,具有競爭優勢或利益者。就競爭者而言,取得其他競爭者之營業秘密,得節省學習時間或減少錯誤,提昇生產效率,即具有財產價值,縱使試驗失敗之資訊,仍具有潛在之經濟價值[71]。特別是在新產品設計、新製程開發及改善

---

[68] 智慧財產法院 107 年度民暫抗字第 4 號民事裁定。

[69] 宋皇志,營業秘密中不可避免揭露原則之研究,智慧財產訴訟制度相關論文彙編,5 輯,司法院,2016 年 12 月,頁 417。

[70] 最高法院 105 年度台上字第 1501 號民事判決:營業秘密具有經濟價值,倘遭不法侵害,權利人可能受有相當於其財產價值之損害,為社會通常之觀念。

[71] 臺灣臺北地方法院 106 年度智字第 30 號民事判決。

階段，通常需要花許多時間作實驗及驗證，才能發展出能夠實際獲利的技術[72]。例如，在半導體新製程的研發階段，需要花費大量的人力、金錢與時間，才足以開發出能夠製造高性能積體電路晶片且具高良率的新製程技術。因此，即使是試驗失敗的實驗經驗，亦即所謂的負面資訊，雖然表面上看似沒有經濟價值，但如果被競爭廠商得知，則競爭廠商除了因為可以避免重蹈覆轍而降低整體研發成本外，更重要的是可以縮短研發時間，具有早日將新製程技術投入市場的競爭優勢。申言之，上述所指經濟價值並不只限於有形之金錢收入，尚包括市占率、研發能力、業界領先時間等經濟利益或競爭優勢者而言。他人擅自取得、使用或洩漏之、足以造成秘密所有人經濟利益之損失或競爭優勢之削減[73]。

　　某項資訊是否具有經濟性，在司法訴訟中爭議相對較小，因為該項資訊若非具有一定的經濟價值，資訊所有人毋需大費周章地提出告訴。儘管如此，資訊所有人仍須要舉證證明該資訊具有經濟價值[74]。例如，一項產品配方僅是將已揭露之個別成分加以組合，經此組合後，如未能產生較先前一般配方或成分無法預期之較佳功效，則該產品配方即不具經濟性[75]。同時，法院也會考量資訊作成的時間點。如果資訊已經過時、陳舊，則法院傾向於認為該項資訊已經失去時效性，而不具有經濟價值[76]。例如，在臺灣高等法院 104 年度勞上字第 82 號民事判決中，法院認為已失其時效性的舊資料，難認定對於競爭業者有經濟價值，且資料所有人未能舉證說明該資料因其秘密性而具有實際或潛在之經濟價值，以及該資料讓競爭業者知悉會有何經濟上之損害，因此不符合經濟性之要件。此外，在司法實務上，企業於研發過程中所投入的金錢、人力與時間等成本，也會納入一項資訊是否具有經濟價值之評估。如果一項資訊係一般人可以輕易查詢或取得，企業蒐集、保存、利用該項資訊

---

[72] Montgomery, D. (2015). *Design and Analysis of Experiments*. 8th Edition. NJ: John Wiley & Sons. 僅就製作積體電路的內連接金屬導線為例，可以有多種製程方式，且金屬的材料可以是鋁、銅、或不同比例的鋁銅合金等多種選擇，因此需要作許多試驗，以發展出兼顧性能（performance）、可靠度（reliability）與良率等三方面的製程技術。

[73] 最高法院 107 年度台上字第 2950 號刑事判決。

[74] 智慧財產法院 106 年度民專上字第 9 號民事判決。

[75] 智慧財產法院 106 年度民營上更 (一) 字第 2 號民事判決。

[76] 池泰毅、崔積耀、洪佩君、張惇嘉，營業秘密：實務運用與訴訟攻防，元照出版股份有限公司，2018 年 11 月，初版 2 刷，頁 55。

不需要付出相當心力,則該項資訊可能會被認定不具有經濟價值[77]。但如果企業將原本不受營業秘密保護的公開資訊,透過長時間的資料蒐集與經驗累積,將該等資訊進行整理、歸納與分析後,得到具有實質或潛在的經濟價值,而可轉化為企業的營業秘密[78]。例如,在臺灣士林地方法院103年度勞訴字第27號民事判決中,企業雖然使用自由軟體系統在網路上蒐集資料,但將該系統所得之客戶網站流量資訊進行整理、歸納與分析,並將整理、歸納與分析結果提供予客戶,並提供客戶電腦技術服務,以利客戶用於網站之經營與行銷,提高客戶對其服務之依賴,憑以爭取客戶之合約,以繼續提供數位行銷分析服務或電腦技術服務予客戶,自屬該企業可用於銷售、經營之資訊,而具有實質或潛在之經濟價值。

## (三) 合理保密措施

所謂合理保密措施者,係指營業秘密所有人按其人力、財力,依社會通常所可能存在之方法或技術,將不被公眾知悉之情報資訊,依業務需要分類、分級而由不同之授權職務等級者知悉。職是,合理保密措施,必須營業秘密之所有人主觀上有保護之意願,且客觀上有保密的積極作為,使人瞭解其有將該資訊作為營業秘密加以保護之意思,並將該資訊以不易被任意接觸之方式,予以控管[79]。按營業秘密涵蓋範圍甚廣,取得法律保護,並非難事;倘營業秘密所有人未採合理之保密措施,使第三人得輕易取得,法律自無保護其權利之必要。再者,倘企業資訊為該產業之相關從業人員所普遍知悉之知識,縱使企業主將其視為秘密,並採取相當措施加以保護,其不得因而取得營業秘密權[80]。至於資料蒐集是否困難或複雜與否,並非營業秘密之要件。至於判斷是否已達合理之程度,應視該營業秘密之種類、企業實際經營及社會通念而定之[81]。在實務上常見之合理保密措施,臚列如下:

### 1. 簽訂保密契約

企業對於可能接觸營業秘密之員工,可經由保密契約,課予接觸者保密義

---

[77] 臺灣高等法院86年度勞上字第39號民事判決。
[78] 臺灣高等法院104年度上易字第1052號民事判決。
[79] 臺灣臺中地方法院107年度智訴字第1號刑事判決。
[80] 臺灣臺中地方法院97年度訴字第2897號民事判決。
[81] 臺灣臺北地方法院106年度智字第30號民事判決。

務，避免員工將職務上接觸、持有或開發之營業秘密，任意予以洩漏或散布，使之喪失秘密性。例如，半導體產業通常會在員工到職時要求簽訂保密條款，內容包含對公司營業秘密之範圍界定，以及於任職期間與離職日起一段特定時間內確實遵守公司之保密規定。是企業與受僱人簽訂保密契約，內容具備明確性及合理性時，該保密契約得供證明或釋明員工所取得或持有資訊者，具有秘密性。倘員工否認該等資訊不具秘密性，應提出反證釋明或證明不具秘密性[82]。

## 2. 資訊標明機密等級

對於涉及營業秘密的資訊，應於文件與檔案資料上標註機密等級分類，督促可得接觸該營業秘密之員工注意遵守相關保密規定。例如，將各種文書、資料及電子媒體依內容區分成極機密、機密及限閱等不同機密等級，依其密等設有不同之保管、管理權責單位；就文書之取得、保管、影印、銷毀等亦依密等而異其規範[83]。

## 3. 設置電腦、網路之保密措施

今日已是資訊數位化時代，必須就電腦與網路設置相關保密措施。例如，建置網路防火牆防止駭客入侵，以及使用者必須透過個人專屬之帳號密碼登入使用公司的電腦設備，並依個人之授權權限規範可使用之資訊檔案等管制措施。若企業未依員工業務需要設定帳號、密碼，亦未區分職級作分類分級之管制措施，相關部門之人員均可任意進入電腦閱覽涉及營業秘密的資訊，則難認定符合已採取合理保密措施之要件[84]。另外，在半導體相關的高科技產業，企業對於電腦與網路的保密措施更加重視，常見的措施尚包括：(1) 將積體電路製程、電路布局圖、元件設計圖等機密檔案加密，員工必須經過企業內部網路的系統認證，才能依被授予的權限閱覽或使用該機密檔案。(2) 將電腦機殼上鎖，無法取出電腦硬碟；除去行動儲存媒介（USB）插槽，取消使用功能，避免公司機密檔案被複製流出。(3) 設置資訊及檔案監控系統，用來記錄員工於公用檔案區的存取歷史、電子郵件往來對象與內容、工程機密文件閱覽紀錄等。(4) 機台與設備配置之電腦程式內碼，須輸入密碼始能

---

[82] 臺灣新竹地方法院 104 年度智訴字第 1 號刑事判決。
[83] 臺灣高雄地方法院 104 年度智訴字第 14 號刑事判決。
[84] 最高法院 104 年度台上字第 1654 號民事判決。

夠閱覽、編輯及下載，可知對電腦程式內碼設有合理保密措施，而電腦程式內碼，非為一般人所能接觸、知悉或開啓之資料。

### 4. 重要區域的管制與監控

　　企業為避免員工接觸非屬工作上必要之營業秘密，以及防止訪客窺視、竊取營業秘密或機密資訊，對於重要的區域應建立管制與監控機制。半導體相關產業常見的作法包括：(1) 員工必須刷識別證才能進入個人被授權的工作區域。(2) 訪客一般僅能進入會客室，若有特殊原因（例如，設備供應商需要進入生產線，裝置或維修機台設備），則必須事先申請經過單位主管及相關部門主管之核准，與簽署保密條款。(3) 員工及訪客不得攜帶具有照像或攝影功能的個人行動裝置（如智慧型手機）進入公司或會客室，若有攜帶則須交至警衛室由專人暫時保管。(4) 於重要工作區域（例如，研發部門與生產線）設置監視器，紀錄工作影像檔於中控室監控保存。(5) 研發人員辦公處所的抽屜與文件櫃必須隨時上鎖，以及下班後不可將重要文件放置於公共大辦公區的個人辦公桌上。例如，曾有案例發生，藉由洽談合作事宜屢次參觀生產線，取得相關關鍵技術與了解生產製造流程細節後，竟趁機將他人之技術據為己有持以申請專利之情事[85]。

### 5. 員工教育訓練與離職面談

　　公司在辦理內部的教育訓練課程中，納入營業秘密等研習課程，或定期進行機密資訊保護之宣導說明。並建立離職面談制度，要求員工於離職前將在職期間所知悉之技術、營運相關機密資料之正本及複本繳回，及提醒員工離職後亦仍須保守公司營業秘密的義務，絕不洩漏或擅自使用。

### 6. 填寫工作日誌或週報

　　公司也可要求研發人員填寫工作日誌或週報，除了證明其獨立研發過程，也可藉此區別員工之「一般知識」與「特殊知識」，作為完成或取得營業秘密之證據[86]。所謂一般知識，是指受僱人自幼於家庭、學校，甚至往後在工作中均可獲得之知識

---

[85] 智慧財產法院 107 年度民專上字第 17 號民事判決。

[86] 林洲富，營業秘密與競業禁止—案例式，五南圖書出版股份有限公司，2018 年 8 月，3 版 1 刷，頁 24。

或技能，或是再利用此等知識技能而發展出來的知識技巧，乃係受僱人運用自己之知識、經驗與技能之累積，故係受僱人之主觀財產，並非屬於雇主之營業秘密；至於特殊知識則係指受僱人於特殊的僱用人處始可學到之知識與技能，這種知識或技能既屬於僱用人之營業秘密，為僱用人之財產權之一，受僱人不但不得任意盜用或利用，尚有保密之責，若有違反，應負違約之責[87]。

### 7. 競業禁止約款

競業禁止約款乃企業為避免受僱員工於任職期間所獲得其營業上之秘密或與其商業利益有關之隱密資訊，遭受員工以不當方式揭露在外，造成企業利益受損，而與受僱員工約定於任職期間內及離職後之一定期間內，不得利用於原企業服務期間所知悉之技術或業務資訊為競業之行為，如有違反，應負一定之法律責任（如損害賠償等）。而關於離職後競業禁止之約定，基於契約自由原則，此項約款倘具必要性，且其限制之時間、地區、範圍及方式，在社會一般觀念及商業習慣上，可認為合理適當且不危及受限制當事人之經濟生存能力，當事人即應受該約定之拘束[88]。惟若限制員工離職後就業之對象、區域、職業活動範圍等不具體明確，或其限制明顯逾越合理範圍，足以妨害當事人之生存權、工作權，則難認定該競業禁止約款為有效[89]。目前在台灣的半導體相關高科技產業，絕大多數企業都會在聘僱工作合約中納入競業禁止條款，要求員工於到職時簽訂。由於競業禁止約款，影響受僱人之工作權甚鉅，如何兼顧企業之競爭優勢及員工之工作權，將在 2-9 節作進一步的討論。

由於並無明文規定，合理保密措施的作法不以上述七項為限，企業仍得視情況採取其他有效之措施保護其營業秘密。惟採取之保密措施必須已經達到「合理程度」，也就是該保密措施是否已達一般人無法輕易取得的程度。例如，公司雖在涉及營業秘密的文件上蓋有機密章，但實際上卻未就該機密文件加以控管，隨意在公司內部散發，或是在會議後任意放置於一般員工或訪客可以接觸到的會客室桌上，

---

[87] 臺灣新竹地方法院 104 年度勞訴字第 12 號民事判決。
[88] 智慧財產法院 106 年度民專上字第 9 號民事判決。
[89] 最高法院 103 年度台上字第 793 號民事判決。

則不能認為已採取合理之保密措施。以及，如果公司僅僅跟員工簽訂保密協定或競業禁止約款，而沒有其他的積極保密作法，亦是難以被認定已經採取合理之保密措施[90]。綜合上述，營業秘密所有人所採取之保密措施必須「有效」，方能維護其資訊之秘密性，惟並不要求須達「滴水不漏」之程度，只需所有人按其人力、財力，依其資訊性質，以社會通常所可能之方法或技術，將不被該專業領域知悉之情報資訊，以不易被任意接觸之方式予以控管，而能達到保密之目的，即符合合理保密措施之要求。至於判斷是否採取合理之保密措施，不以有簽署保密協議為必要[91]。

## 四、常引起爭議的資訊種類

營業秘密的三大要件為秘密性、經濟性及合理保密措施，已如前所述。其中，秘密性是營業秘密的基礎，若一項資訊不具有秘密性，則該項資訊必然無法成為營業秘密；經濟性則是營業秘密保護的目的，因為某項資訊具有經濟價值，才需要保密；而合理之保密措施是維持秘密性的手段，若未採取合理保密措施，則將使一項資訊喪失其秘密性而無法繼續成為秘密資訊。理論上，只要一項資訊可用於生產、銷售或經營上並符合上述三大要件者，即受營業秘密法之保護。惟實務上，一些資訊類型是否屬於營業秘密之保護客體，也常在模糊地帶而發生爭議。其中，又以客戶名單、產品報價、銷售價格、教育訓練內容及電腦軟體與程式內碼等資訊類型為甚。

### (一) 客戶名單

最高法院曾經提出判斷客戶名單是否屬於營業秘密的標準，認為若僅表明名稱、地址、連絡方式之客戶名單，可於市場上或專業領域內依一定方式查詢取得，且無涉及其他如客戶之喜好、特殊需求、相關背景、內部連絡及決策名單等經整理、分析之資訊，即難認為是營業秘密[92]。但若客戶資訊之取得係經由投注相當之人力、財力，並經過篩選整理而獲致，且非可自其他公開領域取得者，例如，個

---

90　智慧財產法院 105 年度刑智上訴字第 11 號刑事判決。
91　智慧財產法院 108 年度刑智上訴字第 43 號刑事判決。
92　最高法院 99 年度台上字第 2425 號民事判決。

別客戶之個人風格、消費偏好等，即可認係具有實際或潛在的經濟價值之營業秘密[93]。可以說，只有經過整理、分析之客戶資訊，才具有秘密性及經濟價值，也才可轉化為企業的營業秘密。

## (二) 產品報價或銷售價格

企業常認為產品之報價或銷售價格是營業秘密法第 2 條規定之銷售資訊，屬於營業秘密，但卻忽略了還必須符合秘密性、經濟性及合理保密措施三個要件。如果一個公司的產品報價、售價等銷售資訊本來就是對外公開的資訊，或是可以在公開市場上蒐集得到，則法院會以欠缺秘密性而排除在營業秘密之外。例如，在最高法院 102 年度台上字第 235 號民事判決中，法院認為產品之報價或銷售價格，如不涉及成本分析，而屬替代性產品進入市場進行價格競爭時得自市場中輕易獲取之資訊，並非營業秘密。再者，市場中之商品交易價格並非一成不變，銷售價格之決定，復與成本、利潤等經營策略有關，於無其他類如以競爭對手之報價為基礎而同時為較低金額之報價，俾取得訂約機會之違反產業倫理或競爭秩序等特殊因素介入時，難以該行為人曾接觸之商品交易價格資訊，遽認具有經濟價值[94]。但若一個價格資訊攸關公司之成本控制或行銷策略，進而影響該公司對外承攬業務之競爭力，則該價格資訊，確屬具保護必要性之營業秘密[95]。綜上所述，一個產品報價或售價等銷售資訊一般不被認為係營業秘密，但若此價格資訊涉及企業之成本、利潤分析或定價、行銷策略等，進而影響企業競爭力，則該資訊才可能被認定是企業在市場上競爭有價值之營業秘密。

## (三) 教育訓練內容

企業辦理內部的教育訓練，該訓練內容是否為營業秘密？也常引起爭議。企業的教育訓練課程內容通常包括新進員工訓練、語言能力訓練、行政管理訓練與專業訓練等。對於半導體相關之高科技產業而言，企業對於人才培訓通常不餘遺力，此乃因從事該高科技領域時間不長的員工，一般而言，尚未完全具備工作上需要的

---

[93]　最高法院 104 年度台上字第 1654 號民事判決。
[94]　最高法院 99 年度台上字第 2425 號民事判決。
[95]　臺灣臺中地方法院 104 年度勞訴字第 90 號民事判決。
　　臺灣新北地方法院 102 年度勞訴字第 31 號民事判決。

職業能力。另一個重要原因是，科技進步日新月異，企業必須不斷地對員工作教育訓練，以提昇企業整體競爭力。在實務上，法院對於教育訓練與營業秘密的關係，常使用的判斷標準為檢視教育訓練是為受僱人所具有的一般知識，還是屬於營業秘密範疇之特殊知識或資訊。前者，原則上受僱人於任何僱傭關係中均可習得，且具有一般性的知識經驗與技能，或是受僱人運用自己之知識、經驗與技能所發展出來之秘密，乃係受僱人知識經驗與技能之累積，係其人格之一部分，亦為維持其生存發展所必須並非屬於僱主之營業秘密。相反地，僱用人於長期經營與僱傭關係中所發展而得之特殊性知識經驗與技能，則屬於僱用人之營業秘密[96]。例如，在臺灣嘉義地方法院 95 年度重訴字第 37 號民事判決中，法院認為被告接受原告所提供之教育訓練始能取得該技術能力，且該項技術非一般作業員即可執行，此等特殊知識屬僱主之營業秘密。惟企業僱主在提起訴訟前，應先行檢視提供員工之教育訓練內容是否確有並非平凡、普通、且非一般人可得習知之特殊知識或技術，否則法院很有可能認定為一般知識，非屬營業秘密[97]。在桃園地方法院 107 年度智訴字第 4 號刑事判決中，法院認為企業為了培訓員工由國外引進技術合作之 20 奈米 DRAM 晶圓製程技術，製作的教學投影片內容包括製程原理、數據、問題、技術、實現及重點等，為當時先進 20 奈米 DRAM 製程訓練教材，並非一般從事 DRAM 晶圓製造之人可輕易知悉，對產能及良率有重大影響，且符合營業秘密三大保護要件，屬於企業之營業秘密。

(四) 電腦軟體與程式內碼

為了讓電腦能夠盡量發揮其編輯、運算、整理與分析等功能於極致，企業會在電腦內安裝相對應需求的系統或軟體。例如，企業常用的 ERP（企業資源計劃）系統，是以會計為導向的資訊系統，利用模組化的方式，將原本企業功能導向的組織部門轉化為流程導向的作業整合，使企業營運的資料轉化為使經營決策能更加明快的有效資訊。然此 ERP 系統僅屬企業資訊之管理系統，並非所謂營業秘密，但透

---

96 臺灣高等法院高雄分院 102 年度上字第 55 號民事判決。
97 臺灣高等法院 104 年度勞上字第 124 號民事判決。

過 ERP 所管理之企業資訊，才有可能構成營業秘密[98]。同樣地，Google 公司免費提供的 GA（Google Analytics）是網站經營與電子商務行銷公司常用的軟體系統，可以用來分析銷售量、轉換率等，以瞭解潛在客戶與客戶期望，因此 GA 軟體系統本身並非營業秘密，但經由該系統進行整理、歸納與分析後的資訊，具有營業秘密之可能[99]。

同理，安裝於生產製造機台或設備內的電腦軟體或程式系統本身不是營業秘密，但撰寫用來控制機台設備行使特殊製造功能或作動的電腦程式內碼，有可能屬於企業雇主的營業秘密。例如，車床機台的程式內碼所控制的粗磨速度、精磨速度、修砂次數與空跑次數[100]，或是半導體沉積機台的程式內碼所控制的鍍膜時間、溫度與壓力等[101]，是重要的製程參數，為營業秘密法第 2 條規定可用於生產之技術性資訊，且若符合營業秘密三大要件，則為營業秘密法保護之客體。

## UNIT 2.6 營業秘密權利之歸屬

個人研發之營業秘密成果，其歸屬於該研發者所有，並無疑義。但在現代的企業環境，特別是在高科技產業，營業秘密屬於一個人的機會甚低，此乃因為現代的營業秘密通常是一個企業集合多數員工日積月累研發的成果。對於高科技產業，也常發生企業想要縮短研發時間或受限於本身某方面的研發能力，企業會出資聘請他人為之研究開發或與其他企業組成策略聯盟共同合作研發。這些情況都涉及多數人之關係，其研發之營業秘密歸屬必須明文規範，以避免爭議。準此，我國營業秘密法第 3 條至第 5 條，分別規定營業秘密權利之歸屬。

### 一、僱傭關係下營業秘密的歸屬

在僱傭關係期間所產生的營業秘密，營業秘密法參酌專利法的規定，視其是

---

98 臺灣高等法院臺中分院 104 年度重勞上字第 1 號民事判決。
99 臺灣士林地方法院 103 年度勞訴字第 27 號刑事判決。
100 智慧財產法院 106 年度刑秘聲字第 1 號刑事裁定。
101 臺灣桃園地方法院 105 年度智訴字第 3 號刑事判決。

否為受雇人在職務上還是非職務上所研究或開發者，而有不同之規定[102]。前者，係受雇人於職務上研究或開發之營業秘密，歸雇用人所有。但契約另有約定者，從其約定（營業秘密法第 3 條第 1 項）。後者，係受雇人於非職務上研究或開發之營業秘密，歸受雇人所有。但其營業秘密係利用雇用人之資源或經驗者，雇用人得於支付合理報酬後，於該事業使用其營業秘密（第 2 項）。此規定考量受雇人在職務上研究或開發所得之營業秘密，受雇人已取得薪資等對價，故營業秘密應歸雇用人所有，惟仍尊重僱傭雙方之意願得以契約約定之。至於受雇人在非職務上研發所得之營業秘密，則應歸受雇人所有，但若營業秘密係利用雇用人之資源或經驗者，則應准許雇用人於支付合理報酬後，於該事業中使用。然在僱傭關係下所產生的營業秘密，最大的爭議點在於營業秘密是否為受雇人在職務範圍內所產生的。可以參考下列幾個因素[103]：(一) 該項營業秘密與企業雇主從事營業內容範圍之關係；(二) 受雇員工所擔任的職務以及從事工作之範圍；(三) 受雇員工在研究或開發該項營業秘密時，使用企業相關資源之程度；(四) 僱傭契約之約定內容。

## 二、委聘關係下營業秘密的歸屬

在委聘關係下所產生的營業秘密，營業秘密法亦參酌專利法[104]或著作權法[105]的規定。營業秘密法第 4 條：「出資聘請他人從事研究或開發之營業秘密，其營業秘密之歸屬依契約之約定；契約未約定者，歸受聘人所有。但出資人得於業務上使

---

[102] 專利法第 7 條第 1 項：「受雇人於職務上所完成之發明、新型或設計，其專利申請權及專利權屬於雇用人，雇用人應支付受雇人適當之報酬。但契約另有約定者，從其約定。」
專利法第 8 條第 1 項：「受雇人於非職務上所完成之發明、新型或設計，其專利申請權及專利權屬於受雇人。但其發明、新型或設計係利用雇用人資源或經驗者，雇用人得於支付合理報酬後，於該事業實施其發明、新型或設計。」
[103] 賴文智、顏雅倫，營業秘密法二十講，翰蘆圖書出版股份有限公司，2004 年 4 月，頁 136。
[104] 專利法第 7 條第 3 項：「一方出資聘請他人從事研究開發者，其專利申請權及專利權之歸屬依雙方契約約定；契約未約定者，屬於發明人、新型創作人或設計人。但出資人得實施其發明、新型或設計。」
[105] 著作權法第 12 條：「出資聘請他人完成之著作，除前條情形外，以該受聘人為著作人。但契約約定以出資人為著作人者，從其約定。依前項規定，以受聘人為著作人者，其著作財產權依契約約定歸受聘人或出資人享有。未約定著作財產權之歸屬者，其著作財產權歸受聘人享有。依前項規定著作財產權歸受聘人享有者，出資人得利用該著作。」

用其營業秘密。」簡言之，營業秘密之歸屬從其約定，若未約定則歸受聘人所有，此時出資人有使用營業秘密的權利。此規定考量無契約約定時，依實際從事研究或開發者擁有該營業秘密，惟出資人已付出相當代價，依雙方有償契約之精神，出資人有使用該營業秘密的權限。職是，出資委聘他人進行研究或開發時，以契約約定完成後的營業秘密歸屬很重要，以避免日後爭議。例如，公司聘請他人撰寫電子產品之應用程式，若未以契約約定營業秘密之歸屬，則營業秘密歸受聘人所有，出資人僅得於業務上使用其營業秘密，且出資人之後不得阻止受聘人以相同之應用程式推出相同或類似的產品[106]；同樣地，該營業秘密雖歸受聘人擁有，受聘人亦不得禁止出資人於日後繼續使用該營業秘密的權利[107]。

## 三、僱傭關係與委聘關係結合下營業秘密的歸屬[108]

在前面所討論的委聘關係，於半導體相關的高科技產業常會發生由公司或是法人出資聘請其他公司或法人從事研究或開發一部分營業秘密，常見的原因有：(一) 縮短研發時間，讓產品早日上市，提升市場競爭優勢；(二) 本身在該方面的研發能力較弱，或欠缺該方面的研發能力；(三) 設計與製造間的代工關係。例如，手機設計公司出資委聘半導體製造公司研發客製化新製程，以適用其新設計之手機功能。在此情況下所產生的營業秘密，就可能同時涉及委聘關係與僱傭關係，其歸屬在不同的情形下會有不同的結果。為了方便說明，以下的舉例討論中，假設 A 公司出資聘請 B 公司從事研發某一新製程，而 C 為 B 公司的受雇員工，專職於該新製程的研究與開發工作。

### (一) 出資人 (A) 與受聘人 (B) 間無約定；雇用人 (B) 與受雇人 (C) 間也無約定

由委聘關係來看，出資人 A 與受聘人 B 之間未就該營業秘密的歸屬以契約約定，故依營業秘密法第 4 條，該營業秘密應歸受聘人 B 所有。另外由僱傭關係來看，雖然雇用人 B 與受雇人 C 之間也未就該營業秘密的歸屬以契約約定，但該營

---

臺灣臺北地方法院 104 年度智字第 8 號民事判決。

臺灣臺灣高等法院 96 年度智上字第 2 號民事判決。

謝銘洋、古清華、丁中原、張凱娜，營業秘密法解讀，月旦出版社股份有限公司，1996 年 11 月，頁 56 至 60。

業秘密為受雇人 C 在職務上所研究或開發者，依營業秘密法第 3 條第 1 項，該營業秘密應歸雇用人 B 所有。綜合以上，該營業秘密應歸 B 所有。

**(二) 出資人 (A) 與受聘人 (B) 間無約定；雇用人 (B) 與受雇人 (C) 間約定營業秘密歸受雇人 (C) 所有**

由委聘關係，出資人 A 與受聘人 B 之間未就該營業秘密的歸屬以契約約定，故該營業秘密應歸受聘人 B 所有。而由僱傭關係來看，因雇用人 B 與受雇人 C 之間以契約約定該營業秘密歸受雇人 C 所有，依營業秘密法第 3 條第 1 項，該營業秘密應歸受雇人 C 所有。因此，該營業秘密應歸 C 所有。

**(三) 出資人 (A) 與受聘人 (B) 間約定歸出資人 (A) 所有；雇用人 (B) 與受雇人 (C) 間無約定**

由委聘關係，該營業秘密歸出資人 A 所有。而由僱傭關係，該營業秘密為受雇人 C 在職務上所研究或開發者，該營業秘密應歸雇用人 B 所有。但在委聘關係中，B 約定該營業秘密歸 A 所有。因此，該營業秘密歸出資人 A 所有。

**(四) 出資人 (A) 與受聘人 (B) 間約定歸受聘人 (B) 所有；雇用人 (B) 與受雇人 (C) 間無約定**

這種情形與情形 (一) 的結果一樣，該營業秘密應歸 B 所有。因為由委聘關係來看，出資人 A 與受聘人 B 之間未約定營業秘密的歸屬，該營業秘密也是歸受聘人 B 所有。

**(五) 出資人 (A) 與受聘人 (B) 間約定歸出資人 (A) 所有；雇用人 (B) 與受雇人 (C) 間約定歸受雇人 (C) 所有**

由委聘關係來看，依營業秘密法第 4 條，該營業秘密歸出資人 A 所有。但由僱傭關係來看，依營業秘密法第 3 條第 1 項，該營業秘密應歸受雇人 C 所有。惟 A 與 C 之間無任何直接關係，在這種情形下會產生營業秘密歸屬的爭議，B 不應該約定兩個內容互相衝突的契約。

## 四、共同研發關係下營業秘密的歸屬

數人共同研究或開發之營業秘密，其應有部分依契約之約定；無約定者，推

定為均等（營業秘密法第 5 條）。此法條考量數人共有一定財產，其應有部分依契約自由原則，可由當事人間之契約自行約定；無契約約定時，依民法第 817 條及第 831 條規定，各共有人之應有部分不明者，推定其為均等。

# UNIT 2.7　司法程序之保密令制度

## 一、保密令制度概說

本節所稱之保密令制度，在偵查程序為「偵查保密令（有簡稱為偵保令）」，在審判程序為「秘密保持命令（有簡稱為秘保令）」。性質上，均屬「（司法機關）發現真實」與「保護（秘密所有人之）營業秘密」之平衡機制。

鑑於實務經驗，營業秘密之受損，常隨偵審時間流逝而擴增[109]。其損害範圍，不惟限於作為證據資料使用之該項營業秘密，而常擴及該被害企業其他內部營業秘密。故以往在被害企業一方，為免自己之其他內部營業秘密受損範圍擴大（某項秘密是否為營業秘密，有時需競爭對手協助鑑定，則秘密於訴訟過程不免公開），選擇不訴諸司法，或訴諸司法後撤回訴訟，以免其他營業秘密於司法程序中曝光。則類此被害案件，永遠在黑暗中，而無從受保護。又在某種情形，競爭對手意欲窺視企業之營業秘密，乃提出不實指控，利用司法程序為其刺探手段[110]。如予得逞，則司法機關豈不成為其工具，而失公允？因此，早在 2007 年 3 月 28 日智慧財產法院制定智慧財產案件審理法時，即於第 11 條至第 15 條、第 35 條中規定「秘密保持

---

[109] 蔣士棋，營業秘密法增訂偵查保密令，目的究竟何在？，北美智權報，2020 年 2 月 26 日，第 255 期。

[110] 智慧財產法院 109 年度民聲字第 32 號、第 34 號民事裁定表示：「智慧財產案件審理第 11 條之立法理由已載明：『按我國現行法中，對於訴訟中涉及當事人或第三人營業秘密之保護，有民事訴訟法第 195 條之 1、第 242 條第 3 項、第 344 條第 2 項、第 348 條及營業秘密法第 14 條第 2 項等，依上開規定，法院得為不公開審判、不予准許或限制訴訟資料閱覽，惟有關智慧財產之訴訟，其最須為保密之對象常即為競爭同業之他造當事人，此時固得依上開規定不予准許或限制其閱覽或開示，但他造當事人之權利亦同受法律之保障，不宜僅因訴訟資料屬於當事人或第三人之營業秘密，即妨礙他造當事人之辯論。為兼顧上開互有衝突之利益，爰於第 1 項明定秘密保持命令之制度，以防止營業秘密因提出於法院而致外洩之風險。』是以由上開立法理由即知，秘密保持命令制度引進之目的即在於法院作為裁判基礎之訴訟資料須經當事人辯論，為避免當事人將其營業秘密提供他造閱覽或由法院開示時有外洩之疑慮，故以秘密保持命令保護之，藉以促進訴訟資料之提出及開示」。

命令（confidentiality preservation order）」，以為控管營業秘密受損擴大之因應。

惟營業秘密受損之風險，如至法院審理階段始獲控管，不免過遲。為強化對企業營業秘密之維護，免除企業擔憂營業秘密於偵查階段即遭對手洩露，並使檢察官能順利迅速偵辦，我國立法政策自 2018 年起，即研議將司法機關對營業秘密之保護，從審理階段提前至偵查階段，而有增訂「偵查保密令」制度之討論。2020 年 1 月 15 日修正營業秘密法乃增訂第 14 條之 1 至第 14 條之 4 之「偵查保密令」制度。

「偵查保密令（investigation confidentiality protective order）」與上揭智慧財產案件審理細則之「秘密保持命令」一詞，用語相仿，作用相似，均在防止營業秘密不因公權力介入探求真相而喪失秘密性；惟兩者意義略有不同。有別於「秘密保持命令」訂於法院之「案件審理細則」，而不能為被害企業所直接察知，「偵查保密令」制度明訂於「營業秘密法」，易為被害企業所明瞭，相較之下，此部分立法更強化對企業機密之維護。此其一。遍觀當今世界諸國立法，尚未見有將司法程序保障營業秘密，提前至偵查階段者。我國率先創設「偵查保密令」制度，實首屈一指，為超前之立法。此其二。

雖然曾有某種意見主張，「偵查保密令」制度亦應採「法官保留」之立場，亦即，仿美國營業秘密刑事案件，在聯邦檢察官起訴前（pre-indictment），經雙方當事人同意，向法院聲請，由法院核發「審前保護令（Pretrial protective order）」。換言之，不認為應容許檢察官依職權核發「偵查保密令」，尤其現今偵查階段，目前檢察機關並未設有技術審查官之配套機制，何能期待檢察官精準核發「偵查保密令」？惟執著於此觀點，將不利於降低企業之營業秘密於偵查中進一步洩漏之風險，尤不利於檢察機關保障營業秘密之偵查作為。故立法政策上，此觀點已遭揚棄。

以下，依序介紹偵查階段「偵查保密令」制度，及審判階段「秘密保持命令」制度，並說明其相互間之銜接暨其救濟途徑。

## 二、檢察機關偵查保密令之產生

### (一) 保護之標的

偵查保密令，全稱應作「偵查內容保密令」，以便理解所保護之標的。此觀修

正後營業秘密法第 14 條之 1 第 1 項規定「…… 得核發偵查保密令予接觸『偵查內容』之犯罪嫌疑人 …… 」、同條第 2 項規定「受偵查保密令之人，就該『偵查內容』，不得為下列行為：」，及同條第 3 項規定「在偵查前已取得或持有該『偵查之內容時』，…… 」，即可明瞭該制度保密之標的，為「偵查內容」。惟「偵查內容」為何？作為該案件「證據資料」之營業秘密，固無庸贅論。偵查「程序」，包括：確認該項偵辦標的或扣案物為營業秘密（透過「鑑定」或經告訴人協助識別之）及取得該項資料之方式（例如，搜索、扣押）等，解釋上亦應在內，以落實此制度旨在「使偵查程序得以順利進行，維護偵查不公開及發現真實，同時兼顧營業秘密證據資料之秘密性（見修正後營業秘密法第 14 條之 1 之立法說明）」。只是，如作上開解釋，偵查保密令之內容不免無漫無邊際，是又將失其意義；且可能遭被害企業所利用，作為其希冀防止或排除其營業秘密受侵害之手段。如此，又將架空營業秘密法第 11 條規定「向民事法院請求排除」之設計[111]，竟成「以刑逼民」之局勢，殊非「偵查保密令」設計原意。因此，偵查保密令之核發內容應儘可能具體明確，並記載於保密令之書面中，俾受該命令者有明確遵循之依據，如有違反偵查保密令情事者，始可具體追究其責任。則偵查保密令欲保護之標的，可舉下列數例說明：1. 本案營業秘密之本身。2. 疑為本案營業秘密之本身[112]。3. 識別營業秘密之分析方法或鑑識技術。4. 與本案相關聯，因偵查活動而蒐集、取得之訴訟關係人之證據資料。5. 未完成或試驗失敗之數據。

(二) 性質 ─ 偵查不公開之加強版規定

　　案件既在偵查中，即有刑事訴訟法第 245 條「偵查不公開」原則之適用，原無必要在營業秘密法中再制定「偵查保密令」制度。司法院與行政院於 2012 年 12 月 5 日會同訂定偵查不公開作業辦法，並先後於 2013 年 8 月 1 日及 2019 年 3 月 15 日修正上揭辦法，為偵查不公開原則之具體規定。惟為更具體落實偵查不公開作業辦法第 6 條規定（見營業秘密法第 14 條之 1 立法說明第二點），「加強保護」企業之營業秘密，營業秘密法「偵查保密令」制度將不「公開」之內容，更具體定為

---

[111] 見立法說明第五點。
[112] 有時被告抗辯扣案資料乃其新任職公司所屬之營業秘密，仍待偵查後確認之。

「不得實施偵查程序以外目的之使用」及「揭露予未受偵查保密令之人」。不惟如此，更將違反偵查保密令之行為視同蔑視司法，於修正後營業秘密法中明定其刑事責任，此點詳下所述。

(三) 保密令之核發

### 1. 檢察官依職權聲請核發

修正後營業秘密法第 14 條之 1 第 1 項規定，檢察官「認有偵查必要時，得核發偵查保密令」。是檢察官認某項營業秘密案件偵查內容有保護必要時，毋需再向智慧財產法院聲請，即可依職權核發偵查保密令，以爭取偵辦效益。與此相對，被告、被害人或告訴人於偵查程序中是否可聲請檢察官核發偵查保密令？對照修正後營業秘密法第 14 條之 1 第 1 項規定及智慧財產案件審理細則第 20 條第 1 項規定，修正後營業秘密法並未令被告、被害人或告訴人有「聲請」核發偵查保密令之權限。雖然如此，被告、被害人或告訴人仍非不得主動向檢察官表示其核發保密令之意見，以促請檢察官依職權核發保密令，要屬當然。僅檢察官衡酌其意見後，認無核發保密令必要時，被告、被害人或告訴人無從提出法律上救濟而已。

### 2. 檢察官以書面或言詞核發保密令

立法討論過程原僅限定以「書面」核發偵查保密令，此點與法院依智慧財產案件審理細則裁准秘密保持命令之聲請時，應以「裁定」為之，相同。惟考量偵查之機動及迅速，修正版本最終增加「言詞核發」之方式。只是，檢察官仍應於言詞核發時，記明筆錄，並於 7 日內另制作保密令之書面。

### 3. 保密令書面內容

保密令之書面內容應記載下列事項：(1) 受偵查保密令之人：即明列受偵查保密令之對象。(2) 應保密之偵查內容：為使受保密之內容得以確定其範圍，爰明定其應保密之偵查內容應予載明。(3) 營業秘密法第 14 條之 1 第 2 項所列之禁止或限制行為：對收受偵查保密令之人限制或禁止之行為已於第 14 條之 1 第 2 項明定，在核發時之書面亦予提示，以資周全。(4) 違反偵查保密令之效果：對違反偵查保密令之人，明示其科處第 14 條之 4 之刑事責任。

## (四) 保密令之撤銷及變更

　　偵查程序本即浮動狀態。如營業秘密案件中，原應受保密之原因隨偵查程序之進行而變動或消滅，偵查保密令之內容，自非不得變更或撤銷，是修正後營業秘密法第 14 條之 3 第 1 項規定即明定，檢察官得依職權撤銷或變更其偵查保密令。受偵查保密令之人雖得向檢察官表示撤銷或變更之意見，僅具促使檢察官判斷之效果，法律並未賦予其聲請撤銷或變更保密令之權利。自不待言。

## (五) 保密令之相關程序保障

### 1. 應予秘密所有人陳述意見之機會

　　偵查保密令於送達及通知前，「應」予營業秘密所有人陳述意見之機會。蓋在偵查保密令核發後，檢察官為發現真實，必須在偵查庭中公開營業秘密所有人之營業秘密，此涉及該秘密所有人之權益，自應予以其表示意見之機會，賦予其程序上之保障。又立法政策上，此係指應予所有人陳述意見「之機會」，並非待營業秘密所有人陳述意見完畢，檢察官始可核發偵查保密令[113]。在營業秘密所有人不明，或已知秘密所有人為何人，卻無法通知，或有其他事實上之障礙時，客觀上因而無法使其陳述意見，此時不能以此客觀上之障礙而阻卻保密令之核發，否則無異妨礙偵查之進行。

### 2. 得予受保密令之人及秘密所有人陳述意見之機會

　　偵查保密令之核發原因，如前所述，隨偵查進行而可能有變更或撤銷之情事。又檢察官撤銷或變更其偵查保密令與否之決定，對受偵查保密令之人或營業秘密所有人之權益，有重大影響。且依修正後營業秘密法第 14 條之 3 第 7 項之規定，其有向法院聲明不服之權利，故此處規範檢察官「得」予受保密令之人及秘密所有人陳述意見之機會。

### 3. 檢察官通知及告知義務

　　營業秘密案件，在檢察官提起公訴後，為使營業秘密所有人及受偵查保密令之人能即時得知該案已起訴，並令其能即使行使權利（例如，立即向法院聲請核發秘

---

[113] 請參考營業秘密法第 14 條之 2 之立法理由。

密保持命令），立法政策上課予檢察官通知及告知義務。前者，即檢察官應將偵查保密令所起訴效力所及之部分，通知營業秘密人及受偵查保密令之人。後者，即檢察官必須將偵查保密令及秘密保持命令之「權益」，告知營業秘密所有人及受偵查保密令之人。此項權益，包括營業秘密所有人得聲請法院核發秘密保持命令以維護其營業秘密，及偵查保密令在起訴效力所及之部分，在聲請範圍內，自法院裁定確定之日起，失其效力等等。

### (六) 違反保密令之刑事制裁及域外違反

違反偵查保密令者，立法政策上視之爲「藐視司法」而予入罪化，並參考智慧財產案件審理法第 35 條之規定，將刑度訂爲 3 年以下有期徒刑、拘役或科或併科新臺幣 10 萬元以下罰金。惟與智慧財產案件審理法第 35 條規定不同者，營業秘密法第 14 條之 4 第 1 項之罪被定性爲非告訴乃論罪，蓋立法政策上認爲違反保密令行爲所侵害者，係國家法益，而非個人法益。另外，爲免受偵查保密令者故意於外國、大陸地區、香港或澳門違反保密令，而逃避營業秘密法刑責，營業秘密法特別擴張刑法第 7 條前段及第 8 條規定（限於 3 年以上有期徒刑），使域外違反偵查保密令者，無從規避營業秘密法之刑事責任。此亦與智慧財產案件審理法之立法有異。

## 三、法院秘密保持命令之產生

### (一) 保護之標的

秘密保持命令所保護之標的，係案件所涉之當事人或第三人之營業秘密。此點觀智慧財產案件審理法第 12 條規定「秘密保持命令之聲請，應以書狀記載下列事項：……二、應受命令保護之『營業秘密』……」及同法第 13 條第 1 項規定：「准許秘密保持命令之裁定，應載明受保護之『營業秘密』、保護之理由，及其禁止之內容」即可知。

### (二) 性質 — 限制閱覽或抄錄訴訟資料之更具體規定

秘密保持命令與偵查保密令之作用相同，均屬「發現眞實」與「保護營業秘密」之平衡機制，惟其設計基礎有所不同；後者爲偵查不公開原則之強化，前者則爲法院審理案件限制閱覽或抄錄訴訟資料之更具體規定。蓋我國民事訴訟法第 242 條第

3 項早已規定：「卷內文書涉及當事人或第三人隱私或業務秘密，如准許前二項之聲請，有致其受重大損害之虞者，法院得依聲請或依職權裁定不予准許或限制前二項之行為」，亦即「不准或限制聲請閱覽、抄錄或攝影卷內文書，或預納費用聲請付與繕本、影本或節本」，似亦無另設「秘密保持命令」制度之必要。惟貫徹上揭規定，全部禁止或限制閱覽或抄錄訴訟資料，則將阻礙受限制閱覽者於訴訟上之攻擊防禦；又如不予貫徹，任意開示載有營業秘密之訴訟資料，則又傷及營業秘密持有人之權利。是智慧財產案件審理法於第 11 條至第 15 條，及第 35 條、第 36 條，設有「秘密保持命令」制度。

## (三) 秘密保持命令之裁發

### 1. 法院依聲請裁發

與檢察官職權核發偵查保密令不同，法院僅依原告、被告或第三人之聲請，對他造當事人、代理人、輔佐人或其他訴訟關係人發秘密保持命令。又其聲請，必須由聲請人釋明當事人之書狀內容載有營業秘密，或調查之證據涉及營業秘密，及裁發秘密保持命令之必要性。至法院是否可依職權裁發秘密保持命令？法律並未明文否定，惟法院認有裁發必要時，自可曉諭當事人考量是否提出聲請。

### 2. 法院以裁定書裁發

與檢察官書面或言詞核發偵查保密令有異，法院准許秘密保持命令，應以裁定為之。駁回秘密保持命令者，亦同。

### 3. 裁定書內容

准許秘密保持命令之裁定，並應載明受保護之營業秘密、保護之理由，及其禁止之內容。

## (四) 秘密保持命令之撤銷及變更

秘密保持命令，得由「秘密保持命令之聲請人」及「受秘密保持命令之人」聲請撤銷。前者，秘密保持命令既由其聲請裁發，其聲請撤銷命令，自無庸加以限制。後者，限於下列三種情形，始得聲請撤銷命令：1. 聲請發秘密保持命令當時欠缺營業秘密法第 11 條第 1 項所定要件，亦即，未釋明營業秘密法第 11 條第 1 項所

定情形。2. 營業秘密法第 11 條第 2 項所定情形。3. 法院裁發秘密保持命令之要件嗣後已消滅者。

秘密保持命令經法院裁定撤銷確定後，失其效力。此所謂「失其效力」，係指其命令本身之禁止效力，不復存在，並非指其營業秘密失其秘密性。其營業秘密依其他相關法律所受之保護，則仍然存續。相較於偵查保密令得於檢察官核發後變更，秘密保持命令於法院裁發後，是否有變更之可能？智慧財產案件審理法並未有賦予當事人聲請「變更」裁定內容之依據，惟理論上似無不可，亦無禁止之必要。蓋當事人認營業秘密之範圍有所變動時，自可聲請法院重新裁定。

### (五) 違反秘密保持命令之刑事制裁

違反秘密保持命令者，立法政策亦視之為「藐視司法」而予入罪化，並將刑度訂為 3 年以下有期徒刑、拘役或科或併科新臺幣 10 萬元以下罰金。惟立法政策上卻認為，秘密保持命令所欲保護者係營業秘密持有人之個人法益，而非國家法益，此與違反偵查保密令之立論有異，故其刑事訴追之開啓，仍宜尊重營業秘密持有人之意思，爰明定該項之罪，須告訴乃論。

## 四、偵查保密令與秘密保持命令之銜接

偵查保密令附隨於偵查之本案。本案經提起公訴後，偵查保密令失所附麗，不待檢察官或法院撤銷，理論上應隨即自動「失其效力」。此觀修正後營業秘密法第 14 條之 3 第 4 項前段及中段規定：「案件起訴後，檢察官應將偵查保密令屬起訴效力所及之部分，通知營業秘密所有人及受偵查保密令之人，並告知其等關於秘密保持命令、偵查保密令之權益。營業秘密所有人或檢察官，得依智慧財產案件審理法之規定，聲請法院核發秘密保持命令……」即可知，此規範乃希望營業秘密所有人從速向院聲請秘密保持命令，以「銜接」偵查保密令之效力。但是，同條第 4 項後段卻又規定：「偵查保密令屬起訴效力所及之部分，在其聲請範圍內，自法院裁定確定之日起，失其效力。」易言之，偵查保密令於案件繫屬於法院時，未立即失效，尚待法院裁發秘密保持命令確定之日起，始失其效力。復觀營業秘密法第 14 條之 3 第 5 項規定，法院得依受偵查保密令之人或檢察官之聲請，「撤銷」偵查保

密令。此一立法邏輯，似將偵查保密令定位爲一種「獨立命令」，不使之附隨於偵查之本案，亦不因本案提起公訴而失其效力。如貫徹此種邏輯，那麼，營業秘密所有人或檢察官未於案件繫屬法院之日起30日內，向法院聲請秘密保持命令，以「銜接」偵查保密令，受偵查保密令之人或檢察官復未依營業秘密法第14條之3第5項規定聲請法院撤銷偵查保密令，則「偵查（程序）保密令」之效力，理論上可延伸至審判階段。

## 五、不服保密令之救濟

　　偵查保密令與秘密保持命令均具禁止或限制效力。既對當事人之權益形成限制，原則上，應賦予受偵查保密令之人或秘密保持命令效力所及之當事人及第三人，對於偵查保密令與秘密保持命令聲明不服（包含抗告）之權利。惟營業秘密案件有其特殊性。對此類案件之檢察官命令或法院裁定，如一概准予當事人或第三人聲明不服之權利，於聲請不服程序中，無從防範秘密外洩之可能，故法院依智慧財產案件審理法裁准秘密保持命令者，除得依智慧財產案件審理法第14條規定另行聲請撤銷秘密保持命令外，不得抗告。基於相同考量，檢察官依營業秘密法第14條之1第1項核發偵查保密令，除檢察官依職權撤銷或變更其偵查保密令（此可聲明不服）外，不得聲明不服。是爲兩個例外。其餘情形，則給予聲明不服之權利。分敘如下：(一) 法院駁回秘密保持命令聲請之裁定，依智慧財產案件審理法第13條第4項規定，得爲抗告。(二) 法院對於聲請撤銷秘密保持命令之裁定，依智慧財產案件審理法第14條第4項規定，得爲抗告。(三) 檢察官依職權撤銷或變更偵查保密令之處分，依營業秘密法第14條之3第7項規定，得聲明不服。(四) 案件起訴後，營業秘密所有人或檢察官未於案件繫屬法院之日起30日內，向法院聲請秘密保持命令者，法院依受偵查保密令之人或檢察官之聲請，撤銷偵查保密令，依營業秘密法第14條之3第7項規定，得爲抗告。

## UNIT 2.8　營業秘密之侵害、救濟與責任

　　法諺云：「有權利即有救濟」（ubi jus ibi remedium）、「有權利而無救濟，即非

權利」（a right without remedy is not a right）」。以下就民事部分及刑事部分，依序介紹營業秘密受侵害之民事救濟與刑事責任。

# 一、民事救濟部分

## (一) 概說

　　營業秘密之侵害亦屬侵權行為之一環。為強化對營業秘密之保障，營業秘密法於 1996 年 1 月 17 日立法之初，即仿德國不正競爭防止法第 17 條、第 18 條，及日本不正競爭防止法第 1 條之立法例，具體例示 5 種構成營業秘密之侵害之樣態。惟應特別說明者：

　　1. 此規定係「例示」規定，立法意旨係為將想像上可能發生之侵權樣態，儘可能臚列。惟解釋上，如發生營業秘密法第 10 條所舉 5 種以外，立法者所尚未想像得到之侵害情形，仍屬侵權行為，猶可依營業秘密法第 12 條規定，請求損害賠償。

　　2. 營業秘密之侵害既屬侵權行為之一種，原即有民事侵權行為法及損害賠償法理之適用。為強化對營業秘密之保護，營業秘密法立法之初，即參酌著作權法第 88 條第 1 項規定，採故意過失責任，也與民法第 184 條之用語、體例相一致，避免解釋上及舉證責任相異 [114]。

　　3. 對於侵害營業秘密之民事救濟，一般咸認有 3 種請求權，即排除侵害請求權、防止侵害請求權及損害賠償請求權。本書則另將營業秘密法第 11 條第 2 項規定視為一獨立類型之請求權，即下述之「銷燬請求權」[115]。

　　4. 因營業秘密之損害不易具體呈現，且與有體財產相較，常無市場價值可供參考，故關於營業秘密損害賠償額之計算，較之於有體財產損害賠償額之計算更難，故營業秘密法特就損害賠償額之計算作一規定。即營業秘密法第 13 條之規定。本條規定，就損害賠償額之計算，兼採「具體損害計算法（營業秘密法第 13 條第

---

[114] 與此相對，我國公平交易法第 30 條規定：「事業違反本法之規定，致侵害他人權益者，應負損害賠償責任。」用語即與民法、著作權法及營業秘密法未盡一致。是否採故意過失責任，即有解釋空間。

[115] 林洲富，營業秘密之理論與實務交錯，中華法學，第 17 期，頁 248。

1 項第 1 款前段）」、「差額法（營業秘密法第 13 條第 1 項第 1 款後段）」、「總利益法（營業秘密法第 13 條第 1 項第 2 款前段）[116]」、「總銷售額法（營業秘密法第 13 條第 1 項第 2 款後段）」及「懲罰性損害賠償額法（營業秘密法第 13 條第 2 項）」，且權利人得就各款擇一計算其損害。

## (二) 營業秘密受民事侵權之 5 種態樣

### 1. 以不正當方法取得營業秘密者

「不正當方法」，爲不確定法律概念。爲符合法律明確性之要求，營業秘密法第 10 條第 2 項規定：「前項所稱之不正當方法，係指竊盜、詐欺、脅迫、賄賂、擅自重製、違反保密義務、引誘他人違反其保密義務或其他類似方法。」兼採例示與列舉之立法體例。依法解釋論，所謂「其他類似方法」，非可任意指之，亦必須該不正當之方法與「竊盜」等 7 款之性質相當。故工程師獲董事長授權至另間公司備份屬於營業秘密之「公司生產資料」，即非「擅自重製」，亦難指爲與「擅自重製」相當之「其他類似方法」[117]。再營業秘密法第 10 條第 2 項僅僅規範「不正當方法」之樣態，並未限定使用不正當方法之主體身分，是以不正當方法「取得」營業秘密者，與營業秘密「所有」者，不以有僱傭關係或其他法律關係存在爲前提。實務上饒富趣味者，係「逆向工程」是否在「不正當方法」之列？所謂逆向工程（reverse engineering），即取得一產品後，對該產品之處理流程、組織結構等，進行逆向分析及研究，從而得出該產品之設計要素。例如，積體電路之還原工程，即將積體電路的內部逐層剝開，以對其電路加以研究分析。從確認營業秘密是否遭侵犯而言，逆向工程利於證據蒐集；惟從產品製造而言，祇要稍改其電路，並將該光罩加以改良，即變成另一積體電路，則外觀上有可能侵及他人之營業秘密。此逆向工程是否屬此處所指之「不正當方法」？我國立法者罕見地於立法理由中加以定性，認爲逆向工程不屬於該款所謂之「不正當方法」，參考對象即爲美國統一營業秘密法第 1

---

[116] 所謂侵害行爲所得之利益，係指侵害人因侵害所得之毛利，扣除實施侵害行爲所需之成本及必要費用後，所獲得之淨利而言。例如，林洲富，營業秘密之理論與實務交錯，中華法學，第 17 期，頁 249。

[117] 經濟部智慧財產局 94 年 4 月 6 日電子郵件字第 940406 號函參照謂侵害行爲所得之利益，係指侵害人因侵害所得之毛利，扣除實施侵害行爲所需之成本及必要費用後，所獲得之淨利而言。

條規定之註解 [118]（該註解中特別明列正當手段包括還原工程）。

## 2. 知悉或因重大過失而不知其為前款之營業秘密，而取得、使用或洩漏者

有別於前款以「取得（營業秘密）者」為規範對象，本款係以「轉得（營業秘密）者」為規範對象。舉例言之，以竊盜之不正當方法取得營業秘密者，屬前款之適用範圍；至竊得者再轉交予他人，該「轉」而「得」知營業秘密者，為本款適用範圍。立法目的係在抑止營業秘密經轉得者再轉傳，致企業之正當利益所受損失持續擴大。惟「轉得者」其法律上、道德上可歸責性，究竟與不正當方法「取得（營業秘密）者」有異，客觀上其程度均較輕於「取得者」，責任不應過重，爰僅限於「知悉」或「因重大過失不知之情形」，始負其責任。法律解釋上，如轉得者為「善意且無過失」或僅有「輕過失」，則其因而取得、使用或洩漏之行，除有下述第 3 款之情形外，不構成營業秘密之侵害。

## 3. 取得營業秘密後，知悉或因重大過失而不知其為第一款之營業秘密，而使用或洩漏者

本款與第 2 款旨趣相同，均在防止營業秘密遭「流傳」。所不同者，係轉得人取得該營業秘密之時，對該營業資訊「秘密性」之主觀認知。第 2 款規範轉得人在取得營業秘密時，即已知悉或因重大過失而不知；第 3 款規範轉得人在取得營業秘密時之瞬間，初不知情，亦無重大過失，嗣後始知情，或有重大過失而仍不知，則原不可再予「流傳」，竟仍予使用或洩漏之行為。

## 4. 因法律行為取得營業秘密，而以不正當方法使用或洩漏者

營業秘密之妨害，有從企業外部關係人不正當取得者，例如遭商業間諜竊取者，自亦有從企業內部關係人，基於合法基礎而「正當取得」者。此合法基礎即基於法令或契約之謂。本款所指「因法律行為」取得營業秘密者，即指如僱傭契約、委任契約之勞務契約（雙方法律行為），或取得代理權之單方法律行為而言。營業秘密取得者，取得之初始，雖是立於合法基礎，但若允許其以不正當方法使用或洩

---

[118] 1996 年 1 月 17 日營業秘密法第 13 條立法理由。

漏營業秘密，對於秘密所有之危害，有時遠甚於外部關係人不正當方法取得者。自有納入規範之必要。又本款雖在防止企業內部關係人「正當取得」營業秘密後，卻「不正當方法」使用或洩漏之，惟其立法目的及預設效果並不在於競業禁止，該取得營業秘密者於離職後，當然可再入相似性質之企業任職，此點與「是否可使用或洩漏前企業之營業秘密」，須嚴加區隔。

### 5. 依法令有守營業秘密之義務，而使用或無故洩漏者

本款以「依法令對營業秘密有守密義務」之人為規範對象。所謂「依法令對營業秘密有守密義務」者，不易舉例，實務上似僅認營業秘密法第 9 條所規範之「承辦公務而知悉或持有他人之營業秘密之公務員」、「因司法機關偵查或審理而知悉或持有他人營業秘密之當事人、代理人、辯護人、鑑定人、證人及其他相關之人」及「處理仲裁事件之仲裁人及其他相關之人」，為此處之依法令有守密義務之人。至於營業秘密法第 10 條係規定侵害營業秘密之民事侵權行為態樣，並非課予知悉或持有營業秘密者應負保密義務之規定[119]。易言之，營業秘密法第 10 條本身並非「依法令對營業秘密有守密義務」之「法令」。

## (三) 營業秘密與民事上之救濟

### 1. 排除侵害請求權（營業秘密法第 11 條第 1 項前段）

營業秘密有其相當之獨占性與排他性。因此，如營業秘密已有受侵害之情事（已發生），應賦予被害人有排除該侵害之請求權。此處之請求權，不論侵害行為之行為人有故意或過失，祇要客觀上有侵害之情事發生時，營業秘密之所有人，即可行使之。且於訴訟上或訴訟外均得請求。

### 2. 防止侵害請求權（營業秘密法第 11 條第 1 項後段）

基於營業秘密具獨占性與排他性之同一理由，如營業秘密有將受侵害之虞之情事（未發生，惟有發生之風險），則應賦予被害人有防止該侵害之請求權。同樣，此處之請求權，祇需客觀上有侵害之風險，不論行為人有故意或過失，營業秘密所有人即可行使之。

---

[119] 臺灣臺北地方法院 98 年度聲判字第 18 號刑事判決。

### 3. 銷燬請求權（營業秘密法第11條第2項）

為減免損害擴大，對於侵害行為作成之物或專供侵害所用之物，營業秘密所有人得請求銷燬或為其他必要之處置。此項請求權，解釋上不以行為人或持有人具故意過失為要件。再者，實務上，此項請求權得與前兩項請求權合並提出之。因此，企業主遇有離職員工曾持有符合營業秘密之客戶資料時，除得請求該離職員工不得使用該項資料（防止侵害請求）外，亦得請求該員工銷燬前開客戶資料（銷燬請求）。

### 4. 損害賠償請求權

因故意或過失不法侵害他人之營業秘密者，負損害賠償責任。數人共同不法侵害者，連帶負賠償責任（營業秘密法第12條第1項）。詳言之，直接侵害之數人共同侵害他人營業秘密者，負連帶損害賠償責任（民法第185條第1項）。至於誘導侵害、助成侵害者，其性質屬造意人及幫助人，亦視為共同侵權行為人，應與直接侵害之人負連帶賠償責任（第2項）[120]。

## 二、刑事責任部分

### (一) 概說

我國營業秘密法於2013年1月11日前原無刑事處罰規定，實務上多以洩露工商秘密罪（刑法第317條至第318條）、竊盜罪（刑法第320條）、侵占罪（刑法第335條）、背信罪（刑法第342條）、無故取得刪除變更電磁紀錄罪（刑法第359條），及公平交易法（2015年1月22日修正前第36條）等，以為因應。惟「因行為主體、客體及侵害方法之改變，該規定對於營業秘密之保護已有不足，且刑法規定殊欠完整且法定刑過低，實不足以有效保護營業秘密」（參營業秘密法2013年增訂第13條之1之立法理由），爰自2013年1月11日修正營業秘密法起，增訂刑事處罰規定[121]。應特別說明者有：

---

[120] 林洲富，營業秘密之理論與實務交錯，中華法學，第17期，頁248。

[121] 該條於立法院會審查時之行政院提案說明亦記載：「…刑法竊盜、侵占、背信、詐欺等罪是一般財產性犯罪，如果用來處罰侵害營業秘密之行為，則事實上並不是保護營業秘密本身，而是營業秘密以外之一般有體財產權」（參立法院公報第101卷第83期院會紀錄），顯示實務上發生侵害營業秘密行為態樣及應受保護之法益，已為傳統刑法背信罪等規範所不及，造成傳統刑法規範不

1. 非以竊盜之方法取得營業秘密者，而以重製他人營業秘密所附著之物之方法（例如影印營業秘密所在之內部機密文件）取得營業秘密者，形同「使用竊盜」，因不在我國竊盜罪處罰之列[122]，故不能以營業秘密法第10條第2項之「竊盜」評價之。立法者預慮及此，為免該種樣態脫逸法律規制，而於該項「不正當方法」中，設一「擅自重製」以為對應。

2. 此處所謂之「擅自重製」，營業秘密法未有賦予定義，以致此「重製」與著作權法第3條第1項第5款之「重製」定義是否相符，曾有爭議。考量上揭營業秘密法增設刑罰規定之立法目的，且營業秘密法並未排除適用於數位化網路科技，亦即，現實上營業秘密法重製亦包含刑法之無故取得刪除變更電磁紀錄之犯罪行為。則營業秘密涉及著作物者，自應包含上述著作權法所定之各重製行為，即使透過電腦設備下載電磁紀錄，行為人藉由電腦設備複製技術，使自己同時獲取檔案內容完全相同、訊號毫無減損的電磁紀錄，原所有人仍繼續保有電磁紀錄支配之占有狀態，亦屬於此規定之重製。是實務多數說認為，此處之「重製」與著作權法第3條第1項第5款之重製定義相同[123]。

3. 營業秘密洩漏於域內，將損害龐大之商業利益；如進一步洩漏至域外使用，更斲傷我國產業競爭力，故有加重處罰之必要。營業秘密法爰於2013年修正時，增訂第13條之2意圖域外犯侵害營業秘密罪之處罰。本條規定，不以營業秘密已

---

足以保護新型態智慧財產之營業秘密，故需另就新型態之營業秘密侵害行為在營業秘密法中另訂刑事處罰構成要件。

[122] 臺灣高等法院花蓮分院86年度上易字第225號刑事裁判：「按刑法第320條第1項之竊盜罪，以行為人主觀上有不法所有之意圖為必要，若僅係供己一時使用，於使用完畢後，即將車輛返還，乃屬學理上所稱之使用竊盜，並不在我國刑法第320條第1項規定範圍之內。」

[123] 見108年5月6日司法院108年度「智慧財產法律座談會」「刑事訴訟類相關議題」提案及研討結果第1號。少數說認為兩者之「重製」定義未必相同，蓋兩者保護標的不同。例如，智慧財產法院109年度刑智上訴字第12號刑事判決便認為：「著作權法第91條第1項「擅自以重製之方法侵害他人之著作財產權者，處3年以下有期徒刑、拘役，或科或併科新臺幣75萬元以下罰金」，其條文「擅自重製」之文字雖與前揭營業秘密法第13條之1第1項第1款文字相仿，然著作權法未如營業秘密法上開規定，就取得權限合法與否異其犯罪樣態分別規定，且殊難想像著作權法第91條第1項該條文係有意將「合法取得、逾越權限重製」此種行為樣態予以忽略，而不加以規範，則著作權法第91條第1項所謂「擅自重製」，當無須與營業秘密法第13條之1第1項第1款「擅自重製」為相同解釋，是依其原有文義範圍及立法目的以觀，未經同意或逾越授權範圍而以重製方法侵害他人著作財產權者即當屬之，則被告為自己不法利益逾越授權範圍重製甲類檔案，亦同該當著作權法第91條第1項擅自以重製之方法侵害他人。」之著作財產權罪。

被持往外國、大陸地區、香港或澳門使用為必要，行為人如有將營業秘密持往域外使用之意圖，而有第 13 條之 1 第 1 項各款之行為，即該當本條之罪。

4. 營業秘密法所規範之刑事責任，與刑法所規範者不同，兩者無特別法與普通法關係。以背信罪為例，營業秘密刑事責任規定保護之法益，除公司企業之個人財產法益外，另包括公平競爭之社會法益及國家產業國際競爭力維持之國家法益，彰顯營業秘密法中刑事責任規範保護法益範圍與傳統刑法背信罪所保護個人法益迥異。再者，行為人之行為構成營業秘密法第 13 條之 1、第 13 條之 2 刑責時，亦可能非屬為他人處理事務，而與背信罪之構成要件有間。因此，就營業秘密法第 13 條之 1 及第 13 條之 2 與刑法背信罪間，構成要件與保護法益均非完全同一，並無特別法與普通法之關係，而係各自獨立之刑事犯罪規範[124]。

(二) 侵害營業秘密相關之 4 種犯罪

### 1. 侵害營業秘密罪

為有效保護營業秘密，我國營業秘密法於 2013 年修正時導入刑事處罰規定，相對於刑法洩露工商秘密罪等罪規定，提高法定刑度，並將侵犯樣態具體臚列而使之完整。即營業秘密法第 13 條之 1 第 1 項規定：「意圖為自己或第三人不法之利益，或損害營業秘密所有人之利益，而有下列情形之一，處五年以下有期徒刑或拘役，得併科新臺幣一百萬元以上一千萬元以下罰金：……」。其規範之情形有四：

(1)不正方法取得營業秘密，即「以竊取、侵占、詐術、脅迫、擅自重製或其他不正方法而取得營業秘密，或取得後進而使用、洩漏」（營業秘密法第 13 條之 1 第 1 項第 1 款）。進而可細說如下[125]：

所謂竊取，係指違背他人意願或未得其同意，就他人對營業秘密所有之持有狀態加以瓦解，並建立支配管領力之行為。

所謂侵占，係指易持有為所有之行為，即將自己持有之他人之營業秘密變為自己所有之行為。

所謂詐術，係指傳遞與事實不符之資訊之行為，包括虛構事實、歪曲或掩飾事

---

[124] 智慧財產法院 109 年度刑智上訴字第 8 號刑事判決。

[125] 林洲富，營業秘密之理論與實務交錯，中華法學，第 17 期，頁 252。

實等手段。

所謂脅迫，係指以語言、舉動之方法為將加惡害之通知或預告，而形成於他人意思或行動之妨害。

所謂擅自重製，係指指行為人未經營業秘密所有人之同意而為重製之行為。重製行為之範圍，包含以印刷、複印、錄音、錄影、攝影、筆錄或其他方法直接、間接、永久或暫時之重複製作營業秘密而言。

所謂其他不正方法，指除例示之竊取、侵占、詐術、脅迫、擅自重製等不正方法外，其他如行為人意圖取得他人營業秘密而利用各種行為方式。例如，以窺視、竊聽而加以探知取得該營業秘密之行為方式。法律解釋上，此「不正方法」必須與竊取、侵占、詐術、脅迫、擅自重製性質相當，非可任意憑個人主觀想法或觀感，指某項方法為「不正方法」。

(2)未經授權或逾越授權而取得營業秘密，即「知悉或持有營業秘密，未經授權或逾越授權範圍而重製、使用或洩漏該營業秘密（營業秘密法第 13 條之 1 第 1 項第 2 款）」。舉例而言，某企業員工，因職務關係而合法取得或持有企業之營業秘密，惟未經企業授權，或逾越企業之授權範圍，而擅自重製該秘密資料，攜出公司後洩露予企業之競爭對手。

(3)不刪除、銷毀或隱匿營業秘密，即「持有營業秘密，經營業秘密所有人告知應刪除、銷毀後，不為刪除、銷毀或隱匿該營業秘密（營業秘密法第 13 條之 1 第 1 項第 3 款）」。

(4)惡意取得營業秘密，即「明知他人知悉或持有之營業秘密有前三款所定情形，而取得、使用或洩漏（營業秘密法第 13 條之 1 第 1 項第 4 款）」。本款處罰對象為營業秘密之惡意轉得人。

應特別說明者，本罪有處罰未遂犯之規定。其次，營業秘密往往涉及龐大之商業利益，為避免依本罪所科之「新臺幣一百萬元以上一千萬元以下」罰金，仍無法消弭違法誘因，本條第 3 項規定罰金上限得視不法利益做彈性調整。

### 2. 境外侵害營業秘密罪

行為人如不法取得我國人營業秘密，意圖使用於域外，則勢將嚴重影響我國產

業國際競爭力,其非難性較爲高度。營業秘密法爰參酌德國不正競爭防止法第 17 條第 4 項、韓國不正競爭防止法第 18 條第 1 項規定,明定加重處罰。詳言之,意圖在外國、大陸地區、香港或澳門使用,而犯第 13 條之 1 第 1 項各款之罪者,處 1 年以上 10 年以下有期徒刑,得併科新臺幣 3 百萬元以上 5 千萬元以下之罰金(營業秘密法第 13 條之 2 第 1 項)。另本罪亦處罰未遂犯(同條第 2 項)。

### 3. 違反秘密保持命令罪(智慧財產案件審理法第 35 條第 1 項)

秘密保持命令,係營業秘密案件審理中,智慧財產法院依智慧財產案件審理法所裁定核發,旨在衡平「發現眞實」與「保護營業秘密」。如有違反裁定內容,則屬「藐視司法」。智慧財產案件審理法第 35 條第 1 項規定逐規範「違反秘密保持命令(秘保令)罪」,即「三年以下有期徒刑、拘役或科或併科新臺幣 10 萬元以下罰金」。惟此處之罪,立法政策認爲係在保護營業秘密持有人之個人法益,故是否開啓刑事訴追,應尊重營業秘密持有人之意志,故將之定爲「告訴乃論」之罪。

### 4. 違反偵查保密令罪(營業秘密法第 14 條之 4)

偵查保密令,係營業秘密案件偵查中,檢察機關依營業秘密法所核發者,與上開秘密保持命令同具「發現眞實」與「保護營業秘密」之衡平機制。如有違反檢察官命令之內容,屬「藐視司法」。營業秘密法第 14 條之 4 規定「違反偵查保密(偵保令)罪」,即「3 年以下有期徒刑、拘役或科或併科新臺幣 10 萬元以下罰金」。與上開違反秘密保持命令罪不同者,此處之罪,立法政策認爲係侵犯國家法益,故立法政策上,將之定爲「非告訴乃論」之罪。

## UNIT 2.9　競業禁止約款

### 一、競業禁止約款之定義

所謂競業禁止約款,係指事業單位爲保護其商業機密、營業利益或維持其競爭優勢,要求特定人與其約定於在職期間或離職後之一定期間、區域內,不得受僱或

經營與其相同或類似之業務工作。基於契約自由原則[126]，此項約款倘具必要性，且所限制之範圍未逾越合理程度且非過當，當事人即應受該約定之拘束[127]。

## 二、競業禁止與營業秘密的關聯

營業秘密與競業禁止雖屬不同概念，兩者關係卻非常密切。最高法院曾經作過說明，營業秘密為智慧財產權之一環，為保障營業秘密，維護產業倫理與競爭秩序，調和社會公共利益，故有以專法規範之必要，此觀營業秘密法第1條之規定即明。而營業秘密具相當之獨占性及排他性，且關於其保護並無期間限制，在其秘密性喪失前，如受有侵害或侵害之虞，被害人得依營業秘密法第11條第1項規定請求排除或防止之，此項請求權不待約定，即得依法請求。至於競業禁止約款，則係雇主為保護其商業機密、營業利益或維持其競爭優勢，與受僱人約定於在職期間或離職後之一定期間、區域內，不得受僱或經營與其相同或類似之業務。此類約款須具必要性，且所限制之範圍未逾越合理程度而非過當，當事人始受拘束。二者保護之客體、要件及規範目的非盡相同。是以企業為達保護其營業秘密之目的，雖有以競業禁止約款方式，限制離職員工之工作選擇權，惟不因而影響其依營業秘密法第11條第1項規定之權利。倘其營業秘密已受侵害或有侵害之虞，而合理限制離職員工之工作選擇，又係排除或防止該侵害之必要方法，縱於約定之競業禁止期間屆滿後，仍非不得依上開條項請求之[128]。簡言之，企業雇主不需要與員工特別約定，企業的營業秘密只要符合營業秘密法第2條規定的三大保護要件，就受到營業秘密法的保護。但企業與受僱員工簽署的競業禁止約款，可能是為了保護企業的營業秘密，也有可能是為了保護企業的營業利益或競爭優勢，也就是不以保護營業秘密為限，因此縱使企業沒有符合營業秘密法規定的營業秘密，也是可以以契約約款的方式保護。此乃法律保護與契約保護不同之所在，也是營業秘密與競業禁止約款迥異

---

[126] 臺灣高等法院臺中分院102年度上易字第140號民事判決。「契約自由原則」係指當事人得依其意思合致，締結契約而取得權利、負擔義務，締結契約與否、與何人訂約、契約之內容及方式如何，均由當事人自行決定，是所謂契約自由原則包含締結自由、相對人自由、內容自由、方式自由等。

[127] 最高法院103年度台上字第793號民事判決；智慧財產法院106年度民專上字第9號民事判決。

[128] 最高法院104年度台上字第1589號民事判決。

之處[129]。另在臺北地方法院 94 年度勞訴字第 165 號民事判決中，法院認為若逕將客戶之名稱，住址等資料認為該當營業秘密，將使受僱人承受如同競業禁止條款約束之結果，進而使其受憲法保障之工作權、財產權遭受不當之限制，則無形間將使所有之勞務關係於該關係結束後，均當然具有競業禁止之效果，顯然不當地擴張了競業禁止之範圍，而嚴重影響受僱人離職後之工作權等。因此，判斷客戶資料是否屬於營業秘密而受保護時，宜採取保守之態度，避免戕害人民受憲法保障之基本權益。此判決也說明營業秘密保護與競業禁止間的關聯與層次上的不同。

## 三、立法例

### (一) 我國立法例

競業禁止義務分為法定義務與約定義務[130]。法定義務係指我國現行法律有關競業禁止規定所規範之義務，例如民法與公司法關於經理人、代辦商、無限公司股東、董事於任職期間之競業禁止規定。民法第 562 條：「經理人或代辦商，非得其商號之允許，不得為自己或第三人經營與其所辦理之同類事業，亦不得為同類事業公司無限責任之股東。」經理人或代辦商，有違反民法第 562 條規定之行為時，其商號得請求因其行為所得之利益，作為損害賠償（民法第 563 條第 1 項）。前項請求權，自商號知有違反行為時起，經過 2 個月或自行為時起，經過 1 年不行使而消滅（第 2 項）。公司法第 32 條也規定經理人不得兼任其他營利事業之經理人，並不得自營或為他人經營同類之業務。但經依第 29 條第 1 項規定之方式同意者，不在此限[131]。又公司經理人違反公司法第 32 條競業禁止之規定者，公司得依民法第 563 條之規定，請求經理人將因其競業行為所得之利益，作為損害賠償[132]。對於無限公

---

[129] 臺灣嘉義地方法院 95 年度重訴字第 37 號民事判決。

[130] 林洲富，營業秘密與競業禁止—案例式，五南圖書出版股份有限公司，2018 年 8 月，3 版 1 刷，頁 129。

[131] 公司法第 29 條第 1 項：「公司得依章程規定置經理人，其委任、解任及報酬，依下列規定定之。但公司章程有較高規定者，從其規定：1. 無限公司、兩合公司須有全體無限責任股東過半數同意。2. 有限公司須有全體股東表決權過半數同意。3. 股份有限公司應由董事會以董事過半數之出席，及出席董事過半數同意之決議行之。」

[132] 最高法院 96 年度台上字第 923 號民事判決。

司[133]，股東非經其他股東全體之同意，不得爲他公司之無限責任股東，或合夥事業之合夥人（公司法第54條第1項）。執行業務之股東，不得爲自己或他人爲與公司同類營業之行爲（第2項）。執行業務之股東違反前項規定時，其他股東得以過半數之決議，將其爲自己或他人所爲行爲之所得，作爲公司之所得。但自所得產生後逾1年者，不在此限（第3項）。有限公司之董事爲自己或他人爲與公司同類業務之行爲，應對全體股東說明其行爲之重要內容，並經股東表決權三分之二以上之同意（公司法第108條第3項）。股份有限公司之董事爲自己或他人爲屬於公司營業範圍內之行爲，應對股東會說明其行爲之重要內容並取得其許可（公司法第209條第1項）。股份有限公司董事違反競業禁止之規定，爲自己或他人爲該行爲時，股東會得以決議，將該行爲之所得視爲公司之所得。但自所得產生後逾1年者，不在此限（第4項）。

競業禁止的約定義務，係指競業禁止條款爲雇主與其受雇人間的約定，受雇人於雙方契約關係存續期間內以及契約關係消滅後之一定期間內，不得從事與其原雇主處所負責之相同或類似之業務。若受雇人違反，應對雇主負損害賠償責任。一般勞工[134]之競業禁止，由2015年12月16日修正公布之勞動基準法第9條之1所規定，其屬約定競業禁止義務，這也是我國首次在法律層面上，明文規範競業禁止條款的法律效力。在此之前，行政院勞工委員會（簡稱勞委會，已於2014年2月17日改制升格爲勞動部）於2011年3月公布之「簽訂競業禁止參考手冊」，內容包括競業禁止之意義、簽訂競業禁止相關約定注意事項、勞委會對於競業禁止相關函釋、競業禁止相關規定以及各國競業禁止相關法制及判決等，以供勞資雙方簽訂競業禁止約定時之參考。該參考手冊僅爲行政機關基於輔導、協助等立場之行政

---

[133] 公司法第2條第1項：「公司分爲下列四種：1.無限公司：指二人以上股東所組織，對公司債務負連帶無限清償責任之公司。2.有限公司：由一人以上股東所組織，就其出資額爲限，對公司負其責任之公司。3.兩合公司：指一人以上無限責任股東，與一人以上有限責任股東所組織，其無限責任股東對公司債務負連帶無限清償責任；有限責任股東就其出資額爲限，對公司負其責任之公司。4.股份有限公司：指二人以上股東或政府、法人股東一人所組織，全部資本分爲股份；股東就其所認股份，對公司負其責任之公司。」
[134] 勞動基準法是規範雇主與勞工間的權利義務關係。「雇主」及「勞工」爲該法法律用詞，等同於先前使用的企業、公司，以及受雇人、員工等用語。

指導[135]，並不具有法律效力。惟在司法實務上，雇主、勞工與法院仍常引用「簽訂競業禁止參考手冊」中所列競業禁止相關約定注意事項，作爲判斷競業禁止條款是否有效的參考[136]，包括：1. 雇主應有受保護之法律上利益。2. 勞工擔任之職務或職位得接觸或使用事業單位營業秘密。3. 契約應本誠信原則約定。4. 限制之期間、區域、職業活動範圍應屬合理範圍。5. 勞工離職後應有代償措施。6. 員工應有顯著背信或違反誠信原則。7. 違約金金額應合理。

我國對競業禁止的規範，於 2015 年下半年往前邁進一大步。在 2015 年 10 月 5 日，勞動部爲保障勞工工作權及職業自由，調和勞工權益及事業單位利益，特訂定「勞資雙方簽訂離職後競業禁止條款參考原則」，該原則第 5 條規定：「雇主符合下列情形時，始得與勞工簽訂離職後競業禁止條款：1. 事業單位有應受法律保護之營業秘密或智慧財產權等利益。2. 勞工所擔任之職務或職位，得接觸或使用事業單位之營業秘密或所欲保護之優勢技術，而非通用技術。」以及第 6 條規定：「雇主與勞工簽訂離職後競業禁止條款時，應符合下列規定：1. 離職後競業禁止之期間、區域、職務內容及就業對象，不得逾合理範圍：(1) 所訂離職後競業禁止之期間，應以保護之必要性爲限，最長不得逾 2 年。(2) 所訂離職後競業禁止之區域，應有明確範圍，並應以事業單位之營業範圍爲限，且不得構成勞工工作權利之不公平障礙。(3) 所訂競業禁止之職務內容及就業對象，應具體明確，並以與該事業單位相同或類似且有競爭關係者爲限。2. 離職後競業禁止之補償措施，應具合理性：(1) 雇主對於勞工離職後因遵守離職後競業禁止條款約定，可能遭受工作上之不利益，應給予合理之補償。於離職後競業禁止期間內，每月補償金額，不得低於勞工離職時月平均工資 50%，並應約定一次預爲給付或按月給付，以維持勞工離職後競業禁止期間之生活。未約定補償措施者，離職後競業禁止條款無效。(2) 雇主於勞工在職期間所給予之一切給付，不得作爲或取代前目之補償。」接著於 2015 年 12 月 16 日增訂之勞動基準法第 9 條之 1，乃爲立法機關將歷來審判實務及學界長年來逐

---

[135] 行政程序法第 165 條：「本法所稱行政指導，謂行政機關在其職權或所掌事務範圍內，爲實現一定之行政目的，以輔導、協助、勸告、建議或其他不具法律上強制力之方法，促請特定人爲一定作爲或不作爲之行爲。」
[136] 臺灣臺中地方法院 104 年度勞簡上字第 9 號民事判決。

步形成共識之競業禁止約款效力審查標準明文化而已 [137]，其內容為：「未符合下列規定者，雇主不得與勞工為離職後競業禁止之約定：1. 雇主有應受保護之正當營業利益。2. 勞工擔任之職位或職務，能接觸或使用雇主之營業秘密。3. 競業禁止之期間、區域、職業活動之範圍及就業對象，未逾合理範疇。4. 雇主對勞工因不從事競業行為所受損失有合理補償。前項第 4 款所定合理補償，不包括勞工於工作期間所受領之給付。違反第 1 項各款規定之一者，其約定無效。離職後競業禁止之期間，最長不得逾 2 年。逾 2 年者，縮短為 2 年。」這是我國首次在法律層次上，明定勞工競業禁止約款的有效性。勞動基準法第 9 條之 1 第 1 項所列 4 款判斷競業禁止約款是否有效之 4 要件，與主管機關於該規定公布施行前，頒布之「勞資雙方簽訂離職後競業禁止條款參考原則」，標準相同 [138]。關於競業禁止約款有效性的判斷標準，將於第四小節做進一步的探討。

## (二) 德國立法例

德國商法第 74 條、第 75 條對競業禁止條款設有原則性之規定 [139]，歸納如下 [140]：1. 競業禁止條款必須以書面為之，並由雇主與受雇人雙方簽名，各執一份；2. 雇主應對離職員工於競業禁止期間提供補償，且每年之補償數額不得低於員工離職時依約所能取得報酬之半，否則該競業禁止之約定無效；3. 雇主必須有值得保護之合法正當營業秘密存在，否則該約定無效；4. 在斟酌雇主之補償數額下，該競業禁止條款所限制之地域、期間及內容應合理相當，不得對勞工之未來發展構成不正當之障礙；5. 競業禁止之期間，最長不得逾 2 年；6. 約定不得違反公序良俗；7. 約定者不得為未成年勞工。

## (三) 美國立法例

美國聯邦法律並未就競業禁止約款之效力作統一規定，基本上美國絕大多數

---

[137] 臺灣高等法院臺中分院 107 年度上字第 256 號民事判決。

[138] 臺灣高等法院 106 年度上易字第 622 號民事判決。

[139] 智慧財產法院 103 年度民營訴字第 2 號民事判決。德國法本來無規範勞工離職後競業禁止約款之明文規定，原本德國商法之適用範圍只限於商業上受雇人，但德國聯邦勞工法院於 1969 年 9 月 13 日判決將德國商法第 74 條、第 75 條有關「商人」競業限制之相關規定移植到一般勞工身上。

[140] 臺灣桃園地方法院 100 年度訴字第 815 號民事判決。

州認為競業禁止係為一種限制競爭的行為，與國家所維護的自由公平競爭環境相違背，而對競業禁止約款採取較不歡迎的態度，對競業禁止約款之內容進行嚴格審查。除普通法上對契約之審查標準外，法院的判例發展出各種針對競業禁止約款合理性之判斷基準，大致可歸納如下[141]：1. 雇主得受競業禁止條款保護之合法利益：美國法院之多數見解，認為就雇主得受競業禁止條款保護之合法利益應為限縮解釋，以員工對前雇主之競爭可獲有不公平之優勢者為限，例如對前雇主營運方面之深入瞭解、取得前雇主之營業秘密或特別知識（special knowledge）、重要客戶契約、前雇主付費提供之專門訓練等，至於原告固有技能（innate skills）或一般業界所知技巧（general know-how）等則不在競業禁止條款可限制之範圍內。2. 競業禁止約款內容必須合理：美國法院多數見解對競業禁止條款採取嚴格審查態度，對於限制範圍（包含對象、期間、區域、職業活動等）之合理性逐一審究，若其中有任一項範圍逾越保護雇主合法利益所需之程度，即認為該競業禁止約定無效而不予執行，法院不會適用「藍鉛筆原則[142]」就條款不合理之限制部分加以改寫或為單純文字刪除以外之動作使其成為有效，此為約束雇主於制訂約款時謹慎考慮實際必要之程度，避免雇主心存僥倖，漫天擴張限制範圍再留待法院刪改，或視員工事後行為是否恰巧落入法院認為應禁止之範圍內而允許雇主之請求，以匡正契約過度向締約地位優勢一方傾斜。3. 需有填補勞工因競業禁止之損害之代價：美國法院於考量競業禁止是否對員工過苛時，亦考量其對價之妥適性及離職金。蓋雇主為自身利益限制員工離職後選擇職業之自由，若無適當補償，將造成員工生計之困難，是以此一代價不能僅以有無觀之，其數額需至少達可使員工過合理生活之程度，始可認為競業禁止約款為有效。

---

[141] 臺灣臺北地方法院 99 年度勞訴字第 4 號民事判決。
　　行政院勞工委員會，簽訂競業禁止參考手冊，2011 年 3 月，頁 52。

[142] 美國法有所謂「藍鉛筆原則（blue pencil principle）」，即當合理及不合理的條款容易由法院予以區隔時，僅承認合理部分的條款為有效，不合理部分的條款則當然無效，此為美國部分州法院所採納。

## 四、競業禁止約款有效性之判斷標準

　　人民之生存權、工作權及財產權，應予保障，憲法第 15 條定有明文。乃在宣示國家對人民應有工作權之保障。然而，人民之工作權並非不得限制之絕對權利，此觀之憲法第 23 條之規定自明。又自由之限制，以不背於公共秩序或善良風俗者為限，民法第 17 條第 2 項亦定有明文。故在私經濟領域上，若私人間本於契約自由原則，約定在特定條件下，對工作權加以限制，而其約定內容如並未違反公共秩序、善良風俗或法律強制、禁止之規定，其約定自非無效[143]。職是，雇主與勞工自得為競業禁止之協議，約定勞工於任職期間及離職一定期間內，禁止揭露其於任職期間所知悉之營業秘密或與其商業利益有關之隱密資訊，不得為競業之行為，以免損害僱主之利益。因競業禁止約款涉及雇主的財產權與勞工離職後工作權保障之衝突問題，故為保障勞工離職之自由權，兼顧各行業特性之差異，並平衡勞資雙方之權益，對於競業禁止約款之合理性及有效性應有一個判斷標準。然其合理性及有效性如何判斷？我國實務上就勞工競業禁止約款有效性之審查標準，早期最高法院採寬鬆審查（例如，最高法院 75 年度台上字第 2446 號民事判決），演變為合理審查（例如，最高法院 83 年度台上字第 1865 號民事判決），直到 1998 年臺灣高等法院對判斷競業禁止約款之合理有效性提出一個明確的審查標準[144]。該判決認為競業禁止約款之有效要件，至少應包括下列各點：(一) 企業或雇主需有依競業禁止特約保護之利益存在，亦即雇主的固有知識和營業祕密有保護之必要。(二) 勞工或員工在原雇主或公司之職務及地位。關於沒有特別技能、技術且職位較低，並非公司之主要營業幹部，處於弱勢之勞工，縱使離職後再至相同或類似業務之公司任職，亦無妨害原雇主營業之可能，此時之競業禁止約定應認拘束勞工轉業自由，乃違反公序良俗而無效。(三) 限制勞工就業之對象、期間、區域、職業活動之範圍，需不超逾合理之範疇。(四) 需有填補勞工因競業禁止之損害之代償措施，代償措施之有無，有時亦為重要之判斷基準，於勞工競業禁止是有代償或津貼之情形，如無特別之情事，此種競業特約很難認為係違反公序良俗。(五) 離職後員工之競業行為是否

---

[143] 臺灣高雄地方法院 93 年度勞訴字第 63 號民事判決。
[144] 臺灣高等法院 86 年度勞上字第 39 號民事判決。

具有顯著背信性或顯著的違反誠信原則,亦即當離職之員工對原雇主之客戶、情報大量篡奪等情事或其競業之內容及態樣較具惡質性或競業行為出現有顯著之背信性或顯著的違反誠信原則時,此時該離職違反競業禁止之員工自屬不值保護。爾後,實務上許多採用上述的「五標準說」做為認定競業禁止約款有效性的審查基準(例如,臺灣高等法院 93 年度勞上字第 55 號民事判決、臺灣高等法院 97 年度上字第 88 號民事判決、智慧財產法院 103 年度民營訴字第 2 號民事判決)。惟亦有認為前述五標準中之第五標準並不宜作為效力要件,僅採用前四項標準做為審查基準,而有所謂的「四標準說」(例如,臺灣臺北地方法院 99 年度勞訴字第 4 號民事判決、臺灣臺中地方法院 102 年度勞訴字第 11 號民事判決、臺灣新北地方法院 103 年勞訴字第 118 號民事判決)。因為離職後員工之競業行為是否具有顯著背信或違反誠信原則,應係員工離職後之行為是否應負賠償責任之要件,尚非競業禁止約定是否有效之要件,蓋若將其納為有效要件,則雇主與勞工雙方所簽訂之競業禁止條款是否有效,將處於不確定狀態,而需至勞工離職後始可加以判斷,將嚴重戕害法之安定性 [145]。

多年來,我國司法實務已有相當多數量對競業禁止約款有效性之判決案例,以及學界也累積豐碩之研究成果。立法機關遂將歷來實務相關判決意旨及學界長年來逐步形成共識之競業禁止約款效力審查標準明文化,於 2015 年 12 月 16 日增訂勞動基準法第 9 條之 1(嗣於同年月 18 日生效),明定勞工離職後競業禁止約款,內容為:「未符合下列規定者,雇主不得與勞工為離職後競業禁止之約定:1. 雇主有應受保護之正當營業利益。2. 勞工擔任之職位或職務,能接觸或使用雇主之營業秘密。3. 競業禁止之期間、區域、職業活動之範圍及就業對象,未逾合理範疇。4. 雇主對勞工因不從事競業行為所受損失有合理補償。前項第 4 款所定合理補償,不包括勞工於工作期間所受領之給付。違反第 1 項各款規定之一者,其約定無效。離職後競業禁止之期間,最長不得逾 2 年。逾 2 年者,縮短為 2 年。」復於 2016 年 10 月 7 日又增訂勞動基準法施行細則第 7 條之 1、2、3 等規定,內容分別為:「離職後競業禁止之約定,應以書面為之,且應詳細記載本法第 9 條之 1 第 1 項第 3 款及

---

[145] 智慧財產法院 107 年度民營上字第 4 號民事判決。

第 4 款規定之內容，並由雇主與勞工簽章，各執一份」、「本法第 9 條之 1 第 1 項第 3 款所爲之約定未逾合理範疇，應符合下列規定：1. 競業禁止之期間，不得逾越雇主欲保護之營業秘密或技術資訊之生命週期，且最長不得逾 2 年。2. 競業禁止之區域，應以原雇主實際營業活動之範圍爲限。3. 競業禁止之職業活動範圍，應具體明確，且與勞工原職業活動範圍相同或類似。4. 競業禁止之就業對象，應具體明確，並以與原雇主之營業活動相同或類似，且有競爭關係者爲限」、「本法第 9 條之 1 第 1 項第 4 款所定之合理補償，應就下列事項綜合考量：1. 每月補償金額不低於勞工離職時一個月平均工資百分之五十。2. 補償金額足以維持勞工離職後競業禁止期間之生活所需。3. 補償金額與勞工遵守競業禁止之期間、區域、職業活動範圍及就業對象之範疇所受損失相當。4. 其他與判斷補償基準合理性有關之事項。前項合理補償，應約定離職後一次預爲給付或按月給付。」以上規定，可謂已就競業禁止約款構築完整之法律規範 [146]。以下分別討論上述判斷競業禁止有效性的四個要件 [147]。

## (一) 必要性：雇主有應受保護之正當營業利益

勞動部訂定之「勞資雙方簽訂離職後競業禁止條款參考原則」第 5 條規定：「雇主符合下列情形時，始得與勞工簽訂離職後競業禁止條款：1. 事業單位有應受法律保護之營業秘密或智慧財產權等利益。2. 勞工所擔任之職務或職位，得接觸或使用事業單位之營業秘密或所欲保護之優勢技術，而非通用技術。」第 1 款說明雇主的營業秘密或智慧財產權等即爲應受法律保護之正當營業利益。在前面章節已經討論，營業秘密的保護與其他智慧財產權（專利、積體電路電路布局等）的保護不同。例如，核准的專利必須於專利公報上公告之，屬於對外公開的資訊，受專利法的保護；受營業秘密法保護的營業秘密必須具備秘密性、經濟性及合理保密措施等三要件。因此，在司法訴訟時，雇主須就要求勞工簽訂競業禁止約款，足以保護其營業秘密或其他智慧財產權乙節，舉證證明 [148]。例如，在臺灣臺北地方法院 89 年

---

[146] 臺灣新北地方法院 107 年度勞訴字第 72 號民事判決。

[147] 臺灣高等法院臺中分院 107 年度重勞上更一字第 1 號民事判決。此四個要件可分別簡稱爲必要性、秘密性、合理性與代償性。

[148] 若雇主的正當營業利益涉及營業秘密，雇主應就該特定資訊滿足營業秘密三要件，負擔舉證責任。

度勞訴字第 76 號民事判決中，離職勞工雖有簽署競業禁止約款但約款判定無效，理由包括雇主未能具體說明「原告公司關於被動元件生產之知識或營業上秘密」是屬於該行業的通用技術或是原告之專門技術，甚至營業秘密，均未見其舉證以實其說。

(二) 秘密性：勞工擔任之職位或職務，能接觸或使用雇主之營業秘密

　　「勞資雙方簽訂離職後競業禁止條款參考原則」第 5 條第 2 款說明雇主如果欲與勞工簽訂離職後競業禁止條款，除了雇主要有應受保護之正當營業利益外，勞工擔任的職務或職位基本上也要能接觸或使用到雇主的營業秘密或優勢技術。例如，在半導體廠負責環境清潔的員工，不會接觸或使用公司的營業秘密，因此公司也沒有要求該員工簽署競業禁止條款的道理。在臺灣高等法院 96 年度勞上易字第 47 號民事判決中，離職勞工任職前雇主（主要營業項目為鍵盤、滑鼠及相機等產品之設計開發、製造及買賣等之電子公司）期間所從事者乃產品銷售之業務推展工作，並未涉及公司營業項目中有關產品製造、設計開發等技術性之工作；而產品推廣、行銷等業務，並非必須藉由雇主之訓練始能獲得，應無獨特之知識或秘密可言，既得藉由通常之學習方法或自我體驗而獲得成長，即無逕以競業禁止條款保護之必要。反之，在臺灣臺北地方法院 90 年度勞訴字第 42 號民事判決中，法院審酌離職勞工於原告公司所擔任之職務為資深工程師，其從事工作時顯有機會接觸原告公司所有之技術資料，故原告公司有要求該勞工簽訂競業禁止條款的必要性。

(三) 合理性：競業禁止之期間、區域、職業活動之範圍及就業對象，未逾合理範疇

　　針對此要件，勞動基準法施行細則第 7 條之 2 明文規定：「本法第 9 條之 1 第 1 項第 3 款所為之約定未逾合理範疇，應符合下列規定：1. 競業禁止之期間，不得逾越雇主欲保護之營業秘密或技術資訊之生命週期，且最長不得逾 2 年。2. 競業禁止之區域，應以原雇主實際營業活動之範圍為限。3. 競業禁止之職業活動範圍，應具體明確，且與勞工原職業活動範圍相同或類似。4. 競業禁止之就業對象，應具體明確，並以與原雇主之營業活動相同或類似，且有競爭關係者為限。[149]」以下就競

---

[149] 勞動部訂定之「勞資雙方簽訂離職後競業禁止條款參考原則」第 6 條第 1 項為本質相同的判斷標準，但其為參考原則，位階低於法律。

業禁止限制範圍的合理性，參酌實務判例作一簡要說明。

## 1. 競業禁止期間

勞動基準法施行細則第 7 條之 2 雖然規定競業禁止所限制的期間不能超過雇主欲保護之營業秘密或技術資訊的生命週期，且最長不得多於 2 年，這不表示凡是約定 2 年的競業禁止期間均一概有效。在實務上，法院會針對不同的行業類別進行判斷，而有寬鬆不一的認定結果，例如，法院對於房仲業者之競業禁止約款的效力，通常採取較嚴格的認定，以避免過度約束業務員的轉職自由，進而影響其生計[150]。惟若競業禁止之限制期間逾越 2 年，則違反勞基法第 9 條之 1 第 1 項規定，其約定即屬無效[151]。

## 2. 競業禁止區域

離職後競業禁止之區域，應有明確範圍，並應以原雇主之營業範圍為限，且不得構成勞工工作權利之不公平障礙[152]。例如，在臺灣高雄地方法院 102 年度訴字第 16 號民事判決中，法院認為原雇主只設於高雄市岡山地區之公司，並未在高雄市以外之其他臺灣地區各縣市及海外之其他國家設有分公司，但競業禁止條款合約竟限制被告勞工在臺灣地區及全世界均不得從事相同或近似之職業及營業，迫使被告在全世界均無法就業，其限制之就業區域過廣。另外，在司法實務上，常見雇主在擬定離職後競業競止約款時，並未就競業禁止限制之地區、範圍，有任何約定，可能導致法院認定競業禁止約款無效[153]。臺灣高等法院 103 年度勞上易字第 26 號民事判決中，法院認為競業禁止期限長達 2 年，復無任何地域之限制，已逾保護原雇主利益之必要範圍，原雇主雖於本件訴訟中稱僅限制於臺灣地區，然此為本訴訟中之主張，觀諸該勞動契約中並無此約定，足見是訴訟攻防之運用，況縱認係以臺灣地區為限，限制該離職勞工不得競業之地域廣及臺灣全地，其地域限制亦屬過於廣泛，審酌競業禁止約款之目的係在避免離職員工對原雇主為不公平競爭，是在雇主

---

[150] 池泰毅、崔積耀、洪佩君、張惇嘉，營業秘密：實務運用與訴訟攻防，元照出版股份有限公司，2018 年 11 月，初版 2 刷，頁 195。
[151] 臺灣臺北地方法院 108 年度勞訴字第 60 號民事判決。
[152] 臺灣高等法院臺中分院 107 年度上字第 256 號民事判決。
[153] 最高法院 106 年度台上字第 2825 號民事裁定。

無營業活動之地域，自無限制基層員工任職之必要，故針對地域而言，此競業禁止特約之定型化契約[154]約定已嚴重影響其工作權，符合民法第247條之1規定顯失公平之情形[155]，應屬無效。

### 3. 競業禁止職業活動範圍

雇主與勞工約定離職後競業禁止之職業活動範圍，亦應具體明確，而且須與離職勞工之原職業活動範圍相同或類似。如果限制內容不夠具體明確，或限制範圍過廣，都有可能使得該競業禁止約款無效。在臺灣臺北地方法院103年度勞訴更(一)字第1號民事判決中，法院認為所限制之就業對象及職業活動範圍顯然大於原雇主所營營事業之範圍，又未界定限制之就業區域，自難認其限制範圍合理。

### 4. 競業禁止就業對象

離職後競業禁止之就業對象，也必須具體明確，並以與原雇主之營業活動相同或類似，且有競爭關係者為限。在臺灣高等法院96年度勞上易字第47號民事判決中，高等法院提出就業對象是否具有競爭關係的判斷標準，認為競業禁止條款係規範受僱者轉業時所得從事之工作範圍，故競爭關係之有無，自應以受雇人轉職時兩公司是否處於主要競爭關係為判斷。於此案例中，該勞工轉職時兩公司雖同屬生產數位影音產品之公司，惟產品性能既有高、低階之分，則其市場區隔即甚為明確，重疊性甚低，因此難謂此部分之產品具有主要競爭關係。

---

[154] 所謂定型化契約，係指企業經營者或當事人一方為與不特定的多數相對人或另一方訂立同類契約之用，而預先擬定的契約條款。例如：信用卡契約、保險契約、預售屋買賣契約等。

[155] 民法第247條之1：「依照當事人一方預定用於同類契約之條款而訂定之契約，為下列各款之約定，按其情形顯失公平者，該部分約定無效：1. 免除或減輕預定契約條款之當事人之責任者。2. 加重他方當事人之責任者。3. 使他方當事人拋棄權利或限制其行使權利者。4. 其他於他方當事人有重大不利益者。」其中所稱「免除或減輕預定契約條款之當事人之責任者」、「使他方當事人拋棄權利或限制其行使權利者」，係指一方預定之該契約條款，為他方所不及知或無磋商變更之餘地，始足當之。所謂「按其情形顯失公平者」，則係指依契約本質所生之主要權利義務，或按法律規定加以綜合判斷，有顯失公平之情形而言（最高法院102年度台上字第2017號民事判決參照）。

## (四) 代償性：雇主對勞工因不從事競業行為所受損失有合理補償

　　雇主對於勞工離職後因遵守競業禁止條款約定，可能遭受工作上的不利益或損失，是否應給予合理的補償，在勞動基準法第 9 條之 1 增訂前，司法實務上常有不同的看法。例如，在臺灣高等法院 87 年度勞上字第 18 號民事判決中，法院認為有無給予待業補償，應僅得作為斟酌違約考量因素之一，縱令未有補償之約定，亦不影響競業禁止約定之效力；而於最高法院 99 年度台上字第 599 號民事判決中，法院認為雇主因與勞工簽訂競業禁止的約定，而應給付勞工合理的補償措施。但於 2015 年修正公布的勞動基準法第 9 條之 1 明確規定，雇主對於勞工因不從事競業行為所受的損失，應有合理補償，而且此項合理補償，不包括勞工於工作期間所受領之給付。此規定明確改變過往司法實務上，可能將勞工任職期間所獲得之獎金及紅利作為競業禁止之補償費的不同見解[156]。關於合理補償的補償金額及給付方式，勞動基準法施行細則第 7 條之 3 規定：「本法第 9 條之 1 第 1 項第 4 款所定之合理補償，應就下列事項綜合考量：1. 每月補償金額不低於勞工離職時一個月平均工資百分之五十。2. 補償金額足以維持勞工離職後競業禁止期間之生活所需。3. 補償金額與勞工遵守競業禁止之期間、區域、職業活動範圍及就業對象之範疇所受損失相當。4. 其他與判斷補償基準合理性有關之事項。前項合理補償，應約定離職後一次預為給付或按月給付。[157]」在臺灣高雄地方法院 107 年度勞訴字第 130 號民事判決中，法院認為原雇主就競業禁止補償係採取 2 年期間給予半薪補償且分期給付方式為之，每 6 個月給付一次，不符合勞基法施行細則第 7 條之 3 第 2 項規定，合理補償應約定離職後一次預為給付或按月給付，因此該競業禁止條款之約定依勞基法第 9 條之 1 第 3 項規定，即應認為無效。

---

[156] 智慧財產法院 103 年度民營訴字第 2 號民事判決中，法院認為原告公司歷年給付被告離職員工之所有獎金（年終獎金及績效獎金）與員工分紅股票半數作為離職後競業禁止之補償費，並無不合。然於臺灣高等法院 96 年度勞上易字第 47 號民事判決中指出：「上訴人公司於營業年度終了結算，如有盈餘，除繳納稅捐、彌補虧損及提列股息、公積金外，對於全年工作並無過失之勞工，本即有給付獎金或紅利之義務。足見上訴人公司核發被上訴人之獎金或紅利，絕非為填補競業禁止所生損害之代價措施，上訴人如是主張，自非可採。」

[157] 勞動部訂定之「勞資雙方簽訂離職後競業禁止條款參考原則」第 6 條第 2 項為本質相同的判斷標準。

## 五、勞動基準法第 9 條之 1 可否溯及既往

法律除明定具有溯及效力者外，應適用不溯及既往原則[158]，此為法律適用原則。因勞動基準法第 9 條之 1 無溯及既往之規定，如果勞工簽訂競業禁止約款的日期是在增訂勞動基準法第 9 條之 1 的生效日之前，倘發生離職後競業爭議時，是否仍可援引、參考該法條規定？對此，司法實務上有採取肯定見解。認為法律以不溯及既往為原則，雖未能直接適用該法條以決定約款效力，但該法條之增訂，乃係參考歷來審判實務相關判決意旨之明文化，且為保障勞工離職之自由權，兼顧各行業特性之差異，並平衡勞僱雙方之權益，非不得援引為競業禁止條款有效性之判斷標準[159]。臺灣高等法院 104 年度勞上字第 124 號民事判決指出：「該規定雖係於兩造系爭合約簽訂後始行增訂，然系爭合約中有關離職後競業禁止之約定是否顯失公平，是否違反誠信原則及公序良俗，是否濫用權利，自非不得援引上開增訂勞動基準法第 9 條之 1 規定之意旨及民法第 1 條以為解釋及認定之依據。」職是，雇主實有必要重新檢視，過去與員工簽訂競業禁止約款的有效性。

## 六、競業禁止條款約定違約金

競業禁止條款為定型化契約，而定型化契約或附合契約應受衡平原則[160]限制，因締約之一方之契約條款已預先擬定，他方僅能依該條款訂立契約，其應適用衡平原則之法理，以排除不公平之單方利益條款，避免居於經濟弱勢之一方無締約之可能，而忍受不締約之不利益，縱使他方接受該條款而締約，仍應認違反衡平原則而無效，俾符合平等互惠原則[161]。職是，法院判斷競業禁止約款時，倘認定受拘束之受僱人有重大不利益或加重其責任，依其情形有顯著不公平者，法院自得依據民法第 247 條之 1 規定，認定具有定型化契約或附合契約性質之競業禁止約款，即

---

[158] 所謂法律不溯及既往原則，係指法律一旦發生變動，除法律有溯及適用之特別規定者外，原則上係自法律公布生效日起，向將來發生效力。

[159] 臺灣高等法院 106 年度勞上字第 45 號民事判決。

[160] 衡平的概念不等於慈悲、恩情或人道，而是在實現正義，故所謂衡平原則之適用，係就個案通觀相關情事，個別化實現個案正義而為衡平裁判，必也如認為適用法律之結果，對當事人一造顯屬過苛，始得於個案中適用衡平原則，以為調和正義之實現。

[161] 最高法院 93 年度台上字第 710 號、96 年度台上字第 1246 號民事判決。

屬無效。

　　競業禁止條款約定違約金，係基於個人自主意思之發展、自我決定及自我拘束所形成之當事人間之規範，本諸契約自由之精神及契約神聖與契約嚴守之原則，契約當事人對於其所約定之違約金數額，雖應受其約束。惟當事人所約定之違約金過高者，為避免違約金制度造成違背契約正義等值之原則，法院得參酌一般客觀事實、社會經濟狀況及當事人所受損害情形，依職權或聲請減至相當之金額[162]。準此，法院認為競業禁止約款合法有效成立，而約定受雇人違約時，應賠償違約金，倘該違約金不合理時，依據民法第252條規定[163]，受雇人得主張與舉證約定之違約金額過高而顯失公平。法院得依當事人所提出之事證資料，斟酌社會經濟狀況及平衡兩造利益而為妥適裁量、判斷之權限，審酌該約定金額是否確有過高情事與應予如何核減至相當數額，以實現社會正義，將違約金減至相當之數額，以保護受雇人之利益[164]。

---

[162] 最高法院102年度台上字第1606號民事判決。

[163] 民法第252條：「約定之違約金額過高者，法院得減至相當之數額。」

[164] 林洲富，營業秘密與競業禁止 — 案例式，五南圖書出版股份有限公司，2018年8月，3版1刷，頁147至148。

# 第三章 半導體產業介紹

UNIT 3.1 前言

UNIT 3.2 半導體IC的開發與製造流程介紹

UNIT 3.3 電路設計與布局圖的關聯

UNIT 3.4 布局圖與光罩製作的關聯

UNIT 3.5 半導體製程簡介

UNIT 3.6 半導體IC的製造趨勢

UNIT 3.7 良率

UNIT 3.8 半導體IC製程的核心技術

# UNIT 3.1　前言

　　所謂的半導體（semiconductor）如鍺（Ge）和矽（Si），爲一種導電能力介於導體（例如，鋁、鐵等金屬）與絕緣體（例如，玻璃、塑膠等）之間的材料。鍺是最早被使用的半導體材料，於 1947 年 AT&T 貝爾實驗室的三位科學家（John Bardeen, Walter Brattain 與 William Shockley）共同發明由鍺製成的第一顆電晶體（transistor）[1]，如圖 3.1 所示，半導體工業也因此誕生。這三位科學家亦因電晶體的發明，於 1956 年獲得諾貝爾物理獎。但這些電晶體僅爲各自分離獨立的元件而已，電路中的每個電子元件都必須使用外部導線來個別連接，並沒有集積化形成所謂的積體電路（integrated circuit, IC）。

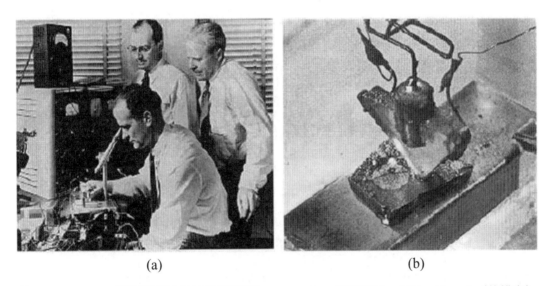

(a)　　　　　　　　　　　(b)

圖 3.1　(a) AT&T 貝爾實驗室的三位科學家 John Bardeen（後排左），Walter Brattain（後排右）與 William Shockley（前排）；(b) 在 1947 年於 AT&T 貝爾實驗室展示的世界第一顆電晶體[2]。

　　到了 1958 年，一位德州儀器（Texas Instruments）的工程師 Jack Kilby 展示由鍺所製作的第一個積體電路，如圖 3.2(a)，他將電晶體與其他電子元件作在同一塊

---

1　美國專利 US2,524,035, Three-Electrode Circuit Element Utilizing Semiconductive Materials.
2　Plummer, J.D., Deal, M.D, & Griffin, P.B. (2000). *Silicon VLSI Technology*. Page 7. NJ: Prentice-Hall.

鍺基板上，但是這些元件仍藉由外部的細白金導線來連接，以組成電路[3]。在約略相同時期，費爾查德半導體公司（Fairchild Semiconductor）的工程師 Robert Noyce 更進一步地，展示藉由形成在矽晶圓上的鋁金屬線當作內部連接導線，連接矽晶圓上各個不同的電子元件[4]，這可說是第一個具實用結構的矽晶片 IC，如圖 3.2 (b)，其使用的製程技術已具有現代先進半導體製程技術的雛形。換言之，現在半導體製程所使用的微影成像、蝕刻、薄膜沉積與擴散等四個製程模組，是早在當時就已建立起來，只是經過幾十年來的持續改良，而延用至今。由於電子元件（包括，電晶體、二極體、電容器與電阻器等）都可由矽半導體材料製成，所以很容易整合製作在矽基板上，因此目前絕大多數的晶片是由矽材料製造得到，也因此本章的內容聚焦在矽半導體材料上。

由於 Kilby 與 Noyce 幾乎在同一時間發明了積體電路，德州儀器和費爾查德半導體公司因此經歷多年的專利權訴訟，最後兩家公司以交叉授權的方式來解決糾紛，Kilby 與 Noyce 也共同分享發明積體電路的專利。Noyce 之後於 1968 年和 Andrew Grove 及 Gordon Moore 共同創辦英特爾公司（Intel），其中的 Gordon Moore 在 1964 年注意到電腦晶片上的電晶體數目大約每 12 個月就約增加為兩倍，他於是預測這個趨勢在未來也不會改變，後來這個論點成為半導體業界眾所皆知的摩爾定律（Moore's Law）。令人驚訝的是，過去幾十年來都一再證明了摩爾定律的準確性，只有在 1975 年稍作修正為大約間隔每兩年，晶片上的電晶體數目能夠增加為約兩倍[5]。依此，摩爾定律的一個延伸說法為，半導體的製程技術每約隔兩年推進一個世代（generation），且每個世代的技術節點（technology node）約以 0.7 倍微縮[6]。例如，1995 年的製程技術為 0.35 微米[7]，至下一個世代的製程技術為 1997 年的 0.25 微米，電晶體的面積縮小為 $(0.25/0.35)^2 = 0.51$ 倍，因此在相同面積大小晶

[3] 美國專利 US3,138,743, Miniaturized Electronic Circuits.
[4] 美國專利 US2,981,877, Semiconductor Device-and-Lead Structure.
[5] Moore, G. (1975). Progress in Digital Integrated Electronics. *IEEE, IEDM Tech Digest*. Pages 11-13.
[6] 若晶片的面積不變，但電晶體的數目增加為兩倍，表示電晶體的面積縮小為一半，這相當於電晶體的一維尺寸縮小約為 0.7 倍。另外，將於第 3.6 節中說明，所謂的技術節點是指電晶體的通道長度，因此每個新世代的技術節點也是約以 0.7 倍微縮。
[7] 微米（μm）和奈米（nm）都是半導體製程常用的單位。1 微米 =$10^{-6}$ 公尺（m）；1 奈米 =$10^{-9}$ 公尺（m）。

片上的電晶體數目可以增加爲大約兩倍。同理，如果再進一步微縮到1999年的0.18微米製程技術，則相較於0.35微米的製程技術，電晶體數目可以增加到四倍左右[8]。換言之，若一個IC晶片內的電晶體數目不變，倘使用下一個世代的製程技術，基本上可以使晶片大小縮小爲一半。

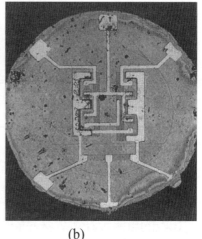

| (a) | (b) |

圖3.2　(a) Jack Kilby 在鍺基板上製作的第一個積體電路，其電子元件間藉由外部金屬導線連接；(b) Robert Noyce 在矽晶圓上製作的第一個積體電路，其電子元件間使用內部金屬導線連接[9]。

　　自從在矽晶圓上作出第一個積體電路以來，IC 的集積度即大幅度成長，IC 的功能也大幅增加，客戶的需求也隨之增加。爲了滿足客戶對複雜 IC 晶片的需求，IC 設計與製造技術也不斷進步。表 3.1 依據 IC 晶片上電晶體的數目，將積體電路發展史的重要時期區分出來。需提醒的是，以極大型積體電路（VLSI）爲例說明，所謂的「極大型」並不是指 IC 的體積很大，而是指 IC 內的電晶體數目很多，也表示 IC 的功能很多。若以目前常見使用 90 奈米製程技術製造，用於電視遊樂器裡的微處理器 IC，IC 的大小僅略大於大拇指甲，但裡面共容納了兩億多顆的電晶體。

---

[8]　IC 晶片內電晶體的數目愈多，則晶片的功能愈多。電晶體的尺寸愈小，則晶片速度愈快，這會在第 3.6 節中作說明。

[9]　Xiao, H. (2001). *Introduction to Semiconductor Manufacturing Technology*. Pages 4-5. NJ: Prentice-Hall.

表 3.1　半導體積體電路 [10]

| 積體電路 | 縮寫 | 主要時期 | 電晶體數目 |
|---|---|---|---|
| 小型積體電路<br>（small-scale integration） | SSI | 1960 年早期 | 2 – 50 |
| 中型積體電路<br>（medium-scale integration） | MSI | 1960 年到 1970 年早期 | 50 – 5,000 |
| 大型積體電路<br>（large-scale integration） | LSI | 1970 年早期到 1970 年晚期 | 5,000 – 100,000 |
| 極大型積體電路<br>（very large-scale integration） | VLSI | 1970 年晚期到 1980 年晚期 | 100,000–1,000,000 |
| 超大型積體電路<br>（ultra large-scale integration） | ULSI | 1990 年至今 | > 1,000,000 |

由以上半導體積體電路的發展歷史介紹，可知半導體產業的發展趨勢是電晶體與電子元件的尺寸愈做愈小，及 IC 晶片的功能愈來愈多且愈複雜，這些雖都要求更精緻的電路設計與更繁複的製程技術，惟其整個開發原理與製造流程基本上幾十年來都類似，故以下針對一般情況的 IC 開發與製造流程作一介紹，不涉及太多的技術層面。

# UNIT 3.2　半導體 IC 的開發與製造流程介紹

積體電路整個開發與製作的流程，非常龐大又複雜，而且隨著晶片種類或用途的不同而會有一些差異。不過基本上，可以表示成圖 3.3 的流程圖。首先，市場部門人員將進行積體電路於應用端的市場調查及獲利預測開始。舉例來說，手機廠商針對可將影像投射出來的功能是否受年輕人的歡迎作調查；如果調查結果是正面的，則可與工程人員初步討論其可行性與評估合理價位和獲利。由於現在電子產品的技術進步非常快速，使得生命週期較短，而且產品必須具備多功能、高性能與高穩定性等消費者的需求，因此評估如何開發出具有市場且能獲利的產品是很重要的。接著，工程人員依照產品定位，訂定該 IC 產品的規格（例如，記憶體容量、

---

[10]　Quirk, M. & Serda, J. (2001). *Semiconductor Manufacturing Technology*. Page 5. NJ: Prentice-Hall.

耗電量等）。然後，IC 設計人員依照訂定的產品規格，進行相關的產品設計。具體上來說，功能設計是根據市場部門提出的產品功能需求來設計 IC 晶片的整體架構；電路設計是決定以何種電路實現該功能；製程設計是考量此產品的量產技術水準，該使用何種製程技術（例如，若用 10 奈米的製程技術是否可行，以及需要作哪些製程條件的修改）；布局設計則是根據電路設計而設計出的電路布局圖，其將用以製作光罩，於製程中使用。光罩製作好後，利用該光罩進行小量生產與測試評估。此時測試的重點在電性測試與可靠度測試是否符合規格，若符合規格則基本上可進入大量製造生產，否則需追溯至產品設計或光罩製作階段作除錯檢視與再驗證直至符合規格為止。完成所有製程步驟的晶圓後，接著對晶圓上所有的晶粒進行產品功能測試，將符合規格的晶粒從晶圓上切割下來，並封裝成 IC 晶片出貨給客戶。對完成製程的晶圓作產品功能測試的目的，除了要挑出符合規格的晶粒切割封裝成 IC 晶片外，還需將良率數據回饋給半導體製造廠，作後續製程改善，進一步提升良率 [11]。下面針對圖 3.3 比較關鍵重要處作簡單說明。

## UNIT 3.3　電路設計與布局圖的關聯

電路設計（circuit design）與布局設計（layout design）間的關係，我們簡單地以圖 3.4 的反相器製作為例說明 [12]。圖 3.4(a) 為使用 N 型 MOS 電晶體與 P 型 MOS 電晶體各一個，組成的一個 CMOS 反相器之電路設計 [13]。一旦電路設計完成後，即可據之進行布局設計，圖 3.4(b) 即為完成布局設計之布局圖。

---

[11] 良率可定義為：當晶圓完成所有的製程步驟後，晶圓上通過測試之良好晶粒的百分比。對半導體製造廠而言，每次製程所需的化學原料、材料消耗等為一固定的費用，因此晶圓良率的高低決定半導體廠的收益，也因此是決定公司賺錢或賠錢很關鍵的因素。

[12] 此電路名為反相器（inverter，或稱 NOT 閘）是因輸入訊號為 1 時，輸出訊號為 0，而當輸入訊號為 0 時，輸出訊號為 1。

[13] 何謂 N 型 MOS 電晶體、P 型 MOS 電晶體、CMOS 等，會於第 3.6 節中說明。

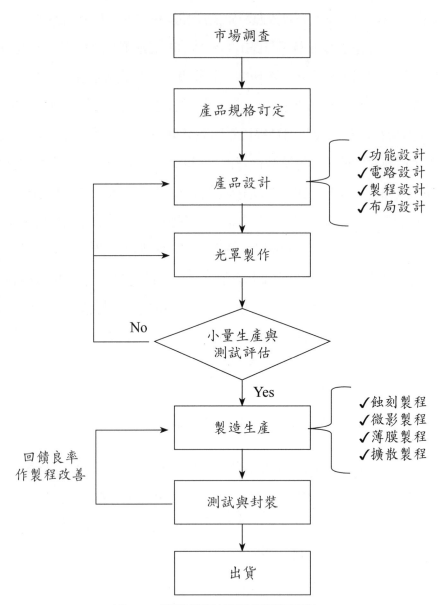

圖 3.3　積體電路的開發與製作流程。

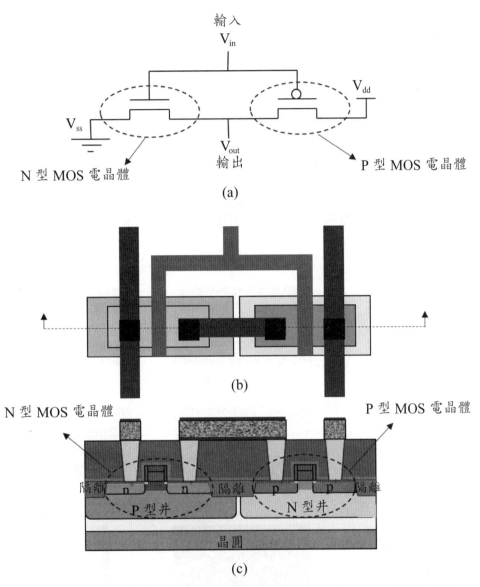

圖 3.4　(a) 由 N 型 MOS 電晶體與 P 型 MOS 電晶體所組成的一個 CMOS 反相器電路；(b) 對
應反相器電路之布局圖；(c) 對應圖 (b) 之布局圖，完成製程後之晶片截剖面圖 [14]。

　　布局設計可說是一個晶片的整體設計，其主要的工作是在晶片內安排既定功能
的電路於適當位置，並規劃各個電子元件間與電路間的金屬導線配置，因此布局設
計的一個重點是如何能設計使晶片的面積最小。然因為不同的技術節點有不同的電

14　Xiao, H. (2001). *Introduction to Semiconductor Manufacturing Technology*. Pages 13-15. NJ: Prentice-Hall.

晶體與電子元件尺寸等，布局設計也會與使用的製程技術有關，因此設計時會有一些基本的規則必須遵循，該規則稱爲設計規則（design rule），其隨不同世代而不盡相同。完成設計後的布局圖，如圖 3.4(b) 可用來製作光罩（將以圖 3.5 說明），製作好的光罩將在半導體製程中使用（於 3.5 節說明）。圖 3.4(c) 爲完成製程後的反相器晶片，沿著虛線剖開的截面圖，截面圖左方的 N 型 MOS 電晶體與右方的 P 型 MOS 電晶體即爲圖 3.4 (a) 中設計之電路圖的具體實現。

# UNIT 3.4　布局圖與光罩製作的關聯

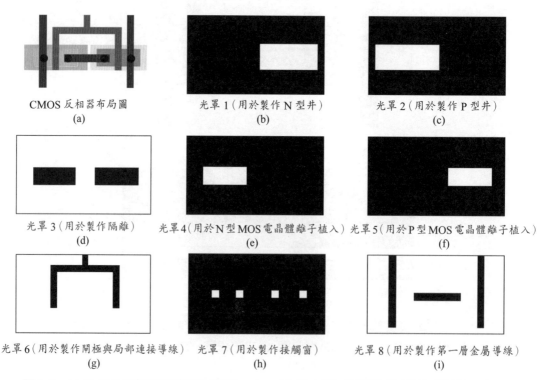

圖 3.5　(a) CMOS 反相器電路之布局圖；(b)–(i) 藉由布局圖製作的光罩（編號 1-8）。

　　圖 3.5(a) 中的布局圖與圖 3.4(b) 相同，就是完成布局設計之布局圖。接著再藉由電子設計自動化軟體（EDA）所產生的布局圖像，轉印到石英玻璃的鉻（Cr）金

屬層上，製作出如圖 3.5(b)－(i) 所示的 8 片光罩[15]。光罩使用的材料是可透光的石英玻璃，但覆蓋在石英玻璃上的鉻金屬薄膜是黑色不透光的。我們會在 3.5 節中說明，由於光罩需要搭配和光阻一起使用，因此光罩的功用就是在微影製程曝光時，會使在基板上的光阻形成曝光與未曝光兩個區域，且未曝光的區域與光罩上鉻金屬的黑色圖案一樣。例如，圖 3.6(a) 中的光罩是以圖 3.5(d) 的光罩 3 為例，在曝光後，光阻可區分為曝光及未曝光兩部分，如圖 3.6(b) 所示。光罩 3 在製作圖 3.4(c) 的反向器晶片之製程中扮演的角色為定義出電晶體與電晶體之間的隔離區，如圖 3.7(a)

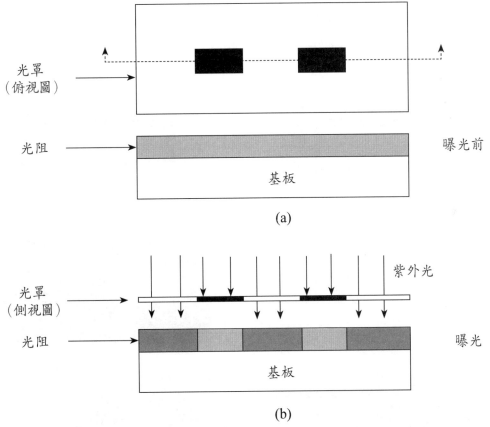

圖 3.6　(a) 曝光前的光阻，其中光罩是使用圖 3.5(d) 的光罩 3；(b) 曝光後的光阻，光阻未被光照到的區域與光罩上的黑色圖案一樣。

---

15　早期光罩的製作是以 1:1 的比例將光罩上的圖像轉印到晶圓表面上，其稱為光罩（mask）。但為了較佳的解析度，現在光罩的製作會以一定的比例將光罩上的圖像縮小（如 10:1）轉印到晶圓表面上，其稱為倍縮光罩（reticle）。但大多數人還是都統稱為光罩（英文也用 mask），不作特別區分。

所顯示；圖 3.7(b) 所顯示的爲藉由光罩 4 作 N 型 MOS 電晶體的離子植入之用。而圖 3.8 標示出反向器電路布局圖、圖 3.5 的 8 片光罩、晶片剖面圖，三者的對應關係示意圖。在此，指出兩個重要觀念，首先由圖 3.7 與圖 3.8 的說明，可知半導體製程中使用的光罩數愈多，或使用光罩的次數愈多（因爲同一片光罩可能會使用多次），代表製程與晶片結構愈複雜，所需的製程時間與成本也愈高。另外，由圖 3.4、圖 3.7 與圖 3.8 的說明，對功能與製程複雜的晶片而言，即使有相同的電路設計（如圖 3.4 的反向器），布局圖也很難會完全相同（因爲布局設計會因人而異，且設計時須遵守的設計規則也依不同世代而不相同）；退一萬步說，就算布局圖完全相同，使用的製造流程也幾乎不可能完全相同（例如，在圖 3.8 中用光罩 1 製作 N 型井與光罩 2 製作 P 型井的順序可以對調）。

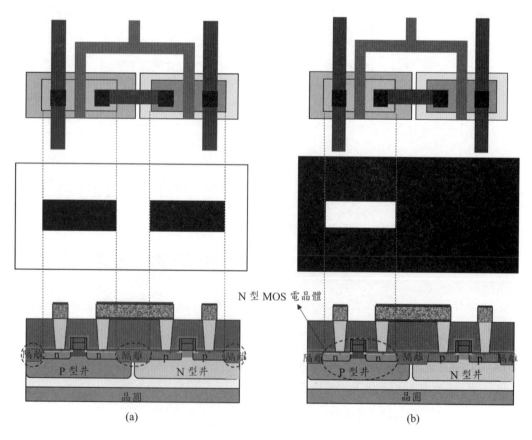

圖3.7　(a) 光罩3在反向器製程中用於製作隔離區；(b) 光罩4用於N型MOS電晶體離子植入。

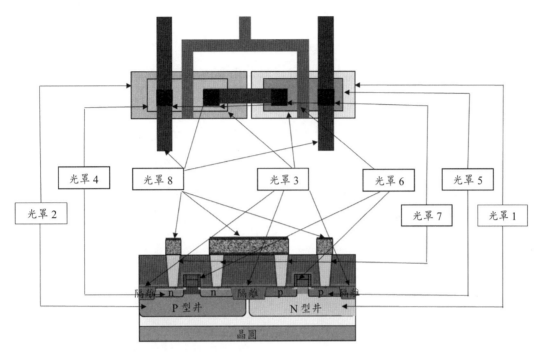

圖 3.8　反向器電路布局圖、製程使用的光罩、完成製程之晶片剖面圖，三者對應關係示意圖。

## UNIT 3.5　半導體製程簡介

　　目前一個典型的 VLSI 半導體晶片之製造大約需要 8-12 週的時間，要用到至少 30 道光罩左右，經由幾百道一連串複雜的物理與化學反應在矽晶圓上所形成的。而整個製程步驟可分為微影、蝕刻、薄膜沉積與擴散等四個製程單元或稱為製程模組（process module）[16]。換言之，整個晶片的製造過程就是交替地重覆使用這些製程模組，如圖 3.9 的示意圖。圖 3.9 顯示所有半導體製程必須在所謂的無塵室（cleanroom）中進行，因為即使是微小粒子（灰塵）就可能引起電子元件和電路缺陷，使良率降低。而且隨著製程愈進步，元件的尺寸愈小，能容忍的微粒尺寸也

---

16　製程模組這個概念源自於化學工程的製程單元。在化學工程上，習慣將製造流程中相似的技術歸納成獨立的製程步驟，並稱為製程單元，而整個化學產品的製程便可由各個製程單元組合而成。不同產品有不同的組合，構成不同的製造流程。

要跟著縮小，也就是說需要等級愈高的無塵室[17]。圖中也顯示先前製作好的光罩會在微影製程中使用，且需要搭配和光阻一起使用。光阻和傳統相機底片的感光材料類似，是一種暫時塗佈在晶圓上的感光材料，但不同的是光阻對可見光並不敏感，只對紫外線感光，因此微影製程並不需要像沖洗底片一樣需要在暗房中進行。但為了避免可能發生的不正常曝光，需選用波長較長的可見光（例如，紅光、黃光），又加上對眼睛的柔和感，因此所有半導體工廠都使用黃光作為微影製程區域的照明，因此微影製程區域又稱為黃光區，以及稱微影製程為黃光製程。（因此可知黃光製程是一個習慣的錯誤稱呼！）

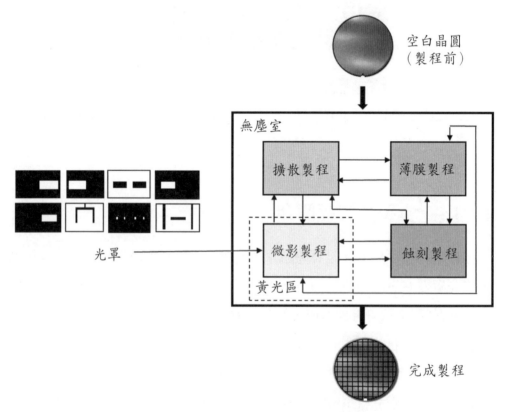

圖 3.9 積體電路製造的製程流程示意圖。

---

17 Quirk, M. & Serda, J. (2001). *Semiconductor Manufacturing Technology*. Page 120. NJ: Prentice-Hall. 無塵室並不是指完全沒有微粒子，而是指微粒子數目要比一般環境少很多，這也是蓋半導體工廠很昂貴的原因之一。無塵室等級的定義，主要係指每立方英尺中所允許的極微小粒子數目。例如，等級 10 的無塵室是指在每立方英尺中，直徑大於 0.5 微米的微粒子至多 10 顆；等級 1 的無塵室指在每立方英尺中，直徑大於 0.5 微米的微粒子至多 1 顆。一間用來製造生產 0.25 微米製程技術的工廠需要等級 1 的無塵室才能達到可接受的良率。

# 一、微影製程

微影製程包含三個主要步驟：光阻塗佈（photoresist coating）、曝光（exposure）和顯影（development）。而在完成微影製程之後，通常接續的製程為蝕刻製程或擴散製程中的離子植入。

## (一) 光阻塗佈

所謂光阻塗佈，是指將液態的光阻（photoresist，簡稱 PR）以旋轉塗佈（spin coating）的方式，在潔淨的晶圓表面形成一層均勻薄膜，如圖 3.10 所示。經過清洗後潔淨的晶圓放置在一個帶有真空吸盤的轉軸上，使晶圓在高速旋轉時可吸附在轉盤上。在圖 3.10(a) 中，將液態光阻噴灑在晶圓上，接著晶圓快速旋轉使光阻散佈到整個晶圓上，如圖 3.10(b)。圖 3.10(c) 顯示晶圓繼續旋轉可將晶圓上多餘的光阻拋除，得到一層均勻的光阻薄膜，晶圓旋轉直到光阻內的溶劑蒸發掉使光阻呈乾燥固態，均勻地覆蓋在晶圓表面，如圖 3.10(d) 顯示。

## (二) 曝光

光阻分為兩類：負光阻（negative PR）與正光阻（positive PR）。圖 3.11 為使用負光阻在微影製程中的示意圖，負光阻曝光處會因為光化學反應而變成分子間結構堅固的交連狀（cross-linked）如圖 3.11(b) 顯示，不會溶解於顯影溶液中，將保留在晶圓上，而負光阻未受曝光的區域則會溶解於顯影液中，如圖 3.11(c)。相較於正光阻，負光阻便宜許多，但主要的缺點是解析度較差，因此在先進的半導體微影製程中大多使用正光阻。

正光阻在微影製程中的示意圖可參考圖 3.12。正光阻使用的材料本身之分子結構就是結構堅固的交連狀，經過曝光後，曝光處的交連狀結構會因為光溶解化反應斷裂而柔軟化，可溶解於顯影液中，而未曝光的區域仍為交連狀結構，不被顯影液溶解，會保留在晶圓表面上。比較圖 3.11 和圖 3.12，可知正光阻的圖案會跟光罩上的圖案相同，而負光阻的圖案則是剛好相反（即互補）的圖案。因此在圖 3.3 積體電路之開發與製作流程，製程設計中的每個微影製程所使用的光阻種類，必須與光罩製作時每一層光罩上的圖案作對應，否則製造出的晶片會無法作用。同理，在生產製造時，工程師也不能任意更換光阻種類。

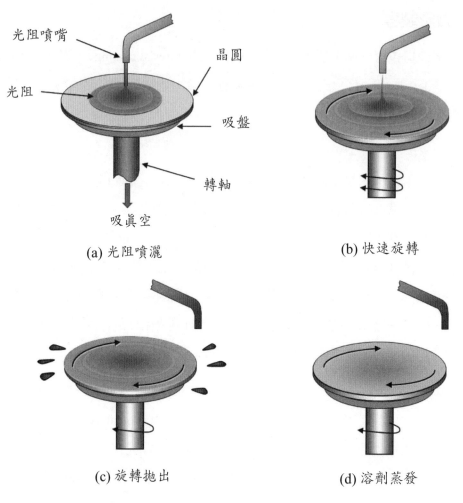

(a) 光阻噴灑            (b) 快速旋轉

(c) 旋轉拋出            (d) 溶劑蒸發

圖 3.10　光阻塗佈在晶圓表面的情形 [18]。

(三) 顯影

　　微影製程中的顯影，其功用就是將曝光後不需要的光阻，由晶圓表面溶解移除之。如圖 3.13 所示，顯影由三個步驟所組成：顯影（development）、洗滌（rinse）和旋乾（spin dry）[19]。

---

[18]　Quirk, M. & Serda, J. (2001). *Semiconductor Manufacturing Technology*. Page 357. NJ: Prentice-Hall.

[19]　Xiao, H. (2001). *Introduction to Semiconductor Manufacturing Technology*. Page 207. NJ: Prentice-Hall.

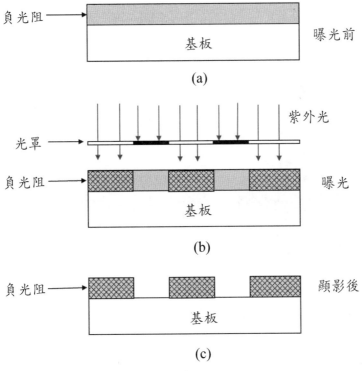

圖 3.11　負光阻的微影製程示意圖。

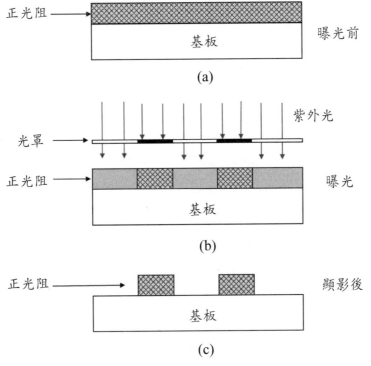

圖 3.12　正光阻的微影製程示意圖。

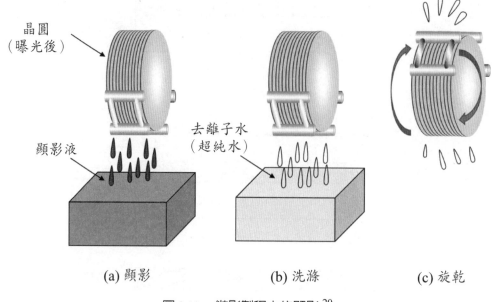

(a) 顯影　　　　　(b) 洗滌　　　　　(c) 旋乾

圖 3.13　微影製程中的顯影 [20]。

　　首先，將曝光後的晶圓浸泡在顯影液中，如圖 3.13(a) 所示，則顯影液會溶解掉不需要的光阻。例如，對正光阻而言，曝光的區域會溶解在顯影液中。接著，將顯影後的晶圓浸泡在去離子水（即沒有離子的超純水）中洗滌掉殘留在晶圓上的顯影液，見圖 3.13(b)。最後，如圖 3.13(c) 顯示，將晶圓旋轉乾燥，準備進行下一個製程。

## 二、蝕刻製程

　　蝕刻製程通常是指將晶圓表面的薄膜材料選擇性地移除，以使晶圓表面留下 IC 晶片設計所要求的電路圖案。這種選擇性的蝕刻製程大部分都需先經過微影製程將光阻局部性地保留在晶圓上，接著才利用化學蝕刻方式將光阻圖案轉移到底下的薄膜層上，故又稱為圖案化蝕刻。圖 3.14 為圖案化蝕刻製程之流程示意圖。圖 3.14(a) 為使用負光阻為例，在經過圖 3.14(b) 的曝光，與顯影步驟後會局部性地保

---

[20] 顯影的三個步驟可想像成洗衣機洗衣服的三個步驟。顯影是最主要步驟，類似用洗潔精洗掉不想要的汙垢；洗滌步驟類似用清水沖掉殘留在衣服上的洗潔精；旋乾步驟則類似洗衣機的旋轉脫水。

留在晶圓上如圖 3.14(c) 顯示，以保護底下的薄膜層，不受到接下來的化學蝕刻。反之，薄膜層上方沒有光阻保護的區域會在蝕刻製程中被移除掉如圖 3.14(d)，接著再以化學蝕刻方式將剩餘的所有光阻去除 [21]，就完成這一層薄膜層的蝕刻製程，如圖 3.14(e) 顯示。蝕刻製程可分為兩大類：濕蝕刻（wet etching）與乾蝕刻（dry etching）。濕蝕刻相較於乾蝕刻便宜許多且有高的蝕刻速率，因此濕蝕刻廣泛地應用在早期的半導體蝕刻製程中，但濕蝕刻有等向性蝕刻的缺點 [22]，因此在較先進的半導體製程中，半導體元件尺寸微縮化的要求下，圖案化蝕刻大多改採用乾蝕刻。

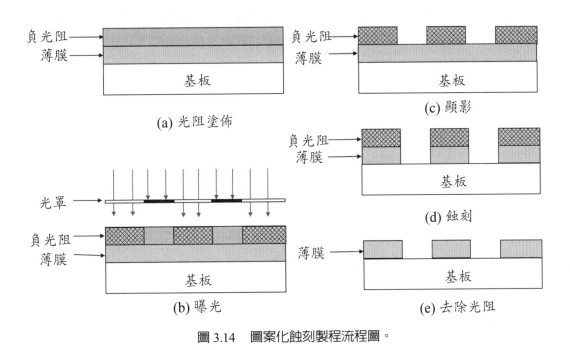

圖 3.14　圖案化蝕刻製程流程圖。

## (一) 濕蝕刻

所謂濕蝕刻或濕式蝕刻，係指蝕刻是在濕式的環境中完成，也就是使用特定的

---

21 這種蝕刻方式不是選擇性的蝕刻，而是對某種材料的整個晶圓表面薄膜的蝕刻，稱為非圖案化蝕刻。此例也說明光阻經由微影製程保留在晶圓上是暫時性的，光阻一旦完成其工作後，就會以蝕刻的方式剝除之。

22 等向性蝕刻如圖 3.15(c) 中虛線所示的蝕刻輪廓，表示在光阻下的所有方向（縱向和橫向）均以相同速率蝕刻。一般來說，蝕刻製程希望僅有垂直方向的蝕刻如圖 3.15(a) 中虛線所示，才能夠將微影製程後光阻上的圖案尺寸轉移到底下的薄膜上。

化學溶液來和晶圓表面欲蝕刻掉的材料起化學反應，且化學反應的生成物是氣體、液體或是可溶解於蝕刻液中的固體。濕蝕刻包含三個主要步驟：蝕刻、洗滌和旋乾，如圖 3.15 所示。舉例說明，若圖 3.15(a) 中所示欲蝕刻的薄膜層為二氧化矽，則我們常選用稀釋的氫氟酸（HF）當作蝕刻液，因為氫氟酸不會與光阻或矽起化學反應，但很容易與二氧化矽起化學反應，且生成物是 $H_2O$（水）和可溶於水的 $H_2SiF_6$[23]。因此，若將圖 3.15(a) 中的晶圓浸入稀釋的 HF 水溶液中，曝露的二氧化矽薄膜就會被蝕刻掉，留下被光阻覆蓋保護的區域。接著，在經過圖 3.15(b) 將殘留在晶圓上的蝕刻液以去離子水沖洗掉，以及圖 3.15(c) 的旋轉乾燥後，顯示晶圓表面沒有光阻保護的二氧化矽層已被蝕刻掉，而且不會繼續往矽基板蝕刻。附帶一提，圖 3.15(c) 中虛線標示的蝕刻輪廓是濕蝕刻後實際會產生的輪廓，乃因為表面的二氧化矽一旦被蝕刻掉後，光阻底下的二氧化矽側邊也開始接觸到蝕刻液，就產生我們不希望的橫向蝕刻，此稱為等向性蝕刻。因為會產生等向性蝕刻的因素，乾蝕刻逐漸取代濕蝕刻進行圖案化蝕刻。

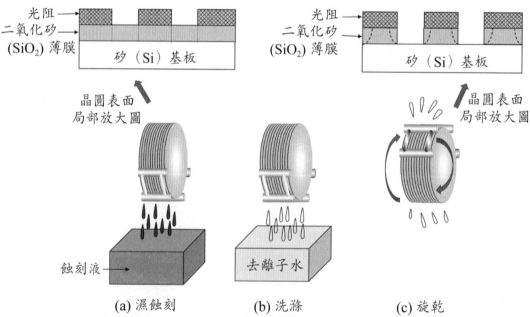

圖 3.15　濕蝕刻製程示意圖。其中 (a) 的細虛線為希望得到的理想蝕刻輪廓；(c) 的虛線為實際產生的蝕刻輪廓。

---

[23] 化學反應式：$SiO_2 + 6HF \rightarrow H_2SiF_6 + 2H_2O$

## (二) 乾蝕刻

　　所謂乾蝕刻或乾式蝕刻，是因為使用的化學蝕刻劑是氣態的電漿，因此也常稱
為電漿蝕刻[24]。乾蝕刻是利用電漿和晶圓表面欲去除的材料起化學反應，而且形成
的生成物是氣態的，可藉由真空幫浦從晶圓表面抽離之，如圖 3.16 的示意圖。

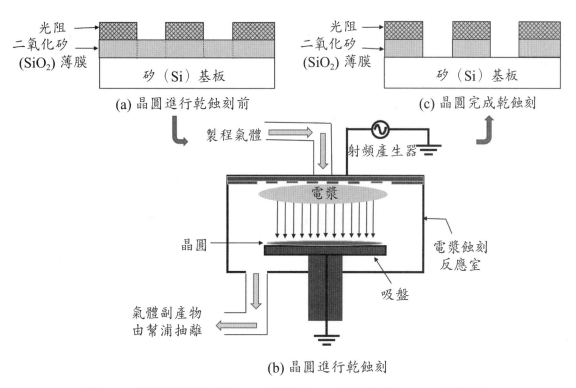

(a) 晶圓進行乾蝕刻前　　　　　　　　(c) 晶圓完成乾蝕刻

(b) 晶圓進行乾蝕刻

圖 3.16　乾蝕刻製程示意圖。(a) 蝕刻前；(b) 蝕刻進行中；(c) 完成蝕刻。

　　同樣以圖 3.15(a) 的晶圓說明，若圖 3.16(a) 中所示欲蝕刻的薄膜層為二氧化
矽，則我們常選用的製程氣體為四氟化碳（$CF_4$），四氟化碳在蝕刻設備中會產生
氟的自由基，氟自由基很容易與二氧化矽起化學反應，且反應生成物是 $O_2$（氧氣）
及也是氣體的 $SiF_4$[25]。此氣態的生成物會被連接到製程反應室的真空幫浦抽走，如

---

[24] 簡單地說，電漿由正負離子、電子和電中性的分子等所組成，是一種帶有等量的正電荷和負電荷
的離子化氣體。上述電漿中的組成份子會彼此碰撞造成輝光放電，以及製造容易發生化學反應的
自由基。另外，電漿中的正、負粒子受到反應室中的電場作用，能夠有效進行垂直方向的蝕刻，
產生如圖 3.16(c) 中所示的蝕刻輪廓。

[25] 化學反應式：$SiO_2 + 4F \rightarrow O_2 + SiF_4$

圖 3.16(b) 所示；而圖 3.16(c) 顯示的為完成乾蝕刻後的晶圓表面示意圖，具有較垂直的蝕刻輪廓，也就是能夠將光罩上的圖案，藉由微影製程與蝕刻製程較完整地轉移到晶圓表面。最後需說明的是，不論是濕蝕刻或是乾蝕刻，蝕刻的製程條件（例如，濕蝕刻的蝕刻液濃度與蝕刻溫度；乾蝕刻的製程氣體種類與射頻功率大小）是很重要的，因為各薄膜層蝕刻的需求不盡相同，且不同的製程條件會導致不同的蝕刻製程參數（包括蝕刻速率與蝕刻輪廓等），進而影響到各薄膜層蝕刻的品質好壞 [26]。

## 三、薄膜製程

圖 3.4(c) 為一個簡單的 CMOS 反相器晶片截剖面圖，顯示出在矽晶圓表面上有多種不同材料的薄膜層，這些材料層包括絕緣體（如隔離區）、導體（如金屬連接導線）與半導體（如 N 型井、P 型井）。在大多數的情形，這些薄膜層是以所謂沉積的方式形成在晶圓表面，因此薄膜（thin film）製程也被稱為沉積（deposition）製程或薄膜沉積（thin film deposition）製程。薄膜的沉積製程一般可分為兩大類：化學氣相沉積（Chemical Vapor Deposition, CVD）與物理氣相沉積（Physical Vapor Deposition, PVD）。

### (一) 化學氣相沉積

簡單地說，化學氣相沉積是藉由氣體在晶圓表面產生化學反應的製程，且化學反應的生成物包含固體和氣體，其中的固體就是想要沉積在晶圓表面的薄膜層材料，而氣體則為化學反應的副產物會由真空幫浦抽離之。底下以圖 3.17 的一個化學氣相沉積製程示意圖為例說明，如果我們想要將二氧化矽沉積在圖 3.17(a) 中所示的矽晶圓上，則在圖 3.17(b) CVD 反應室中所選用的兩種製程氣體分別為矽甲烷（$SiH_4$）和氧氣（$O_2$），這兩種氣體會起化學反應，且生成物是固態的二氧化矽和氣態的氫氣 [27]。固態的二氧化矽會一層層地沉積在晶圓表面，而氣態的氫氣為副產

---

[26] 這也說明在開發一個 IC 晶片生產過程中，每道製程步驟的製程條件是經過多次實驗與經驗累積得來的。

[27] 化學反應式：$SiH_4 + O_2 \rightarrow SiO_2 + 2H_2$

物會藉由連接到反應室出口的真空幫浦移除掉。完成二氧化矽薄膜沉積的晶圓則如圖 3.17(c) 的示意圖所顯示[28]。將化學氣相沉積與乾蝕刻作比較，可發現這兩種製程的原理剛好相反，乾蝕刻是利用氣態的電漿與晶圓表面薄膜（為固態）起化學反應，形成可從晶圓表面抽離的氣態生成物，而化學氣相沉積則是利用均為氣態的氣體在晶圓表面起化學作用，形成希望添加在晶圓表面的固態生成物。

## (二) 物理氣相沉積

所謂物理氣相沉積，係指利用氣態電漿（通常是氬氣電漿，$Ar^+$）以物理碰撞的方式從固態的金屬靶材表面撞擊出金屬原子，以沉積在晶圓表面形成金屬薄膜。圖 3.18 為一個物理氣相沉積製程示意圖，圖中晶圓置於接地的電極上，金屬靶材

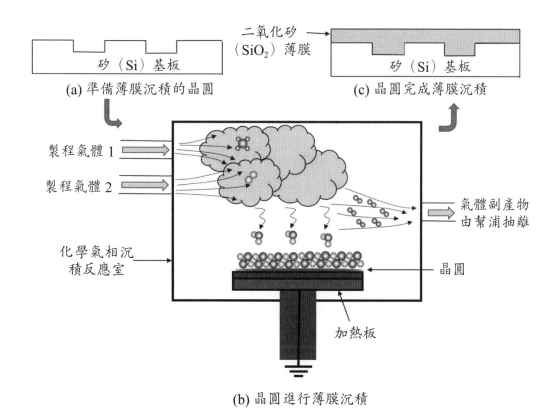

(a) 準備薄膜沉積的晶圓　　(c) 晶圓完成薄膜沉積

(b) 晶圓進行薄膜沉積

圖 3.17　化學氣相沉積（CVD）製程示意圖。(a) 沉積前；(b) 沉積進行中；(c) 完成薄膜沉積。

---

[28] 經由這個例子，我們可將化學氣相沉積想像成降雪。雲中的小雲滴在冰晶上互相碰撞凝結形成雪珠可想成不同的製程氣體間碰撞發生化學反應生成二氧化矽，而雪珠形成大的雪花落到地面造成降雪可想像成二氧化矽沉積到晶圓表面。

假設為鋁金屬則是接在負電極，則在反應室中的氬氣電漿會因電場作用被加速而具有高能量，高能量的氬氣電漿撞擊到鋁靶材表面時，靶材表面的鋁原子會物理性地從表面被撞擊彈出，而沉積在晶圓表面上形成鋁金屬薄膜[29]。

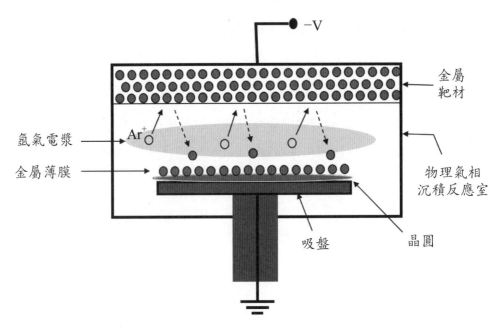

圖 3.18　物理氣相沉積（PVD）製程示意圖。

## 四、擴散製程

矽基板比其他半導體基板具有的另一個優勢就是矽基板能夠承受相當高的製程溫度，因此使用矽晶圓在製造 IC 晶片的過程中總是會涉及到許多高溫的製程（攝氏 650 到 1200 度）。例如，圖 3.19 所示為 1970 年之前，半導體產業使用高溫擴散的方式來摻雜半導體[30]。所謂擴散，是描述物質由高濃度區域往低濃度區域移動的

---

[29]　我們可將物理氣相沉積想像成撞球，只有物理上的能量與動量轉移，沒有發生任何化學反應。

[30]　劉傳璽、陳進來，半導體元件物理與製程 — 理論與實務，五南圖書出版股份有限公司，2019 年 1 月，3 版 6 刷，頁 8 至 11。半導體真正吸引人與威力之所在，是經由添加某些特定雜質後（稱為摻雜）才呈現出來。例如，在半導體矽中若摻雜磷（P）或砷（As），則此半導體主要靠電子導電，稱為 N 型半導體或 n-Si（n 表示負電荷的電子）；若摻雜硼（B），則此半導體主要靠電洞導電，稱為 P 型半導體或 p-Si（p 表示帶正電的電洞）。

現象，如香水在空氣中的擴散或墨汁在水中的擴散都是常見的例子，而且溫度愈高則擴散速率愈快。因此將圖 3.19(a) 的矽晶圓放在充滿 AsH$_3$ 氣體（其中的砷原子是用來摻雜矽之摻雜物）的高溫爐管中，則氣體中的砷（As）會往矽基板擴散，形成如圖 3.19(b) 所示的 N 型摻雜區，如果圖中的二氧化矽只是用來當作阻擋摻雜物擴散的遮蔽層[31]，則需將其蝕刻掉，得到圖 3.19(c) 所示的 N 型摻雜區域[32]。此外，圖 3.19(c) 中虛線標示的是希望產生的理想摻雜輪廓，但由於摻雜原子進入晶圓後，除了會往下方擴散外，也會產生我們不希望的橫向擴散，因此現在都使用離子佈植取代高溫擴散對半導體進行摻雜。也因此，許多人無法理解在目前的積體電路製造上都幾乎不用擴散的方式來摻雜半導體，爲何還有所謂的「擴散模組」。此乃前述因爲早期的半導體產業使用高溫擴散來摻雜半導體，而其製程設備就是高溫石英爐管，故高溫爐管在 IC 廠所在的區域就稱爲「擴散區」，而在擴散區進行的製程就統稱爲「擴散製程」一直延用至今。因此目前的擴散製程包含離子佈植與大部分的加熱製程（如氧化製程）。

## (一) 離子佈植

　　半導體材料一個很重要的特性是其導電性可藉由添加摻雜物的種類與多寡來控制與調整。在 IC 晶片製作中，有兩種技術可以來摻雜半導體：擴散或離子佈植。使用擴散的方式會產生如圖 3.19(c) 所顯示的橫向擴散，橫向擴散是我們無法控制的，因此在電晶體尺寸微縮化的要求下，目前的摻雜製程幾乎都是使用離子佈植來完成，以達到接近理想的摻雜輪廓。離子佈植（ion implantation）也稱爲離子植入，此製程係在稱爲離子植入機（ion implanter）之半導體設備中予以實施，如圖 3.20 之示意圖所示。圖 3.20(a) 中的砷離子經由離子植入機掃瞄過整個晶圓後，砷離子會被植入摻雜至未被光阻覆蓋保護的晶圓表面；而晶圓表面有光阻覆蓋保護的

---

[31] 讀者可能會問爲什麼不使用如圖 3.20 中的光阻來當作阻止摻雜物擴散的材料，而使用製程比較複雜些的二氧化矽？使用光阻在理論上好像是可行的，但因爲需要縮短摻雜物在矽基板中的擴散時間，此擴散必須在極高溫下進行（1000℃以上），而光阻不能承受高溫處理，因此使用能夠承受高溫的二氧化矽。但對圖 3.20 的離子植入製程，其爲低溫（室溫）製程，因此使用光阻作爲遮蔽層。

[32] 若要摻雜磷（P）或硼（B），則摻雜氣體可分別使用 PH$_3$ 或 B$_2$H$_6$。

區域，則因砷離子被植入至光阻內，而未受砷離子摻雜，如圖 3.20(b) 所示 [33]。接著將光阻蝕刻掉（及先前植入光阻內的離子也一併去除掉），即可得到圖 3.20(c) 所示的 N 型摻雜區域，具有較垂直的摻雜輪廓。另外，圖 3.20(a) 中也顯示離子植入製程的兩個重要參數：離子能量與離子劑量。離子能量愈大則植入深度愈深；離子劑量為晶圓表面單位面積植入的離子數目，當離子劑量愈高代表半導體的摻雜濃度愈

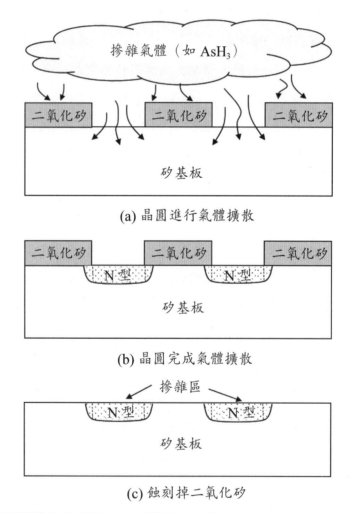

(a) 晶圓進行氣體擴散

(b) 晶圓完成氣體擴散

(c) 蝕刻掉二氧化矽

圖 3.19　使用高溫擴散的方式進行矽半導體的局部摻雜。圖中虛線為希望得到的理想摻雜輪廓。

---

33　因此用來保護晶圓表面不受離子植入的光阻厚度不可太薄，若太薄則離子仍會穿過光阻而對底下造成摻雜。

濃，則半導體的導電性也愈佳[34]。以下整理離子佈植優於擴散之處：1.能夠獨立控制摻雜物的濃度和深度；2.能夠得到接近理想的摻雜輪廓；3.不需藉由高溫完成，屬於低溫製程，可使用光阻作為遮蔽層。

## (二) 氧化製程

　　半導體製程中，有許多步驟是必須在高溫下完成的，其中的氧化（oxidation）是最重要的製程之一。氧化是一種添加製程，也就是將氧加到矽晶圓上而在晶圓表面形成二氧化矽。由於矽原子很容易與氧原子起化學反應，因此傳統的方法是如圖

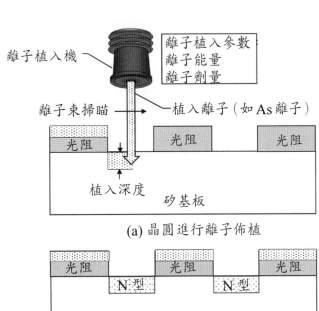

(a) 晶圓進行離子佈植

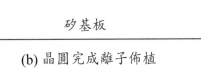

(b) 晶圓完成離子佈植

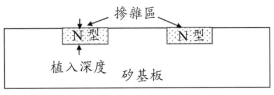

(c) 去除光阻

圖 3.20　離子佈植（ion implantation）製程示意圖。

---

[34] 我們可將離子佈植製程想像成機關槍對一厚牆進行掃射，以及離子想像成子彈。離子能量愈大，類似子彈能量愈大則射入牆壁的深度愈深；離子劑量愈高，類似射入牆壁的子彈愈多愈密。

3.21 所示。將圖 3.21(a) 的矽晶圓置入圖 3.21(b) 的石英爐管中，於高溫下（通常是攝氏 900 到 1200 度之間）通入高純度的氧氣（$O_2$）或水蒸氣（$H_2O$），則通入的氧氣或水蒸氣會與矽晶圓表面起化學反應形成二氧化矽，如圖 3.21(c) 所示 [35]。

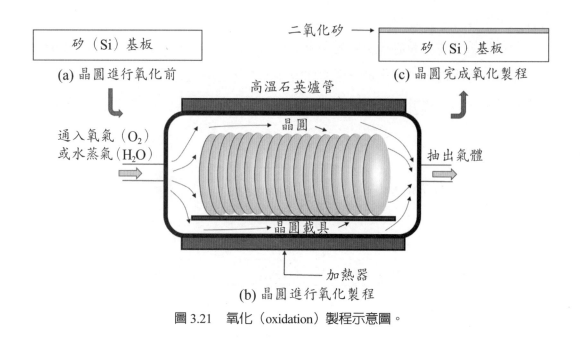

圖 3.21　氧化（oxidation）製程示意圖。

# UNIT 3.6　半導體 IC 的製造趨勢

前面已經介紹了製造積體電路之相關製程模組，而整個晶片的製造過程就是交替重覆使用這些製程模組。目前一個典型 IC 晶片的製造需要用到 30 幾道光罩以及幾百道製程步驟才能完成，而且每一道步驟都和其他步驟直接或間接相關。底下以圖 3.22 一個包含簡單 CMOS 製程技術之 IC 晶片為例說明 [36]。使用前面介紹的製程技術可製作出如圖 3.22 示意的積體電路，且此積體電路可能包含幾百萬個

---

[35] 鄭晃忠、劉傳璽，新世代積體電路製程技術，東華書局，2011 年 9 月，頁 18 至 19。當通入的氣體為氧氣時，此氧化方式稱為乾氧化，化學反應式為：$Si + O_2 \rightarrow SiO_2$；當通入的氣體為水蒸氣時，此氧化方式稱為濕氧化，化學反應式為：$Si + 2H_2O \rightarrow SiO_2 + 2H_2$。

[36] CMOS 為 Complementary Metal-Oxide-Semiconductor Transistor（互補式金氧半電晶體）之縮寫，其中所謂的「互補式」是指 N 型 MOS 電晶體（nMOSFET）與 P 型 MOS 電晶體（pMOSFET）為互補的。以 CMOS 製程技術為主體的晶片是目前 IC 晶片製造的主流技術。

（甚至更多）圖中所示的成份，並且每個電晶體都必須正確地工作。如圖 3.22 晶片橫切面的示意圖所示，一個 IC 晶片的製程主要可分為兩大階段：前段（FEOL, Front End of Line）與後段（BEOL, Back End of Line）製程。前段製程的目的在製作電晶體；後段製程的目的在製作金屬連接導線。圖中含有兩個電晶體，左方的是 N 型 MOS 電晶體，右方的是 P 型 MOS 電晶體[37]。電晶體有一個很重要的幾何尺寸，即為圖中閘極下方的通道長度（channel length），此尺寸又稱為臨界尺寸（CD, critical dimension），因為若能夠於製造的晶圓上成功完成某一臨界尺寸的製程，則任何比此臨界尺寸還大的製程皆能夠完成，回憶我們在第 3.1 節曾提到的製程技術節點（technology node）即為電晶體的通道長度。此外，在客戶期待快速、便宜的 IC 晶片需求下，晶片製造廠必須持續精進製程技術，來加快晶片速度及增加晶圓上晶片製造數量以降低製造成本等製造趨勢。

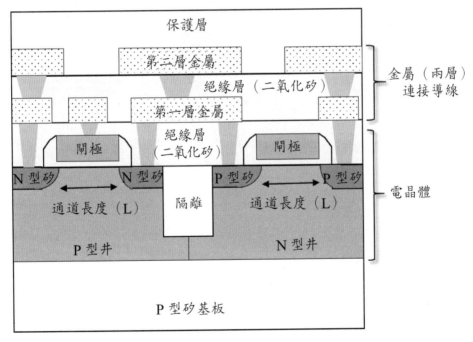

圖 3.22 一個簡單半導體製程之 IC 晶片橫切面示意圖。

---

[37] 一個簡單判斷方式：N 型 MOS 電晶體下方是 P 型井；P 型 MOS 電晶體下方是 N 型井。本書不深入討論電晶體的結構與其操作原理，有興趣的讀者請參閱：劉傳璽、陳進來，半導體元件物理與製程 — 理論與實務，五南圖書出版股份有限公司，2019 年 1 月，3 版 6 刷，頁 123 至 131。

## 一、電晶體愈來愈小

第 3.1 節提過摩爾定律（Moore's Law）的一個說法為半導體的製程技術每約隔兩年推進一個世代（generation），且每個世代的技術節點約以 0.7 倍微縮（scaling），現在可以瞭解其意思是指電晶體的通道長度約以 0.7 倍的比例縮小。而且在實務上，晶片上的元件尺寸必須是水平方向與垂直方向同步縮小，才能有最佳的晶片特性[38]。因此，當一個積體電路晶片內之電晶體數目不變的情況下，若使用下一個世代的製程技術，基本上可以使晶片大小縮小為一半。圖 23 的示意圖表示在一定的晶圓尺寸下，當製程技術使晶片尺寸縮小為一半時，晶圓上的 IC 晶片數目可增加至少為四倍。

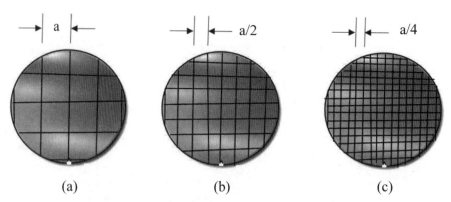

(a)　　　　　　　　　(b)　　　　　　　　　(c)

圖 23　晶圓上使用不同製程技術之 IC 晶片尺寸（chip size）示意圖。(a) 0.35 微米；(b) 0.18 微米；(c) 0.09 微米製程技術。

## 二、晶圓愈來愈大

當電晶體的尺寸持續微縮之際，晶圓的尺寸卻持續地增大。圖 24 顯示 6 吋、8 吋和 12 吋晶圓的相對尺寸比例[39]。當晶圓尺寸增大，單一晶圓上可同時製造出更多的晶片。例如，從 150 毫米晶圓增至 300 毫米晶圓，晶圓的面積增加為 $(300/150)^2$ = 4 倍，表示在一定的 IC 晶片尺寸下，晶圓上的晶片數目可增加至少為四倍。因

---

[38] 這好比車輛為了具有最佳性能，卡車不能用轎車的小輪胎，轎車也不能用卡車的大輪胎。

[39] 吋（inch）和毫米（mm）都是描述晶圓尺寸常用的單位。1 吋 = 2.54 公分 = 25.4 毫米。

此，目前所討論兩個 IC 製造趨勢（電晶體愈來愈小、晶圓愈來愈大）之目的都是為了降低製造成本，或說是為了增加獲利，因為晶片製造廠是以晶片數量計價，而不是以晶圓數量計價。然而，需注意的是當晶圓尺寸愈大，製程在晶圓上的均勻性（uniformity）愈難控制。例如，在圖 3.21 中的氧化製程需要在高溫的環境下進行才能夠得到品質佳的二氧化矽薄膜，這對於小尺寸的晶圓而言，晶圓上的溫度分布比較容易達到一致性，但對於愈大尺寸的晶圓則愈難控制其溫度分布的均勻性（常見的如晶圓中央溫度與晶圓邊緣溫度有落差）。製程的均勻性愈差通常意味著良率愈低，因此在開發新製程技術時，製程均勻性也是一個很重要的考量。

## 三、晶片速度愈來愈快

　　晶片特性中最重要的特性是晶片速度（chip speed）。增加晶片速度的方法有很多種，但最普遍採用的方式就是縮短電晶體的通道長度[40]。當晶片內的電晶體愈小、愈快，及晶片間的距離愈短時，將使電信號能夠在較短的時間內通過電路，也就是增加晶片速度。因此，遵循摩爾定律的精進製程技術，可同時增加晶片集積度與提升晶片特性。

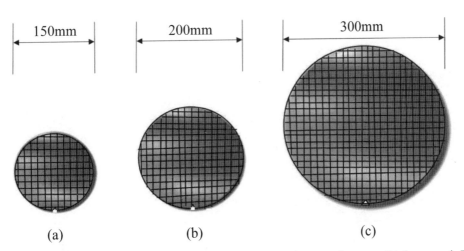

圖24　不同晶圓尺寸示意圖。(a) 6吋（150 mm）；(b) 8吋（200 mm）；(c) 12吋（300 mm）晶圓。

---

40　劉傳聖、陳進來，半導體元件物理與製程 — 理論與實務，五南圖書出版股份有限公司，2019 年 1 月，3 版 6 刷，頁 135 至 136。簡單來說，電晶體的速度與其通道長度 L 成反比。

## UNIT 3.7　良率

在半導體 IC 晶片的製造上，良率（yield）的高低是非常重要的，良率基本上決定了半導體廠是賺錢或是賠錢以及其多寡。高良率代表可正常工作的 IC 晶片可被有效地製造，低良率則表示圖 3.3 的產品設計或製作流程中的某個環節上出現問題，需要積極解決以提升良率。在 IC 晶片的生產裡，有幾種不同的良率定義[41]，以下分別討論之。

### 一、晶圓良率

晶圓良率（wafer yield）$Y_W$ 指的是在半導體廠中完成所有製程步驟後，尚保持完好晶圓的數目與製作 IC 晶片所投入使用的晶圓總數之比值，以公式表示：

$$Y_W = \frac{完好的晶圓數目}{使用的晶圓總數} = \frac{使用的晶圓總數 - 報廢的晶圓數目}{使用的晶圓總數}$$

其中報廢的晶圓係指晶圓在生產過程中由於人為疏失、設備異常等造成破片毀損，或製程失誤而打成廢品等情況。例如，某晶片投入 100 片晶圓來生產，但有 1 片晶圓在高溫製程後產生裂痕報廢，則此晶圓良率 $Y_W = 99/100 = 99\%$。

### 二、晶粒良率

晶粒良率（die yield）$Y_D$ 指的是在半導體廠中完成所有製程步驟後，保持完好晶圓上的良好晶粒數目與完好晶圓上的晶粒總數之比值，以公式表示：

$$Y_D = \frac{完好晶圓上的良好晶粒數目}{完好晶圓上的晶粒總數}$$

$$= \frac{完好晶圓上的晶粒總數 - 完好晶圓上的不良晶粒數目}{完好晶圓上的晶粒總數}$$

---

[41] Xiao, H. (2001). *Introduction to Semiconductor Manufacturing Technology*. Pages 20-22. NJ: Prentice-Hall.

其中所謂良好晶粒，係指能夠通過晶圓電性測試（wafer electrical test）的晶粒。例如，在上個例子中完成所有製程步驟後的 99 片完好晶圓上，每片晶圓有 50 顆晶粒，若在此總數為 4950 顆的晶粒中，只有 4356 顆晶粒能夠符合晶圓電性測試的要求，則此晶粒良率 $Y_D$ = 4356/4950 = 88%。晶粒良率是半導體廠用來監控整個製程步驟之品質好壞的一個很重要指標，當晶粒良率突然明顯下降時表示製程中出現問題，此時生產線必須停止運作，且工程師須即刻找出製程問題並立即改善。此外，對於動輒幾百道製程步驟的先進 IC 晶片而言，絕大多數的製程步驟都必須近乎完美，才能夠確保有高的晶粒良率 [42]。

## 三、封裝良率

封裝良率（packaging yield）$Y_C$ 指的是在封裝測試廠中完成所有封裝步驟後，能夠通過最終成品功能性測試（稱為 functional test 或 final test）的良好晶片數目與所有完成封裝晶片（packaged chips）總數之比值，以公式表示：

$$Y_C = \frac{封裝後的良好晶片數目}{完成封裝的晶片總數} = \frac{完成封裝的晶片總數 - 完成封裝的不良晶片數目}{完成封裝的晶片總數}$$

其中所謂完成封裝的不良晶片，係指未能通過最終成品功能性測試的封裝晶片。例如，在上個例子中，將符合晶圓電性測試要求的 4356 顆晶粒封裝成晶片後，只有 4200 顆晶片通過最終成品功能性的測試，則此封裝良率 $Y_C$ = 4200/4356 = 96.42%。

## 四、整體良率

整體良率（overall yield）$Y_T$ 指的是完成所有 IC 晶片的製作流程後，能夠出貨給下單客戶的良好晶片數目與投入晶圓能夠製作晶片的理想總數之比值，也就是上述介紹三種良率相乘的結果，若以公式表示：

---

42　簡單舉例，若某一先進 IC 晶片的製造共有 200 道製程步驟，且假設每一道製程步驟的良率都是 99%，則此製程的晶粒良率等於 $(0.99)^{200}$ = 0.134 = 13.4%（很低）！因此，為了達到可接受的晶粒良率，每一道製程步驟的良率都必須非常接近 100%。

$$Y_T = Y_W \cdot Y_D \cdot Y_C = \frac{能夠出貨給客戶的良好晶片數目}{投入晶圓能夠製作出晶片的理想總數}$$

綜合以上例子，某半導體廠投入 100 片晶圓來生產 IC 晶片，其使用的製程可在每片晶圓上製作 50 顆完整晶粒，因此能製作出晶片的理想總數為 5000 顆，但最後實際可出貨賣錢給客戶的晶片數目為 4200 顆，故整體良率 $Y_T$ = 4200/5000 = 84%。在介紹了以上幾種良率的定義後，可知對半導體製造廠而言，晶粒良率與整體良率是最重要的，攸關公司賺錢抑是賠錢。

# UNIT 3.8　半導體 IC 製程的核心技術

半導體 IC 製程的核心技術有相當多，以下歸納出最重要的四個核心技術：

## 一、製程技術可以縮短電晶體的通道長度

前面討論的摩爾定律，簡單來說是指半導體的製程技術每往前推進一個世代，表示電晶體的通道長度比上一個世代微縮了 0.7 倍。電晶體的通道長度 L 變短，除了可縮小電晶體與 IC 晶片的尺寸外，還可提升晶片速度，意即可製造出更具有市場競爭力的晶片及更高的獲利。因此，能夠縮短電晶體通道長度的相關前段製程是為 IC 製程的第一核心技術。

## 二、製程均勻性佳

為了讓晶圓上可同時製造出更多的晶片，IC 製程的另一個趨勢是晶圓的尺寸愈來愈大，但是當晶圓尺寸愈大，製程在晶圓上的均勻性愈難控制，這也會導致較低的晶粒良率與整體良率。因此，一個具有均勻性佳、不易影響良率的製程技術也是屬於先進半導體製程的核心技術。

## 三、製程技術可以提升良率

在前一節已經討論，良率的高低基本上決定了半導體廠是賺錢或是賠錢。高良

率表示在花費相同的成本下可有較高的獲利，因此可以提升良率（嚴格地說，晶粒良率）的製程技術必然是半導體製程的核心技術。

## 四、製程技術可以提升產量

　　一個製程技術是否可以提升產量（throughput）也是很重要，光就目前一個典型 IC 晶片的製作流程都需要幾百道製程步驟才能完成，是相當耗時的。因此，一個製程技術若能以較少的光罩數或製程步驟，而製作出相同功能與品質的 IC 晶片，則可縮短製程時間、提升產能，還能降低製造成本，是爲該半導體廠的核心製程技術 [43]。

---

43　因此，不同公司雖都具有某一製程節點的製程技術（如 10 奈米），但其使用的光罩數或製程步驟數不會完全相同。（更遑論會有相同的製程！）

# 第四章　半導體產業營業秘密案例解析

UNIT 4.1　案例一：友達光電 vs 連○池、王○凡

UNIT 4.2　案例二：群創公司 vs 陳○熹

UNIT 4.3　案例三：銀箭資訊、銀箭線上 vs 蔡○甫

UNIT 4.4　案例四：聯發科 vs 袁○文

UNIT 4.5　案例五：兆發科 vs 游○良

UNIT 4.6　案例六：勝華科 vs 甲○○

UNIT 4.7　案例七：台積電 vs 梁○松

# UNIT 4.1　案例一：友達光電 vs 連○池、王○凡

判決字號：智慧財產法院 104 年度刑智上易字第 39 號刑事判決

審理法院：智慧財產法院

裁判日期：民國 105 年 02 月 26 日

裁判案由：妨害秘密罪

當 事 人：上訴人　臺灣新竹地方法院檢察署檢察官

　　　　　　被告　連○池、王○凡

## 案情摘要：

一、被告連○池原在告訴人友達光電股份有限公司（下稱友達公司）擔任顯示器技術開發中心資深協理，其所擔任職務為顯示器技術開發中心最高主管，得任意取得、接觸及下載中心內部相關資料。被告連○池經友人介紹而於 100 年 9 月 19 日至中國大陸華星公司之母公司「TCL」集團任職，擔任「TCL」集團工業研究院副院長。友達公司主張，被告明知依契約對友達公司負有保守因職務關係所知悉或持有工商秘密之義務，不得洩漏予他人知悉，被告為獲取跳槽後之高額薪水及獎金，竟基於妨害秘密之犯意，於 100 年 9 月 15 日自友達公司離職前，利用其本身具有可下載友達公司營業機密資料及使用個人電腦、隨身碟之權限，從友達公司內部資料伺服器下載含有公司機密資訊的投影片圖檔，並於離職後洩漏予「TCL」集團及華星公司，使華星公司生產之液晶顯示器亦能擁有友達公司之 4 道光罩技術製程。

二、被告王○凡原係告訴人友達公司 OLED 技術處經理，經由友人介紹而有意至華星公司任職。友達公司主張，被告明知依契約對友達公司負有保守因職務關係所知悉或持有工商秘密之義務，不得洩漏予他人知悉，且華星公司與友達公司為競爭關係，詎被告王○凡為獲取跳槽後之高額薪水及獎金，竟基於妨害秘密之犯意，於 100 年 5 月 2 日至同年 9 月 29 日期間，接續將儲存在友達公司所有之電腦內之工商秘密，以友達公司配發其使用之電子郵件信箱寄送至其私人所有之電子郵件信箱後，於 100 年 9 月 30 日自友達公司離職並前往華星公

司擔任 AM OLED 開發部部長，並將上開友達公司所有之工商秘密資料洩漏予華星公司知悉。

## 法院判決摘要：

一、關於被告連○池有洩漏業務上知悉工商秘密犯行部分：

投影片圖檔所揭漏之 4 道光罩製程技術僅係 4-mask 流程之概念性說明，為 5 道光罩製程技術縮減製程順序而來，乃平面顯示器製造業界當時研發之課題之一，已為業界知曉而不具有秘密性，並非工商秘密。而且，上開「4-mask 技術」圖檔，並未說明任何有關製作流程的參數，例如：光阻材料、曝光的強度、曝光的時間、曝光的波長、乾蝕刻的氣體選擇、氣體的流量、氣體混和的比例、濕蝕刻溶液選擇、溶液的比例、蝕刻時間等等，他人經由上開圖檔概念性的表達，由其本身的經驗嘗試錯誤實驗後調整所需的參數，最終才可製作出產品，僅有 4mask 流程之概念性說明，雖具有一定經濟價值，惟屬尚無法用於生產之資訊，故非屬營業秘密。是告訴人利用 4 道光罩的製程生產液晶顯示器之情，既已為業界所通曉，則告訴人利用 4 道光罩之製程以降低製造成本，提升競爭力乙情，即非具有可用於生產之商業機密，則友達投影片圖檔中，所表達告訴人擁有 4 道光罩技術的內容，不具有商業機密性。故實難認被告連水池有洩漏告訴人所有「4-mask 技術」製作流程的參數內容之營業秘密。除此之外，被告在告訴人公司任職或離職時，並沒有簽署保密條款或競業禁止條款的文件，告訴人雖以員工手冊或公告之方式提醒員工需保守公司之營業秘密，然此究為告訴人單方面公告事項，是否可視為已經雙方意思合致之契約內容，並非無疑，故被告並無保密義務，不構成洩漏工商秘密罪。

二、關於被告王○凡有洩漏業務上知悉工商秘密犯行部分：

按刑法第 317 條、第 318 之 2 以電腦設備犯工商秘密罪，除客體需符合秘密性外，尚須有「洩漏」之行為為其構成要件，即必行為人已將秘密洩漏予他人得悉為必要，倘行為人僅將其原已持有之他人未經公開之資訊予以移置他處，而未使他人得悉，則不成罪。依卷內事證，僅能證明被告有將上開資料以電子郵件之方式，自員工內部信箱寄至其私人之外部信箱，即有關資料仍在被告王○凡持有之中，縱其

辯稱，將上開資料寄至其外部信箱係爲工作之關係所爲等情是否屬實，雖有疑義，惟亦不能以被告上開行爲即遽認被告有將上開資料洩漏予他人之行爲。另外，上訴人雖指出被告王○凡於大陸申請之兩項專利有洩漏告訴人公司之商業機密，惟查被告之第一項專利「金屬掩模板」中並無任何類似設計尺寸之揭示或教示，是此專利並未洩漏告訴人之營業秘密，而且此專利之用途實已於美國專利第 US6,955,726B2 號「Mask and mask frame assembly for evaporation」中所揭露，而不具秘密性。被告之第二項專利「紫光有機發光裝置」中所載之電極材料實爲一上位概念，由於上位概念之界定範圍大於下位概念，在無其他相關例示及教示下，無法反推回此專利所界定之電極材料範圍之內容，故亦無證據證明被告王○凡之此項專利有洩漏起訴書中所稱之機密檔案。是均無法以被告於大陸申請兩項專利之內容及行爲，而遽以認定被告有洩漏告訴所示商業機密檔案內容之行爲。

## 本案評析：

本案法院判決結果不構成洩漏工商秘密罪，審理理由歸納如下：

一、技術內容欠缺秘密性

　　在第二章詳細討論過，所謂秘密性係指非一般涉及該類資訊之人士所知悉之資訊。所謂一般涉及該類資訊之人士，在理論上有公眾標準和業界標準兩種。公眾標準說，係指一般人不知道的資訊就具有秘密性；業界標準說，認爲可以作爲營業秘密之資訊，必須是某一特定專業領域之人（在此爲光電製程產業）都不知道的資訊，才能算是秘密資訊。申言之，秘密性之判斷，係採業界標準，除一般公眾所不知者外，相關專業領域中之人亦不知悉。倘爲產業間可輕易取得之資訊，例如，技術已申請專利公開、相關技術已爲業界慣用、或技術可由專業學術理論推導或還原工程揭露得知等，都不符合秘密性要件之要求。關於被告連○池的部分，「4-mask技術」的圖檔，在許多公開資訊如學術論文、專利網頁上都可以查得到，且爲業界所知悉，欠缺秘密性。從另一個角度來看，4 道光罩製程技術並非是很複雜的製程，只要拿製成的產品去分析就可得到 4-mask 技術的圖檔，如被告人於原審審理

時所供稱[1]。在被告王〇凡的部分，被告於大陸申請之專利「金屬掩模板」的用途，早已在美國專利中所公開，而不具秘密性。

## 二、製程技術內容未揭露製程條件或製程參數

在第三章強調過製程條件與製程參數的重要性。以蝕刻製程爲例，不論是濕蝕刻或是乾蝕刻，蝕刻的製程條件（例如，濕蝕刻的蝕刻液濃度與蝕刻溫度；乾蝕刻的製程氣體種類與射頻功率大小）是很重要的，因爲各薄膜層蝕刻的需求不盡相同，且不同的製程條件會導致不同的蝕刻製程參數（包括蝕刻速率與蝕刻輪廓等），進而影響到各薄膜層蝕刻的品質好壞，是故在研發一個新製程的過程中，每道製程步驟的製程條件與參數是經過多次實驗而得到的。因此在被告連〇池之「4-mask 技術」圖檔中，僅有 4 道光罩所採用的蝕刻步驟爲第一道濕蝕刻、第二道乾蝕刻、第三道濕蝕刻、第四道乾蝕刻，並未揭露任何有關製作流程的條件或參數，倘他人僅經由上述圖檔概念性的表達，未經由其本身的經驗累積與多次錯誤實驗，是無法得到所需的製程條件與參數以製作出產品。換言之，僅有 4 道光罩製程之概念性說明，雖具有一定經濟價值，但仍屬無法用於生產之資訊，不屬於營業秘密。同理，被告王〇凡於大陸申請之兩項發明專利，專利中並未揭露任何設計尺寸（專利「金屬掩模板」）或材料配方（專利「紫光有機發光裝置」），故此兩項專利並未洩漏告訴人之營業秘密。

## 三、未簽署保密條款或競業禁止約款

告訴代理人於偵查時陳稱：連〇池在告訴人公司任職或離職時，並沒有簽署保密條款或競業禁止條款的文件，連〇池的聘僱合約也找不到；告訴人公司對於防止離職員工洩密，沒有具體方法，除提醒員工之外，友達公司也時常發公告給員工提醒競業禁止條款規定等語。另外，告訴人公司雖以員工手冊或公告等方式提醒員工需保守公司之營業秘密，然此畢竟爲告訴人單方面之公告事項，是否可視爲已經雙方意思合致之契約內容，並非無疑。而且，員工手冊的內容除有服務守則相關營業

---

[1] 即爲所謂之還原工程。還原工程（或稱逆向工程，reverse engineering）爲半導體業界普遍使用的一種合法研發方法。係指針對可公開取得之已知產品，經由物性、化性、材料分析等逆向程序分析方式，逐步解析以獲得該產品之尺寸規格、功能、組成成分、製作過程或運作程序等技術資訊之方法，而據以設計功能相容之產品或製作技術。

秘密的規定外，還包含員工禮儀及辦公環境等規範事項，因此，告訴人之員工守則應僅屬於告訴人單方面公告並提醒員工應遵守之事項，而並非可作為強制員工應遵守之契約內容。職是，無法以告訴人公司單方面所制訂之員工守則有記載員工應絕對保守營業秘密等事項，即以此作為被告連○池須依契約，而有遵守因業務知悉或持有工商秘密之義務。

## UNIT 4.2　案例二：群創公司 vs 陳○熹

判決字號：智慧財產法院 107 年度刑智上訴字第 19 號刑事判決[2]

審理法院：智慧財產法院

裁判日期：民國 108 年 1 月 31 日

裁判案由：違反營業秘密法

當 事 人：上訴人　臺灣臺南地方檢察署檢察官

　　　　　　　被告　陳○熹

### 案情摘要：

　　被告陳○熹與另案被告吳○雄、馬○諭原均為告訴人群創光電股份有限公司（下稱群創公司）員工，被告於民國 102 年 5 月 2 日離職後，即轉至大陸上海和輝公司任職，並持續與仍任職在群創公司之吳○雄、馬○諭聯繫，以及安排兩人轉至和輝公司任職事宜。102 年 5 月間，被告趁返台休假時，向吳○雄詢問群創公司在產品投入生產時（即 Release），有哪些可能危害產品品質之生產流程確認項目，並向吳○雄表示希望能提供群創公司之作法供其參考。被告則另向馬○諭詢問群創公司內部有關實驗之簽核流程，馬○諭應允查看有無相關資料可以提供其參考。之後，吳○雄與馬○諭於 102 年 6 月 3 日，各自使用群創公司之電腦與電子信箱，以電子郵件夾帶檔案方式，分別將「CF 新產品製程 Release Check List」文件與「64.5 導入 0.5mm 玻璃實驗單」文件，寄至被告陳○熹在和輝公司的電子信箱。

---

2　案件之後上訴到最高法院，上訴駁回（最高法院 108 年度台上字第 2041 號刑事判決）。

群創公司主張,該「CF 新產品製程 Release Check List」文件為群創公司 CF(Color Filter,即彩色濾光片[3])新產品製程進行整合之確認表單,可供 CF 新產品製程之生產線得以順利、有效提高生產之良率品質及速度,進而使群創公司在 CF 產品之製造與銷售保有競爭優勢,又該文件亦係群創公司為確保營業秘密不致外洩之「DCC 文件控管中心」內所列管之營業秘密文件,不得對外寄送或流傳;而「64.5 導入 0.5mm 玻璃實驗單」文件為記載群創公司所生產製造之 64.5 吋面板導入 0.5 mm 玻璃之各項實驗技術進行流程與條件,為群創公司花費時間、人事、金錢等成本並累積實驗後,始得出之產品製程最佳數據資料,可用以提升製程效率、產品良率,並減少無謂之時間、人事、金錢成本之消耗,亦可直接依據該數據資料製造類似產品,又該文件也是群創公司為確保營業秘密不致外洩而將之存放於「部門公用磁碟區」,專供限定部門或特定人員使用之列管營業秘密文件,不得對限定部門或特定人員以外之人寄送或流傳。然吳○雄、馬○諭兩人竟意圖為和輝公司不法之利益及自身得以被和輝公司高薪挖角僱用之不法利益,未經授權,而洩漏其業務上所知悉、持有之群創公司營業秘密予被告。被告陳○熹明知吳○雄、馬○諭寄送之系爭文件、係未經授權而洩漏之群創公司營業秘密,仍意圖在大陸地區使用而取得該等營業秘密。因認被告涉犯營業秘密法第 13 條之 2 第 1 項、第 13 條之 1 第 1 項第 4 款之意圖在大陸地區使用,明知而取得他人未經授權而洩漏之營業秘密之罪嫌。

## 法院判決摘要:

一、有關「64.5 導入 0.5mm 玻璃實驗單」文件(下稱系爭實驗單文件)部分:

群創公司就電腦文件設有一個「DCC 文件控管中心」,將文件依其秘密性高低列成不同機密等級,然系爭實驗單文件並未以「DCC 文件控管中心」系統予以列管,而是放在 CF 廠的共用槽中。該共用槽並未設定密碼,無論是否與該實驗有關之人員,只要是 CF 廠的員工均可以接觸該等資訊。群創公司對系爭實驗單文件之

---

3 王木俊、劉傳璽,薄膜電晶體液晶顯示器 — 原理與實務,新文京開發出版股份有限公司,2008 年 9 月,頁 296 至 298。彩色濾光片的製造方法可使用類似半導體製程中的光阻塗佈法,形成 RGB 三原色圖案的彩色光阻塗佈。利用彩色濾光片的 RGB 三原色可組成各種顏色,達到全彩色顯示。

管制方式，並未依業務需要做分類、分級、授權接觸職務等級之管制措施，將使得許多不需要接觸該等資訊之人亦能接觸該等資訊，參酌上開最高法院 104 年度台上字第 1654 號民事判決意旨[4]，實難認系爭實驗單文件已符合「合理保密措施」要件，是該文件即非營業秘密法所稱之營業秘密。

二、有關「CF 新產品製程 Release Check List」文件（下稱系爭「Release Check List」文件）部分：

　　被告所取得之系爭「Release Check List」文件，為群創公司新產品量產前用以檢查是否均已備妥可量產要素之文件，與業界中使用類似的「Check List」文件來作量產前的確認，並無任何特殊性。固然，該系爭「Release Check List」文件的內容是群創公司因應自身需求投入時間、經驗所累積而製作，但並無證據證明該文件內所要求確認的各個項目以及其項目內容，有何特別不同於其他競爭同業之處，而使得群創公司因為持有該等資訊，可以比未持有該等資訊之同業競爭者，擁有較高之競爭優勢，或者競爭同業只因為獲取了系爭「Release Check List」文件，就可以節省如何之試錯（try error）成本，進而足以取得如何之經濟利益而可與群創公司在競爭市場立足。因此，實在難以認定系爭「Release Check List」文件具備營業秘密法所要求之「經濟價值」要件。此外，該文件也被放置於群創公司 CF 廠之共用槽中，而群創公司對此共用槽內文件並未盡合理保密措施，因此系爭「Release Check List」文件也未具備營業秘密法所要求之「合理保密措施」要件。綜上，該文件自非屬營業秘密法所稱之營業秘密。

## 本案評析：

本案法院判決結果不構成違反營業秘密法，審理理由歸納如下：

一、文件資訊欠缺經濟性

　　營業秘密所謂「因其秘密性而具有實際或潛在之經濟價值者」，係指營業秘密所有人得以該等資訊產出經濟利益，且比起未擁有該等資訊之競爭同業，具有較高

---

[4]　資訊位於共享區，並未設定授權帳號、密碼，亦未區分職級，未有相當分類分級之管制措施，相關部門之行政人員均可任意進入自由閱覽，難認上訴人已採取合理之保密措施。

之競爭優勢,且在司法訴訟中,資訊所有人須要舉證證明該資訊具有所謂的經濟價值[5]。然而,群創公司無法舉證證明系爭「Release Check List」文件的資訊內容有何別於其他競爭同業不同之處,而使得群創公司擁有較高之競爭優勢。因此,難以認定系爭「Release Check List」文件具備營業秘密法所要求之「經濟性」要件。

二、未採取合理之保密措施

　　營業秘密法所謂「合理保密措施」,係指營業秘密之所有人主觀上有保護之意願,且客觀上有保密的積極作為,使人了解其有將該資訊當成秘密加以保守之意思。所有人所採取之保密措施必須「有效」,方能維護其資訊之秘密性,惟並不要求須達「滴水不漏」之程度,只需所有人按其人力、財力,依其資訊性質,以社會通常所可能之方法或技術,將不被該專業領域知悉之情報資訊,以不易被任意接觸之方式予以控管,而能達到保密之目的,即符合「合理保密措施」之要求。例如:對接觸該營業秘密者加以管制、於文件上標明「機密」或「限閱」等註記、對營業秘密之資料予以上鎖、設定密碼、作好保全措施(如限制訪客接近存放機密處所)等。此於電腦資訊之保護,所有人常將資訊依業務需要分類、分級,依不同授權職務等級,設以授權帳號、密碼等管制措施,尤屬常見。此案中被告陳○熹所取得之兩項文件檔案,群創公司均未使用「DCC 文件控管中心」系統,依資訊秘密性高低列成不同機密等級列管,而是放在未設定密碼的 CF 廠共用槽中,只要是 CF 廠的員工都可以接觸到。雖說營業秘密之合理保密措施,不必到達滴水不漏的地步,但至少應作到「不需要接觸的人就不要讓他接觸,該接觸的人讓他在該知道的限度內接觸」,才算已盡到基本的合理保密措施,如果資訊所有人在管制措施上,連不需要知道該資訊的人,都可以讓他任意接觸到該資訊,顯見資訊所有人亦不在乎該等資訊被無關之人所知悉,如此一來,法律實在也沒有以營業秘密加以保護之必要。準此,群創公司對該兩項文件並未盡到營業秘密法之「合理保密措施」要件。

---

[5] 智慧財產法院 106 年度民專上字第 9 號民事判決。

# UNIT 4.3 案例三：銀箭資訊、銀箭線上 vs 蔡○甫

判決字號：智慧財產法院 104 年度民營訴字第 3 號民事判決

審理法院：智慧財產法院

裁判日期：民國 105 年 04 月 08 日

裁判案由：營業秘密損害賠償

當 事 人：原告　銀箭資訊股份有限公司 銀箭線上股份有限公司

　　　　　被告　蔡○甫

## 案情摘要：

　　原告公司主張其所有「i-Flash Drive HD」隨身碟之電路圖及電路布局是營業秘密，被告於任職原告公司擔任產品經理期間，知悉前揭系爭產品相關之營業秘密，且被告自原告公司離職後，違反保密義務而使用之，竟與訴外人○○○共同創辦民傑資訊股份有限公司，並製作完成電路板布局及電子元件與「i-Flash Drive HD」相仿之「Piconizer」產品。原告主張因須先有電路圖方能製作電路板，如果電路板之布局配置及電子元件均相似，可推定其電路圖亦相同，原告 i-Flash Drive HD 產品之核心 IC 與民傑公司 Piconizer 產品之核心 IC 功能相同，其他電子元件亦與原告產品雷同，故原告推定 Piconizer 產品之電路圖取自原告 i-Flash Drive HD 產品之電路圖，乃係被告任職於原告銀箭資訊公司期間所獲取之營業秘密而洩露予民傑公司，違反營業秘密法第 10 條第 1 項第 4 款之規定。

## 法院判決摘要：

　　原告公司產品「i-Flash Drive HD」隨身碟業已上市銷售，有相關產品照片及購物網頁資料，則由市場交易流通取得系爭產品，得據以知悉其電路板之電路布局，而電路板之電路布局係依據電路圖所揭示之電子元件間之連接關係、實際電路板之尺寸、層數等，所為之實際電子元件配置位置與連接線走線等之平面或立體配置，從而得據以解析而獲得該產品之電路圖，因此極難謂系爭產品之電路圖或電路布局

具有秘密性，要難認係營業秘密法所謂之「營業秘密」。此外，原告主張依原證 15
之電子郵件可知被告知悉系爭產品之電路圖，而提供予民傑公司。惟按營業秘密
之所有人主觀上必須有保護營業秘密之意願，且客觀上有保密的積極作為，使人了
解其有將該資訊當成秘密加以保守之意思。惟依原證 15 知悉電路圖者，除被告及
○○○外，尚有訴外人○○○等 12 人，而上開往來數則電子郵件，其中 4 封被告
寄予○○○及○○○之信件有標示該信件之資訊係「機密」之信件，並告知如非預
定之收件人請立即告知原告並從電腦及網路刪除該資訊；並強調資訊是容易變更，
且網路無法保證資訊完整等情，是被告發送予上述收件者之電子郵件有載明係機
密，惟因電子檔案極易複製，而上開電子信件並未就傳送之內容或檔案加密，而僅
係被告傳送時促請無收信權限之人通知原告，並請自行刪除資訊，顯未積極採取保
密措施；至訴外人○○○、○○○寄出予被告並副知前開其他訴外人之電子郵件則
均未有「機密」之標示，更遑論有採取積極保密措施，是就上開原證 15 之資料，
尚難認原告就所主張之營業秘密已採取積極合理之保密措施，即難認其屬營業秘密
法之「營業秘密」。承上，原告主張系爭產品「i-Flash Drive HD」電路圖、電路布
局係營業秘密，並無可取。

## 本案評析：

本案法院判決原告公司產品「i-Flash Drive HD」隨身碟之電路圖及電路布局不是營
業秘密，審理理由歸納如下：

一、原告公司產品之電路圖及電路布局欠缺秘密性

在第 1.9 節中說明過電路圖與電路布局的差異。所謂電路布局者，係指在積體
電路上之電子元件及接續此元件之導線的平面或立體設計（積體電路電路布局保護
法第 2 條第 2 款）；而用來說明機電設備或電子產品中電路板的電路圖，是屬於著
作權法上之科技或工程設計圖形著作[6]，不屬於積體電路電路布局保護法規定之積體
電路之電路圖[7]。在此案例中，原告公司的產品已經上市銷售，任何人都可藉由公開

---

6　最高法院 92 年度台上字第 2760 號刑事判決。
7　在此，電路圖正確的名稱爲電路布局圖，或簡稱爲布局圖。惟由於許多人誤用，而導致與科技或
　工程圖形著作中的電路圖產生混淆。

市場交易流通取得該產品，若可經由還原工程知悉其事業之營業秘密並不構成營業秘密之侵害[8]。

二、原告公司欠缺積極合理之保密措施

　　原告公司系爭產品相關之電子郵件，有的信件沒有標示該信件之資訊係「機密」，而且也沒有就傳送信件之內容或檔案加密，而僅在傳送時促請無收信權限之人通知原告公司，並請自行刪除資訊，顯然無原告公司所主張之營業秘密已採取積極合理之保密措施。

# UNIT 4.4　案例四：聯發科 vs 袁○文

判決字號：智慧財產法院 103 年度民營訴字第 3 號民事判決

審理法院：智慧財產法院

裁判日期：民國 105 年 04 月 15 日

裁判案由：營業秘密排除侵害等

當 事 人：原告　聯發科技股份有限公司

　　　　　被告　袁○文

## 案情摘要：

　　原告公司聯發科技股份有限公司（下稱聯發科）成立於民國 86 年，從事 IC 晶片設計，專注於無線通訊及數位媒體等技術領域，產銷無線通訊、高解析度電視、光儲存、DVD 及藍光等相關產品，在全球半導體供應鏈中及台灣、大陸之行動通信產業，具領導地位。被告袁○文於 89 年至 101 年任職於原告公司，曾任研發及管理要職，執掌手機晶片部門及董事長暨總經理室特別助理，知悉原告公司之相關研發技術、技術藍圖及公司各項重要商業策略等營業秘密。被告於 101 年離職日上

---

8　推斷此案中原告公司的 IC 產品應是屬於富有創意，但設計簡單的創作，可容易地以還原工程的方式逐步解析。因此，為避免此類 IC 產品被他人以還原工程的合法方法知悉其營業秘密，建議此類之積體電路設計可申請取得發明或新型專利權（當然須滿足產業利用性、新穎性與進步性等專利三要件），且此積體電路的電路布局亦可申請積體電路電路布局保護法之保護。

午前已完成「離職後保密、競業禁止與智慧財產權相關規定」（下稱「離職後保密規定」）及「聯發科技智權資訊保護規範提醒」之簽署，被告即不得再接觸原告公司之任何機密資訊，更不能下載或重製任何原告公司之檔案資料至其他媒體載具，且被告依離職後保密規定之競業禁止期間應為 2 年。然被告於離職當日下午下載原告公司 2053 筆檔案資料，且被告於離職生效後至競業禁止期間 2 年屆滿內，頻繁出入境中國上海。原告提出佐證證據，指出被告於競業禁止期間，已任職於位於上海的展訊公司[9]或實質為其提供服務，已違反競業禁止義務，有侵害原告營業秘密之高度風險。此外，原告亦主張被告於離職當日擅自下載原告公司高達 2053 筆之檔案資料，其中至少有 206 筆屬於原告公司擁有之營業秘密的機密資訊。

## 法院判決摘要：

被告已簽署「聘僱契約」、「聯發科智權資訊保護規範提醒」、「離職後保密規定」等有關營業秘密保密條款規定，被告於離職後依然應對其於任職期間所知悉原告所有或持有之營業秘密，負有保密義務。復審之原告所舉應受保護之「研發產品規劃」、「市場分析」、「合約相關文件」、「董事長暨總經理室特屬資料」及「人事資料及組織設計」等 5 大類營業秘密內容，均為原告所有，且符合營業秘密法第 2 條規定之營業秘密要件。再者，依原告所舉上開事證，應認已盡釋明其營業秘密有受侵害之虞之事實，堪信為真；此外，原告本件主張之營業秘密既未喪失其秘密性，而仍具保護之必要性，揆諸前揭判決意旨，其保護即無期間限制，此與被告是否逾競業禁止 2 年期間始任職於訴外人展訊公司亦無關聯性。是以，原告訴請被告應就聲明所示之營業秘密負保密之義務，自屬有據。綜上，被告不得利用、發表或洩漏其於任職原告期間所知悉、接觸或取得而與原告關於手機晶片產品研發、技術、程式、市場分析、銷售、業務、策略發展、組織及人事等有關之營業秘密（如附表 A-A 所示），包括：非一般涉及該類資訊所知之一切業務、財務、技術、生產、銷售或其他方面有實際或潛在經濟價值之資訊，以及原告員工創作、開發，或原告

---

9　展訊公司主要是生產無線通訊相關晶片的公司，為 TD（中國自有 3G 規格）手機基頻晶片最大供應商，目前是大陸第二大 IC 設計公司，為原告公司於大陸市場之最大競爭對手。

委託他人或與他人合作創造或開發，或基於對價或其他事由而取得第三人之營業秘密。

## 本案評析：

本案法院判決原告公司聯發科勝訴，審理理由歸納如下：

一、原告公司之 5 大類檔案資料具有秘密性

　　「研發產品規劃」類營業秘密，包含原告公司產品測試結果、良率分析及設計圖說等機密資訊；「市場分析」類營業秘密，包含原告公司對於新市場之利基及方案成本分析等機密資訊；「合約相關文件」類營業秘密，包含原告公司之合作夥伴及產品授權條件等機密資訊，並由被告負責合約承辦業務；「董事長暨總經理室特屬資料」類營業秘密，包含原告公司未來研發計畫之實驗進度、成本效益分析及負責人員等機密資訊；「人事資料及組織設計」類營業秘密，包含原告公司組織改造之過程分析，及原告公司管理階層對於優秀研發人才之點評等機密資訊，此等情報資訊均係被告任職無線通訊事業一部及董事長暨總經理室特別助理時所知悉並取得，非原告之一般員工以及外人所得知悉，堪認原告之營業秘密非一般涉及該類資訊之人所知，具有秘密性。

二、原告公司之 5 大類檔案資料具有經濟性

　　原告自成立以來，每年投入鉅額資金進行 IC 晶片之研發，始能在 IC 晶片研發及生產取得技術領先全球之地位，98-101 年支出研發發展費用各高達 188 億元、169 億元、134 億元、130 億元，而且除了 IC 晶片之研發與生產外，原告之成本策略、組織改組資訊、客戶及商業策略、長遠之技術藍圖及研發方向等營業秘密，也是原告在 IC 晶片設計產業獨居全球領導地位的重要原因，故原告之營業秘密具有高度經濟價值，而符合經濟性。

三、原告公司已採取合理之保密措施

　　依原告公司「智權資訊管理手冊 - 政策」第 4.1 條規定：「本公司內資訊設備、網路資源上所儲存之智權資訊，皆為本公司管理之重要資產，聯發科技所屬員工、常駐人員及訪客（下簡稱「規範對象」）應為執行職務之目的及必要於授權範圍內

始得使用之。」；第 4.2 條規定：「規範對象未經公司授權或非為執行職務需要，禁止傳輸、攜出、列印、傳真或用其他方式散佈、複製、使用任何公司之智權資訊，亦不得攜入或為執行職務之目的使用任何有關過去任職公司之機密資訊。」；第 4.3 條規定：「規範對象禁止上傳、下載或以任何方式複製、傳輸任何智權資訊到非公司網路空間或未經公司准許使用之儲存媒體，也不得以電子郵件寄送公司智權資訊到未經公司准許之郵件帳號。」；依原告公司「智權資訊管理手冊 - 規範」第 3.3 條規範智權資訊之機密等級分類規範：「資料文件類 3.3.1 機密等級 (1) 資料文件分類須考量資料的機密性。機密等級分類應考慮未經授權的存取或資訊外洩對企業營運的衝擊，例如競爭力受損、財務收入受損、企業形象受損、法律問題。(2) 包含書面報告、存儲媒體及檔案資料等，皆應納入機密等級分類之範圍。(3) 界定及確認（Verification）資訊機密等級之責任，應由資訊所有人的主管或受指派人員負責。(4) 機密等級區分為機密（Confidential A）、密（Confidential B）、內部使用（Internal Use）、不分類（Unclassified）四等級 …。3.3.2 Internal Use 等級（含）以上的資訊，未經授權不得洩漏到公司以外的地方。」依原告公司上開內部有關智權資訊規範內容，詳細規定原告對於營業秘密之相關保護措施，堪認原告公司對請求保護之營業秘密，已採取合理之保密措施。

四、被告簽署之「離職後保密、競業禁止與智慧財產權相關規定」（下稱「離職後保密規定」）為有效

　　被告抗辯「離職後保密規定」第 2、3 點，片面加重被告責任，已顯失公平，經類推適用民法第 247 條之 1 規定[10]，「離職後保密規定」全部無效。被告辯稱依聘僱契約書第 2 條第 6 點約定，被告之競業禁止期間為 1 年，「離職後保密規定」要求被告遵守長達 2 年期間之競業禁止義務，片面加重被告負擔之情事，其顯失公

---

10　民法第 247 條之 1：「依照當事人一方預定用於同類契約之條款而訂定之契約，為下列各款之約定，按其情形顯失公平者，該部分約定無效：1. 免除或減輕預定契約條款之當事人之責任者。2. 加重他方當事人之責任者。3. 使他方當事人拋棄權利或限制其行使權利者。4. 其他於他方當事人有重大不利益者。」其中所稱「免除或減輕預定契約條款之當事人之責任者」、「使他方當事人拋棄權利或限制其行使權利者」，係指一方預定之該契約條款，為他方所不及知或無磋商變更之餘地，始足當之。所謂「按其情形顯失公平者」，則係指依契約本質所生之主要權利義務，或按法律規定加以綜合判斷，有顯失公平之情形而言（最高法院 102 年度台上字第 2017 號民事判決參照）。

平，應屬無效。惟查，被告於 89 年 9 月 25 日簽署聘僱契約書，距其 101 年 2 月離職時已長達近 12 年間，且被告職等已由 E09 調升至 E12，並擔任原告公司高階主管職務，是原告公司於被告離職時，兩造重新合意約定競業禁止期間延長為 2 年，並無違反公序良俗或顯失公平之處，且簽署「離職後保密規定」並非離職之必要條件，則被告於離職時審閱「離職後保密規定」，並無異議且於簽名欄位親筆簽署，自應受該約定之拘束，其事後辯稱其中之競業禁止 2 年期間條款無效云云，要無可採。此外，原告並未主張被告違反「離職後保密規定」第 2、3 點關於競業禁止、挖角禁止之規定，本件原告主張保密義務相關之「離職後保密規定」第 1 點規定，即難認有顯失公平之情形，則被告抗辯「離職後保密規定」全部無效，尚無可採。

## UNIT 4.5　案例五：兆發科 vs 游○良

判決字號：臺灣高等法院 104 年度勞上字第 124 號民事判決

審理法院：臺灣高等法院

裁判日期：民國 105 年 05 月 18 日

裁判案由：損害賠償

當 事 人：上訴人　兆發科技股份有限公司

　　　　　被上訴人　游○良

## 案情摘要：

　　被上訴人游○良自民國 100 年 1 月 11 日起受僱於上訴人公司兆發科技股份有限公司（下稱兆發科），擔任 IC 佈局工程師，並於 102 年 12 月 25 日離職。上訴人主張被上訴人於任職上訴人公司期間，與上訴人公司簽署保密合約書（下稱系爭合約），其中第 4 條、第 8 條約定，被上訴人於受僱期間及僱傭終止後，非經上訴人公司書面同意，不得擔任與上訴人公司業務相同或類似公司、商號或個人之受僱人、受任人等；被上訴人於任職期間並已依系爭合約第 4 條第 3 項約定按月受領競業禁止之對價補償金 3930 元。但被上訴人於離職後，未經上訴人公司事前書面同意，即逕於 103 年 3 月 31 日起受僱於與上訴人公司營業項目幾近完全相同之訴外

人臣德科技有限公司（下稱臣德公司），並於同日受臣德公司指派進駐台灣積體電路製造股份有限公司（下稱為台積電公司）進行 IC 布局專案工作，即由被上訴人依據台積電公司所提供設計好之電路圖，利用台積電公司提供之設計規則及軟體，繪製成光罩圖。上訴人主張被上訴人已違反系爭合約第 4 條、第 8 條競業禁止之約定，且違反兩造間僱傭契約終止後所應負後契約義務，並係故意以違背善良風俗之方法加損害於上訴人，應就上訴人所受各項損害負賠償責任，且應依民法第 179 條規定[11] 返還所受領上訴人公司所核給之競業禁止補償金。

## 法院判決摘要：

競業禁止之約定，乃雇主為免受僱人於任職期間所獲得其營業上之秘密或與其商業利益有關之隱密資訊，遭受受僱人以不當方式揭露在外，造成雇主利益受損，而與受僱人約定在任職期間及離職一定期間內，不得利用於原雇主服務期間所知悉之技術或業務資訊為競業之行為。而關於離職後競業禁止之約定，其限制之時間、地區、範圍及方式，在社會一般觀念及商業習慣上，可認為合理適當且不危及受限制當事人之經濟生存能力，其約定始可認非無效（最高法院 103 年度台上字第 793 號判決意旨參照）。又勞動基準法於 104 年 12 月 16 日已增訂第 9 條之 1 規定：「未符合下列規定者，雇主不得與勞工為離職後競業禁止之約定：一、雇主有應受保護之正當營業利益。二、勞工擔任之職位或職務，能接觸或使用雇主之營業秘密。三、競業禁止之期間、區域、職業活動之範圍及就業對象，未逾合理範疇。四、雇主對勞工因不從事競業行為所受損失有合理補償。前項第四款所定合理補償，不包括勞工於工作期間所受領之給付。違反第一項各款規定之一者，其約定無效。離職後競業禁止之期間，最長不得逾二年。逾二年者，縮短為二年」。該規定雖係於兩造系爭合約簽訂後始行增訂，然系爭合約中有關離職後競業禁止之約定是否顯失公平，是否違反誠信原則及公序良俗，是否濫用權利，自非不得援引上開增訂勞動基

---

[11] 民法第 179 條：「無法律上之原因而受利益，致他人受損害者，應返還其利益。雖有法律上之原因，而其後已不存在者，亦同。」

準法第 9 條之 1 規定之意旨及民法第 1 條 [12] 以爲解釋及認定之依據。茲審酌系爭合約第 8 條有關禁止被上訴人於離職後爲競業行爲之約款，不僅全無就業區域及期間之限制，且未給予競業禁止之合理代償，亦未見有受競業禁止保護之正當利益，均經認定於前；則該約款約定由被上訴人拋棄自由選擇工作之權利，影響其生存權、工作權至鉅，依其情形確顯失公平，且明顯濫用權利。則被上訴人抗辯上開約款關於禁止於離職後爲競業行爲部分，依民法第 247 條之 1 及第 148 條規定 [13]，應屬無效等語，應堪採取。從而上訴人主張被上訴人於離職後爲競業行爲，已違反系爭合約競業禁止約款，應依系爭合約第 7 條約定負損害賠償責任云云，洵屬無據，自不能准許。另學說上所稱之「後契約義務」，係在契約關係消滅後，爲維護相對人人身及財產上之利益，當事人間衍生以保護義務爲內容，所負某種作爲或不作爲之義務，違反此項義務，即構成契約終了後之過失責任，固應依債務不履行之規定，負損害賠償責任（最高法院 95 年度台上字第 1076 號民事裁判意旨參照）。然查上訴人並未舉證證明其有何應受競業禁止保護之特殊專業智識及技術之正當利益乙節，業經認定於前；則其主張：兩造僱傭契約終止後，被上訴人尚負有競業禁止即不得受僱或經營與上訴人相同或類似之業務及工作之後契約義務云云，已難遽取。次查被上訴人選擇於 102 年 12 月 25 日自上訴人公司離職，本即爲其合法之權利行使，縱因此使上訴人所屬 IC 工程師人力短絀，致其可得派遣駐廠從事積體電路布局之人數不足，亦無從歸責於被上訴人。被上訴人於離職 3 個月後始受僱於臣德公司，並被動受指派至其時與上訴人並無合作關係之台積電公司駐廠工作，實難遽認有何以背於善良風俗之方法加損害於上訴人之故意。再者，被上訴人於任職上訴人期間所受領之員工薪資，包括「敬業津貼」在內，既係上訴人本於兩造間僱傭契約所爲給付，與被上訴人離職後是否爲競業行爲，顯然並無因果關係。

---

[12] 民法第 1 條：「民事，法律所未規定者，依習慣；無習慣者，依法理。」
[13] 民法第 148 條：「權利之行使，不得違反公共利益，或以損害他人爲主要目的。行使權利，履行義務，應依誠實及信用方法。」

## 本案評析：

本案法院判決競業禁止約定無效，審理理由歸納如下：

### 一、勞動基準法第 9 條之 1 可否溯及既往

在第二章有討論過，法律除明定具有溯及效力者外，應適用不溯及既往原則，此為法律適用原則。雖然勞動基準法第 9 條之 1 無溯及既往之規定，但司法實務上有採取肯定見解。認為法律以不溯及既往為原則，雖未能直接適用該法條以決定約款效力，但該法條之增訂，乃係參考歷來審判實務相關判決意旨之明文化，且為保障勞工離職之自由權，兼顧各行業特性之差異，並平衡勞僱雙方之權益，非不得援引為競業禁止條款有效性之判斷標準。本案例判決書指出：「該規定雖係於兩造系爭合約簽訂後始行增訂，然系爭合約中有關離職後競業禁止之約定是否顯失公平，是否違反誠信原則及公序良俗，是否濫用權利，自非不得援引上開增訂勞動基準法第 9 條之 1 規定之意旨及民法第 1 條以為解釋及認定之依據。」

### 二、競業禁止之約定欠缺必要性（雇主有應受保護之正當營業利益）

競業禁止之目的係為維護雇主之商業利益及營業祕密，雇主所欲保障之營業秘密或與其商業利益有關之隱密資訊，其涉及專業性、獨創性、秘密性之性質越高，則雇主藉由競業禁止約款保障此項營業資訊之正當性愈強；且僅在受僱人利用其於雇主處所習得之特殊知識或技能與雇主為競業行為時，始應屬競業禁止條款合理限制之範圍。因此，在司法訴訟時，雇主須就要求勞工簽訂競業禁止約款，足以保護其營業秘密或其他智慧財產權乙節，舉證證明。然在此案例中，上訴人公司並未舉證證明其提供予被上訴人之在職訓練或實務操作內容，有何已依積體電路電路布局保護法登記取得之電路布局權，或有符合該法規定得辦理登記之電路布局設計在內；則其中是否確有並非平凡、普通、且非一般人可得習知之特殊知識或技術，而有受競業禁止保護之必要者 [14]，實難遽以認定。另被上訴人於任職期間依上訴人指

---

[14] 臺灣高等法院臺南分院 97 年度上易字第 140 號民事判決。為界定受僱人離職後所從事之營業種類或工作事項是否符合競業禁止約款限制之範圍，應區別受僱人之「一般知識」與「特殊知識」。所謂一般知識，是指受僱人自幼於家庭、學校，甚至往後在工作中均可獲得之知識或技能，或是再利用此等知識技能而發展出來的知識技巧，乃係受僱人運用自己之知識、經驗與技能之累積，故係受僱人主觀之財產，為其維持生計所必需，並非屬於雇主之營業秘密，可於離職後自由利用。至於特殊知識則係指受僱人於特殊的僱用人處始可學到之知識與技能，這種知識或技能既屬

示接受訓練及工作派遣所養成、累積之工作智識及實務經驗，實係受僱人於一般職場就業付出勞務之同時，對其自身能力提昇之反饋；此種受僱人因就業經驗累積而內化之資產，要不能以競業競止約款所保護之特殊知識及技能視之。

三、競業禁止之約定欠缺秘密性（勞工擔任之職位或職務，能接觸或使用雇主之營業秘密）

「勞資雙方簽訂離職後競業禁止條款參考原則」第 5 條第 2 款說明雇主如果欲與勞工簽訂離職後競業禁止條款，除了雇主要有應受保護之正當營業利益外，勞工擔任的職務或職位基本上也要能接觸或使用到雇主的營業秘密或優勢技術。例如，在臺灣臺北地方法院 90 年度勞訴字第 42 號民事判決中，法院審酌離職勞工於原告公司所擔任之職務為資深工程師，其從事工作時顯有機會接觸原告公司所有之技術資料，故原告公司有要求該勞工簽訂競業禁止條款的必要性。惟此案例之被上訴人每月本薪僅有 2 萬餘元，加計各項津貼後實領金額亦僅有 3 萬餘元，應屬 IC 布局科技產業之一般基層員工，於任職期間是否有接觸或取得上訴人攸關商業利益之資訊或智慧財產權之機會及權利，已很明顯。

四、競業禁止之約定欠缺合理性（競業禁止之期間、區域、職業活動範圍及就業對象，未逾合理範疇）

勞動基準法施行細則第 7 條之 2 明文規定：「本法第 9 條之 1 第 1 項第 3 款所為之約定未逾合理範疇，應符合下列規定：1. 競業禁止之期間，不得逾越雇主欲保護之營業秘密或技術資訊之生命週期，且最長不得逾 2 年。2. 競業禁止之區域，應以原雇主實際營業活動之範圍為限。3. 競業禁止之職業活動範圍，應具體明確，且與勞工原職業活動範圍相同或類似。4. 競業禁止之就業對象，應具體明確，並以與原雇主之營業活動相同或類似，且有競爭關係者為限。」然此案被上訴人與上訴人公司簽署系爭合約第 8 條有關禁止被上訴人於離職後為競業行為之約款，全無就業

---

於僱用人之營業秘密，為僱用人之財產權之一，受僱人不但不得任意盜用或利用，且根據信賴義務，尚有保密之責，若有違反，應負違約之責。受僱人如利用其一般知識於離職後為競業行為，不應成為競業禁止之事項範圍，只有在受僱人利用到僱用人之特殊知識為競業行為時，才是僱用人禁止之範圍。因為受僱人如利用僱用人之特殊知識為競業行為，即可能侵害到僱用人之營業秘密，而損及僱用人之合法利益，僱用人即有禁止之必要。反之，如受僱人並非利用僱用人之特殊知識為競業行為，僱用人即欠缺保護之必要，僱用人不應限制受僱人之競業行為。

對象、期間、區域範圍之限制，勢將影響被上訴人之生存權、工作權至鉅，依其情形該條款應顯失公平而無效。

五、競業禁止之約定欠缺代償性（雇主對勞工因不從事競業行為所受損失有合理補償）

勞動基準法第 9 條之 1 明確規定，雇主對於勞工因不從事競業行為所受的損失，應有合理補償。此案上訴人主張被上訴人於任職期間已依系爭合約第 4 條第 3 項約定按月受領競業禁止之對價補償金 3930 元。然被上訴人薪資單記載 3930 元之給付項目名稱均為「敬業津貼」，核其字義乃對於勞工忠謹勤勉任事之對價，與競業禁止補償之性質，就形式上觀察，已難認為同一。況縱認上述薪資明細所列「敬業津貼」乙項，乃系爭合約第 4 條第 3 項所約定「對價補償金」之性質，則前揭第 4 條第 3 項上訴人於被上訴人在職期間應按月給付「對價補償金」之義務，於兩造間僱傭契約終止後，亦應繼續有效。然上訴人於被上訴人離職後，並未再就被上訴人所受禁止競業之限制給付任何名義之代償費用，顯然此項「對價補償金」並非全然為競業禁止之代償性質，更遑論在無期間及區域範圍之限制下，顯然無以維持被上訴人離職後生活所需，難認為合理之代償。

# UNIT 4.6　案例六：勝華科 vs 甲○○

判決字號：臺灣高等法院 93 年度勞上字第 55 號民事判決

審理法院：臺灣高等法院

裁判日期：民國 95 年 09 月 20 日

裁判案由：競業禁止

當 事 人：上訴人　勝華科技股份有限公司

　　　　　　被上訴人　甲○○

## 案情摘要：

上訴人公司勝華科技股份有限公司（合併前為勝園科技股份有限公司，下稱勝園公司）主張被上訴人自 89 年 12 月 31 日起進入上訴人公司擔任工程二部工程

師，職務為有機電發光顯示器（即 OLED）保護層（passivation）及封裝之研究，並與上訴人公司簽訂僱傭契約書，依契約書第 5 條約定，被上訴人承諾在僱傭契約消滅後一年內不為自己或他人之利益，直接或間接從事任何與勝園公司營業項目相同之工作，若有違反則應給付上訴人懲罰性違約金新台幣五百萬元。詎被上訴人於 90 年 12 月 7 日離職後，竟旋即赴訴外人統寶光電股份有限公司（下稱統寶公司）任職，擔任之職務內容亦為 OLED 保護層及封裝之研究，並以其自己與統寶公司之名義發表論文「Diamond-like Carbon Flims as Passivation Layer for Top-Emission AMOLED」（以類鑽碳技術作為主動式 OLED 保護層，以下簡稱系爭論文），論文其中不少概念與統計數據來自於被上訴人任職上訴人公司期間所製作之研發工作報告及被上訴人 90 年 9 月工程月報表等資料；且統寶公司係以研發、製售低溫多晶矽薄膜電晶體液晶顯示器（即低溫之 TFT）及有機電激發光顯示器（即 OLED）及其模組為其營業項目，而上訴人公司本即在研發 OLED，因此統寶公司實為上訴人業務上之競爭對手。被上訴人此舉不啻將其在上訴人公司任職時所得之相關 OLED 從業經驗帶至統寶公司，致使上訴人之正當營業利益受有損害，業已違反僱傭契約第 5 條競業禁止之約定。上訴人為此爰依僱傭契約書第 5 條約定，請求被上訴人給付懲罰性違約金新台幣五百萬元。

## 法院判決摘要：

　　被上訴人受僱於上訴人公司在 OLED 專案研發部門任職，運用職務上所得享有之實驗機會與設備，於受僱期間累積之經驗與成果，係其於上訴人公司所任職位，自上訴人處可獲悉上訴人公司之營業秘密，而系爭競業禁止條款足以或能夠保護雇主之正當營業利益，且未逾合理之範疇，致對被上訴人之經濟生存造成困難，系爭競業禁止條款並未違反憲法保障人民工作權、生存權之精神，亦無民法第 72 條違背公序良俗情事，洵屬合法有效。本件，被上訴人前於上訴人公司研發之（被動式）OLED 封裝保護層之相關實驗，與於統寶公司任職時發表之論文相較，結論吻合。顯示被動式 OLED 封裝保護層之研發技術與主動式 OLED 之封裝保護層研發之原理原則相同。且經財團法人台灣經濟發展研究院之技術鑑定意見，堪認被上訴人自勝園公司離職後於統寶公司職務內持續從事有機發光二極體顯示器

（OLED）保護層或封裝技術之研究，與被上訴人在勝園公司任職期間研發職務內容相同，而違反系爭僱傭契約第 5 條之競業禁止義務甚明。本件被上訴人既有違反競業禁止義務之情事，已如前述，則上訴人依系爭僱傭契約書第 5 條之約定，請求被上訴人給付懲罰性違約金 500 萬元，固非無據。然上訴人所請求 500 萬元之違約金確屬過高，應予酌減至 120 萬元始為適當。

## 本案評析：

本案臺灣高等法院判決競業禁止約定有效，歸納審理理由如下：
一、上訴人是否有應受保護之正當營業利益

上訴人公司之營業項目之一為有機電發光顯示器（OLED）之研究開發，被上訴人亦不否認上訴人公司從事被動式 OLED 之研究開發，不論係主動式或被動式之研發，均屬有機電發光顯示器領域，本件競業禁止之目的（欲保護之利益）即為避免上訴人公司所享有之 OLED 領域研發之成果被其他公司所取得利用，使得該其他公司縮短研發期間，迅速成為上訴人公司之競爭對手。而被動式與主動式 OLED，其發光層有機發光材料與封裝保護層技術之研發原理原則相同，且被上訴人若明知勝園公司將自 91 年正式展開主動式全彩 OLED 之技術研發，在 90 年 12 月 7 日自上訴人公司離職旋即轉赴統寶公司任職，將其於上訴人公司研發實驗之被動式 OLED 封裝保護層研發原理移植至統寶公司繼續應用，如此將對於剛起步進行主動式全彩 OLED 研發之上訴人公司而言，自會喪失研發優勢，難謂上訴人無主張其所欲保護之利益存在。
二、被上訴人擔任之職位或職務，是否能接觸或使用上訴人公司之營業秘密

被上訴人進入上訴人公司擔任工程二部工程師，職務為 OLED 保護層及封裝之研究，因此被上訴人於受僱上訴人公司期間能運用職務上所得享有之實驗機會與設備，累積相關經驗與成果，確可以自上訴人處獲取營業機密。
三、競業禁止之期間、區域、職業活動之範圍及就業對象，是否逾合理範疇 [15]

---

[15] 本案裁判日期是在增訂勞動基準法第 9 條之 1 的日期之前，此時尚未明定勞工離職後競業禁止約款的具體內容。

　　本案僱傭契約第 5 條係約定被上訴人不得從事任何與上訴人公司營業項目內容相同之工作，並未明訂須以上訴人公司所登記之營業項目為限，依此可知，苟被上訴人於上訴人公司任職時係從事 OLED 之研發工作，嗣其離職後仍擔任與之相同性質之工作內容，自有違反競業禁止情事。本件統寶公司若係為 TFT、LCD、STN 等顯示器材料等之研發，上訴人公司即無指摘被上訴人違反競業禁止條款之可能與必要，且若被上訴人於離職後立即從事 OLED 以外之顯示器技術研發，亦難謂其有違反前揭競業禁止條款，自不得謂被上訴人簽訂系爭條款，即認對被上訴人轉職之職業限制範圍極大，已逾必要之程度。又上開約定之限制，僅在限制其從事與上訴人公司營業項目內容相同之工作，目的顯在於保護上訴人公司之營業秘密與研發優勢，防止員工於離職後之同業不公平競爭，依契約自由原則亦無過當之處，本件被上訴人既明知上訴人公司以 OLED 研發為營業項目，且契約條款係被上訴人自願簽訂，揆諸前揭說明，自應受其拘束。再者，系爭競業限制地區雖未明文約定，依常理應僅限台灣地區（本國），非可據此推論所限制之區域係包括全世界。且系爭競業禁止條款限制期間僅有一年，並非甚長，用意係保護上訴人公司之 OLED 研發優勢，衡情尚屬合理。

四、上訴人對被上訴人因不從事競業行為所受損失，是否需有補償措施

　　被上訴人為化學系所碩士，經歷與專長主要為「有機電激光顯示器（OLED）開發」以及「液晶顯示器材料開發」二項，可知其自上訴人公司離職後一年內，並非不得從事 TFT、LCD 等液晶顯示器材料等之研發或從事化學工業之工程師以謀生計，縱無約定補償措施，亦無危及其經濟生存能力。

五、被上訴人是否有違反僱傭契約第 5 條競業禁止條款之約訂

　　被上訴人自勝園公司離職後於統寶公司職務內係持續從事 OLED 保護層或封裝技術之研究，而被動式 OLED 封裝保護層之研發技術與主動式 OLED 者原理共通，足見被上訴人於勝園公司或統寶公司之研發職務內容，並無不同。況且，被上訴人發表之論文，係其自上訴人公司跳槽後於統寶公司任內所發表，而被上訴人本身資歷尚淺，並無力自行開設所謂實驗室以自力取得元件或有機材料進行相關試驗，如無之前在上訴人公司，經由上訴人公司提供相關出差實驗之任務並提供 OLED 元件或有機材料，被上訴人何能取得大量實驗數據，以為後來從事前開論文

實驗成果之基礎。同理,被上訴人無力自行開設所謂實驗室以自力取得元件或有機材料進行實驗,如非其於統寶公司任內獲得統寶公司之奧援提供軟硬體設備,被上訴人又何能進行論文實驗。據此可證,被上訴人於統寶公司任內,仍有從事 OLED 之保護膜、封裝等技術之研發之業務,而違反系爭僱傭契約第 5 條之競業禁止義務甚明。

六、違約金是否合理

　　被上訴人係中興大學化學系、東海大學應用化學研究所碩士畢業,於 89 年 12 月 3 日任職上訴人公司,90 年 12 月 7 日離職,月薪 4 萬 8000 元,離職後在統寶公司任職,91 年度之薪資所得為 61 萬 4720 元(月薪約 51,227 元)等情,足見被上訴人於上訴人公司之年薪資所得約僅為 57 萬 6000 元,與其嗣後轉任至統寶公司後之年所得相差非鉅,尚難證明其係為貪圖統寶公司之鉅額薪資利益,始違約離職,本件若僅因其中途違約轉職,即課以達其原領薪資七、八倍之 500 萬元違約金,顯然過苛。臺灣高等法院認為上訴人所請求 500 萬元之違約金確屬過高,應予酌減至 120 萬元始為適當,在此範圍內准許之。

## UNIT 4.7　案例七:台積電 vs 梁○松

判決字號:最高法院 104 年台上字第 1589 號民事判決

審理法院:最高法院

裁判日期:民國 104 年 08 月 21 日

裁判案由:請求營業秘密損害賠償等

當 事 人:上訴人　　梁○松

　　　　　被上訴人　　台灣積體電路製造股份有限公司

## 案情摘要:

　　本件被上訴人公司台灣積體電路製造股份有限公司(下稱台積電)成立於民國 76 年,主張能在全球半導體晶圓代工領域居領導地位,係以鉅資研發製程技術及累積無數營業秘密之成果,而上訴人梁○松自民國 81 年 7 月間受雇於台積電,迄

98 年 2 月 21 日離職止，工作長達 17 年，一路被擢昇至研發部門資深處長，熟知台積電過去及未來每一個世代半導體晶圓製程所運用之機台配置、行銷、主要客戶代工等策略及成本藍圖等營業秘密，除在聘僱契約中承諾對台積電之營業秘密，負有保密義務外，並於離職前之 98 年 2 月 13 日簽訂「離職 2 年內不得至競爭者任職」之書面約定（下稱系爭書面約定），載明其對所接觸、知悉及取得之營業秘密（如附表 AA 所例示）負有保密義務，不得洩漏予任何第三人，更不得非法使用。被上訴人主張上訴人竟於離職後半年赴台積電之競爭對手韓國三星電子公司（下稱三星公司）之主要贊助對象暨重要關係人之韓國成均館大學（下稱成均館大學）授課，掩人耳目為該公司提供服務，且多次向台積電確認並承諾未來不會任職於三星公司或其他競爭公司，台積電因此發給價值達新台幣 4 千 6 百 91 萬餘元之股票。但上訴人竟於取得股票後之 100 年 7 月 13 日擔任三星公司研發部門副總，且於同年 5 月間即與台積電之供應商聯繫，要求提供台積電某些機械設備清單等機密資訊；又台積電研發組織經理級以上如附表 BB 所示人員，均知悉台積電研發製程相關之營業秘密，彼等之人事資訊亦為台積電之營業秘密，上訴人離職後，至少已有 6 位研發部門中高階主管前往三星公司任職，其中 5 位隸屬上訴人領導之部門，上訴人已有侵害伊營業秘密之準備行為或已洩漏伊之營業秘密。又上訴人擔任三星公司研發部門主管，將不可避免洩漏台積電之營業秘密予該公司，致台積電繼續處於受侵害之高度風險等情，爰依營業秘密法第 11 條第 1 項[16]、民法第 199 條[17]規定及系爭書面約定，求為命上訴人不得以不正當方法使用或洩漏其於任職被上訴人公司期間所知悉、接觸或取得而與被上訴人公司產品、製程、客戶或供應商等有關之營業秘密，並不得以不正當方法自被上訴人公司之員工、供應商或客戶等第三人處取得被上訴人之營業秘密；不得以不正當方法使用或洩漏台積電研發組織經理級以上人員之相關資訊予三星公司；自即日起至 104 年 12 月 31 日止，不得以任職或其他方式為三星公司提供服務。

---

16 營業秘密法第 11 條第 1 項：「營業秘密受侵害時，被害人得請求排除之，有侵害之虞者，得請求防止之。」

17 民法第 199 條：「債權人基於債之關係，得向債務人請求給付。給付，不以有財產價格者為限。不作為亦得為給付。」

## 法院判決摘要：

上訴人於離職前已與被上訴人就附表 AA 所列幾個大項約定有營業秘密存在，而被上訴人將機密資訊分為 A、B、C 三等級，分別採取不同之保護措施，且該等資訊對於被上訴人具有業務或技術上之價值，未經授權而揭露，可能造成被上訴人或第三人營業運作或企業形象之損害，有系爭書面約定、機密資訊保護程序及資訊安全控管規範足以佐證。而附表 BB 所示內容係被上訴人研發組織職級經理級以上之重要人員，熟悉被上訴人研發製程，上訴人前曾收受與該表所示內容部分相同之主管通訊錄，亦有電子郵件及所附之通訊錄足憑，此與一般個人發放之名片並未標示職級有別，故附表 BB 所示人員之相關資訊，自難認係屬一般涉及該類資訊之人所普遍共知或可輕易得知，符合營業秘密之新穎性及非周知性要求。且依系爭政策規定，等級 B 資訊對於其業務或技術具有重要價值，未經授權而揭露，將造成其或第三人之營業運作或企業形象直接或間接之損害，附表 BB 所示研發人員為被上訴人之高階幹部，其當較未持有該資訊之競爭者，具備更有利之競爭優勢，自因其秘密性而具有實際或潛在之經濟價值，亦符合價值性之要求。被上訴人主張依營業秘密法第 11 條第 1 項規定或系爭書面約定，請求上訴人不得以不正當方法使用或洩漏其於任職被上訴人公司期間所知悉、接觸或取得而與台積電公司產品、製程、客戶或供應商等有關之營業秘密（如附表 AA 例示），並不得以不正當方法自台積電之員工、供應商或客戶等第三人處取得被上訴人之營業秘密；不得以不正當方法使用或洩漏如附表 BB 所示人員之相關資訊予三星公司，自屬有據，應予准許。而上訴人對附表 AA 及 BB 屬營業秘密與否，已有爭執，且審酌其前揭離職後之行為，應認仍有以判決保護之必要。再只要為營業秘密法保護之客體，且繼續採取合理之保密措施，在秘密性喪失前，均可受到營業秘密法之保護。且以上訴人在被上訴人公司之特殊性及高度不可替代性，被上訴人、三星公司均係以研發為主之公司，彼此間之競爭關係，及上訴人離職後與三星公司之合作，上訴人任職三星公司對被上訴人營業秘密之侵害有極高之可能性，並考量上訴人於三星公司工作之利益平衡下，認限制上訴人於 104 年 12 月 31 日前為三星公司工作或提供服務，乃防止被上訴人營業秘密被侵害之合理方法，難認係競業禁止期間之延長。從而，被上訴

人依營業秘密法第 11 條第 1 項之規定，請求上訴人自即日起至 104 年 12 月 31 日止，不得以任職或其他方式爲三星公司提供服務，亦屬有據，應予准許。

## 本案評析：

本案最高法院判決上訴駁回，除了要求上訴人梁○松：一、不得以不正當方法使用或洩漏其於任職台積電公司期間所知悉、接觸或取得而與台積電公司產品、製程、客戶或供應商等有關之營業秘密（如附表 AA 例示）；二、不得以不正當方法自台積電公司之員工、供應商或客戶等第三人處取得台積電公司之營業秘密；三、不得以不正當方法使用或洩漏如附表 BB 所示台積電公司研發部門人員之相關資訊予三星公司，亦維持二審法院更審判決結果[18]，同意台積電依營業秘密法第 11 條第 1 項之規定，禁止梁○松於 104 年 12 月 31 日前以任職或其他方式爲三星公司提供服務，使得台積電在梁○松 2 年競業禁止期間經過後，還能以訴訟阻止其至三星公司繼續上班，歸納審理理由如下：

一、三星公司爲被上訴人公司之競爭對手

被上訴人台積電公司係以積體電路製造服務即晶圓代工，包括積體電路晶圓之製造、晶圓針測、包裝及測試、光罩製作、設計等全系列服務爲主之高科技公司，且被上訴人在晶圓代工領域執世界牛耳之地位，係營業秘密法所欲保護之核心產業。至於三星公司則是韓國最大的消費電子產品及電子元件製造商，其網頁載明提供晶圓代工服務，以及其 100 年版之年報亦將大型積體電路（LSI, Large Scale Integration）晶圓部門列入公司事業，因此足認三星公司爲被上訴人（有潛力）之競爭對手。

二、上訴人梁○松有違反競業禁止之可能

上訴人於離職後至清華大學任教一學期，隨即轉往成均館大學半導體工程系任教，該系網頁載明：透過與三星電子半導體部門密切合作重新設計其課程，新課程結合理論與實務之實習內容，由三星電子專家及其他傑出學者提供訓練，以培養半導體專家，所有報名學生均獲得學費全免之獎學金，每年並由三星電子提供美金

---

[18]　智慧財產法院 102 年度民營上字第 3 號民事判決。

8500元獎學金補助，畢業後如通過基本職業考核，並有機會加入三星電子；三星公司自85年入主成均館大學董事會後，定期捐贈，故該大學為三星公司法律上之關係人，有網頁資料、三星公司關係人交易委員會審議紀錄等可稽，而依韓國律師事務所之調查報告書、上訴人出入境資料所示，上訴人於上開學系開設之課程，選課對象竟限於三星公司設立之三星半導體理工學院之學生，且須具有一定年資之在職員工，上訴人不僅寒暑假均在韓國，無課期間亦常往返韓國，但其妻、子卻在台灣，寒暑假始至韓國相聚；8月1日及4月30日非韓國學制之起始及終止日，上訴人自清華大學98年7月31日聘任期滿，即於翌日任教成均館大學，又自學期中之100年4月30日離職，於翌日赴三星公司任職，時間銜接緊密，衡諸赴國外大學任教或至國外工作，須有一定之時間商談等情，被上訴人主張上訴人有違反競業禁止之可能，尚非無據。

三、上訴人有侵害被上訴人公司營業秘密之虞

　　上訴人為取得2年期間競業禁止履約保證之股票，於98年5月21日宣誓未任職被上訴人之競爭者；99年5月9日回覆被上訴人人力資源副總杜○欽，關於媒體報導其加入三星公司，為被上訴人之競爭對手，屬違反協議之行為乙情，再表示未與任何公司有業務往來；同年月22日、6月9日分別向被上訴人之副總杜○佑表示並未與任何公司有業務往來、慎重考慮辭去成均館大學教職，復切結未直接或間接受聘於被上訴人之競爭對手；100年3月1日為領取最後一次保管之股票，再次聲明未直接或間接受聘僱於被上訴人之競爭對手，有確認書、信函及電子郵件等件足稽，可見被上訴人極為重視上訴人是否受僱三星公司，並告知上訴人三星公司為其競爭對手，上訴人亦表示不會受僱被上訴人之競爭對手等情，惟其仍於約定競業禁止期滿後不到兩個月，即正式掛名任職三星公司，觀其上開離職後之行為，已難信其任職於三星公司將依誠信原則履行對被上訴人營業秘密之保護，而無侵害被上訴人營業秘密之可能。

　　按營業秘密為智慧財產權之一環，為保障營業秘密，維護產業倫理與競爭秩序，調和社會公共利益，故有以專法規範之必要，此觀營業秘密法第一條之規定即明。而營業秘密具相當之獨占性及排他性，且關於其保護並無期間限制，在其秘密性喪失前，如受有侵害或侵害之虞，被害人得依營業秘密法第11條第1項規定請

求排除或防止之，此項請求權不待約定，即得依法請求。至於競業禁止約款，則係雇主為保護其商業機密、營業利益或維持其競爭優勢，與受僱人約定於在職期間或離職後之一定期間、區域內，不得受僱或經營與其相同或類似之業務。此類約款須具必要性，且所限制之範圍未逾越合理程度而非過當，當事人始受拘束，二者保護之客體、要件及規範目的非盡相同。是以企業為達保護其營業秘密之目的，雖有以競業禁止約款方式，限制離職員工之工作選擇權，惟不因而影響其依營業秘密法第11條第1項規定之權利。倘其營業秘密已受侵害或有侵害之虞，而合理限制離職員工之工作選擇，又係排除或防止該侵害之必要方法，縱於約定之競業禁止期間屆滿後，仍得依上開條項請求之。原審基此，為上訴人不利之論斷，於法實無違誤，自無上訴人所指架空競業禁止約款法制及利益失衡之情事。

# 附 錄　智慧財產權最新修改法條

附錄一　營業秘密法

附錄二　商標法

附錄三　專利法

附錄四　著作權法

附錄五　積體電路電路布局保護法

附錄六　勞資雙方簽訂離職後競業禁止條款參考原則

# 附錄一　營業秘密法

修正日期：2020 年 01 月 15 日

## 第 1 條

為保障營業秘密，維護產業倫理與競爭秩序，調和社會公共利益，特制定本法。本法未規定者，適用其他法律之規定。

## 第 2 條

本法所稱營業秘密，係指方法、技術、製程、配方、程式、設計或其他可用於生產、銷售或經營之資訊，而符合左列要件者：

一、非一般涉及該類資訊之人所知者。
二、因其秘密性而具有實際或潛在之經濟價值者。
三、所有人已採取合理之保密措施者。

## 第 3 條

受僱人於職務上研究或開發之營業秘密，歸僱用人所有。但契約另有約定者，從其約定。

受僱人於非職務上研究或開發之營業秘密，歸受僱人所有。但其營業秘密係利用僱用人之資源或經驗者，僱用人得於支付合理報酬後，於該事業使用其營業秘密。

## 第 4 條

出資聘請他人從事研究或開發之營業秘密，其營業秘密之歸屬依契約之約定；契約未約定者，歸受聘人所有。但出資人得於業務上使用其營業秘密。

## 第 5 條

數人共同研究或開發之營業秘密，其應有部分依契約之約定；無約定者，推定為均等。

## 第 6 條

營業秘密得全部或部分讓與他人或與他人共有。

營業秘密為共有時，對營業秘密之使用或處分，如契約未有約定者，應得共有人之全體同意。但各共有人無正當理由，不得拒絕同意。

各共有人非經其他共有人之同意，不得以其應有部分讓與他人。但契約另有約定者，從其約定。

## 第 7 條

營業秘密所有人得授權他人使用其營業秘密。其授權使用之地域、時間、內容、使用方法或其他事項，依當事人之約定。

前項被授權人非經營業秘密所有人同意，不得將其被授權使用之營業秘密再授權第三人使用。

營業秘密共有人非經共有人全體同意，不得授權他人使用該營業秘密。但各共有人無正當理由，不得拒絕同意。

### 第 8 條

營業秘密不得為質權及強制執行之標的。

### 第 9 條

公務員因承辦公務而知悉或持有他人之營業秘密者，不得使用或無故洩漏之。

當事人、代理人、辯護人、鑑定人、證人及其他相關之人，因司法機關偵查或審理而知悉或持有他人營業秘密者，不得使用或無故洩漏之。

仲裁人及其他相關之人處理仲裁事件，準用前項之規定。

### 第 10 條

有左列情形之一者，為侵害營業秘密。

一、以不正當方法取得營業秘密者。

二、知悉或因重大過失而不知其為前款之營業秘密，而取得、使用或洩漏者。

三、取得營業秘密後，知悉或因重大過失而不知其為第一款之營業秘密，而使用或洩漏者。

四、因法律行為取得營業秘密，而以不正當方法使用或洩漏者。

五、依法令有守營業秘密之義務，而使用或無故洩漏者。

前項所稱之不正當方法，係指竊盜、詐欺、脅迫、賄賂、擅自重製、違反保密義務、引誘他人違反其保密義務或其他類似方法。

### 第 11 條

營業秘密受侵害時，被害人得請求排除之，有侵害之虞者，得請求防止之。

被害人為前項請求時，對於侵害行為作成之物或專供侵害所用之物，得請求銷燬或為其他必要之處置。

### 第 12 條

因故意或過失不法侵害他人之營業秘密者，負損害賠償責任。數人共同不法侵害者，連帶負賠償責任。

前項之損害賠償請求權，自請求權人知有行為及賠償義務人時起，二年間不行使而消滅；自行為時起，逾十年者亦同。

**第 13 條**

依前條請求損害賠償時，被害人得依左列各款規定擇一請求：

一、依民法第二百十六條之規定請求。但被害人不能證明其損害時，得以其使用時依通常
　　情形可得預期之利益，減除被侵害後使用同一營業秘密所得利益之差額，為其所受損
　　害。

二、請求侵害人因侵害行為所得之利益。但侵害人不能證明其成本或必要費用時，以其侵
　　害行為所得之全部收入，為其所得利益。依前項規定，侵害行為如屬故意，法院得因
　　被害人之請求，依侵害情節，酌定損害額以上之賠償。但不得超過已證明損害額之三
　　倍。

**第 13-1 條**

意圖為自己或第三人不法之利益，或損害營業秘密所有人之利益，而有下列情形之一，處
五年以下有期徒刑或拘役，得併科新臺幣一百萬元以上一千萬元以下罰金：

一、以竊取、侵占、詐術、脅迫、擅自重製或其他不正方法而取得營業秘密，或取得後進
　　而使用、洩漏者。

二、知悉或持有營業秘密，未經授權或逾越授權範圍而重製、使用或洩漏該營業秘密者。

三、持有營業秘密，經營業秘密所有人告知應刪除、銷毀後，不為刪除、銷毀或隱匿該營
　　業秘密者。

四、明知他人知悉或持有之營業秘密有前三款所定情形，而取得、使用或洩漏者。

前項之未遂犯罰之。

科罰金時，如犯罪行為人所得之利益超過罰金最多額，得於所得利益之三倍範圍內酌量加
重。

**第 13-2 條**

意圖在外國、大陸地區、香港或澳門使用，而犯前條第一項各款之罪者，處一年以上十年
以下有期徒刑，得併科新臺幣三百萬元以上五千萬元以下之罰金。

前項之未遂犯罰之。

科罰金時，如犯罪行為人所得之利益超過罰金最多額，得於所得利益之二倍至十倍範圍內
酌量加重。

**第 13-3 條**

第十三條之一之罪，須告訴乃論。

對於共犯之一人告訴或撤回告訴者，其效力不及於其他共犯。

公務員或曾任公務員之人，因職務知悉或持有他人之營業秘密，而故意犯前二條之罪者，
加重其刑至二分之一。

### 第 13-4 條

法人之代表人、法人或自然人之代理人、受雇人或其他從業人員，因執行業務，犯第十三條之一、第十三條之二之罪者，除依該條規定處罰其行為人外，對該法人或自然人亦科該條之罰金。但法人之代表人或自然人對於犯罪之發生，已盡力為防止行為者，不在此限。

### 第 13-5 條

未經認許之外國法人，就本法規定事項得為告訴、自訴或提起民事訴訟。

### 第 14 條

法院為審理營業秘密訴訟案件，得設立專業法庭或指定專人辦理。

當事人提出之攻擊或防禦方法涉及營業秘密，經當事人聲請，法院認為適當者，得不公開審判或限制閱覽訴訟資料。

### 第 14-1 條

檢察官偵辦營業秘密案件，認有偵查必要時，得核發偵查保密令予接觸偵查內容之犯罪嫌疑人、被告、被害人、告訴人、告訴代理人、辯護人、鑑定人、證人或其他相關之人。

受偵查保密令之人，就該偵查內容，不得為下列行為：

一、實施偵查程序以外目的之使用。

二、揭露予未受偵查保密令之人。

前項規定，於受偵查保密令之人，在偵查前已取得或持有該偵查之內容時，不適用之。

### 第 14-2 條

偵查保密令應以書面或言詞為之。以言詞為之者，應當面告知並載明筆錄，且得予營業秘密所有人陳述意見之機會，於七日內另以書面製作偵查保密令。

前項書面，應送達於受偵查保密令之人，並通知營業秘密所有人。於送達及通知前，應給予營業秘密所有人陳述意見之機會。但已依前項規定，給予營業秘密所有人陳述意見之機會者，不在此限。

偵查保密令以書面為之者，自送達受偵查保密令之人之日起發生效力；以言詞為之者，自告知之時起，亦同。

偵查保密令應載明下列事項：

一、受偵查保密令之人。

二、應保密之偵查內容。

三、前條第二項所列之禁止或限制行為。

四、違反之效果。

### 第 14-3 條

偵查中應受保密之原因消滅或偵查保密令之內容有變更必要時，檢察官得依職權撤銷或變

更其偵查保密令。

案件經緩起訴處分或不起訴處分確定者，或偵查保密令非屬起訴效力所及之部分，檢察官得依職權或受偵查保密令之人之聲請，撤銷或變更其偵查保密令。

檢察官為前二項撤銷或變更偵查保密令之處分，得予受偵查保密令之人及營業秘密所有人陳述意見之機會。該處分應以書面送達於受偵查保密令之人及營業秘密所有人。

案件起訴後，檢察官應將偵查保密令屬起訴效力所及之部分通知營業秘密所有人及受偵查保密令之人，並告知其等關於秘密保持命令、偵查保密令之權益。營業秘密所有人或檢察官，得依智慧財產案件審理法之規定，聲請法院核發秘密保持命令。偵查保密令屬起訴效力所及之部分，在其聲請範圍內，自法院裁定確定之日起，失其效力。

案件起訴後，營業秘密所有人或檢察官未於案件繫屬法院之日起三十日內，向法院聲請秘密保持命令者，法院得依受偵查保密令之人或檢察官之聲請，撤銷偵查保密令。偵查保密令屬起訴效力所及之部分，在法院裁定予以撤銷之範圍內，自法院裁定確定之日起，失其效力。

法院為前項裁定前，應先徵詢營業秘密所有人及檢察官之意見。前項裁定並應送達營業秘密所有人、受偵查保密令之人及檢察官。

受偵查保密令之人或營業秘密所有人，對於第一項及第二項檢察官之處分，得聲明不服；檢察官、受偵查保密令之人或營業秘密所有人，對於第五項法院之裁定，得抗告。

前項聲明不服及抗告之程序，準用刑事訴訟法第四百零三條至第四百十九條之規定。

## 第 14-4 條

違反偵查保密令者，處三年以下有期徒刑、拘役或科或併科新臺幣一百萬元以下罰金。

於外國、大陸地區、香港或澳門違反偵查保密令者，不問犯罪地之法律有無處罰規定，亦適用前項規定。

## 第 15 條

外國人所屬之國家與中華民國如未共同參加保護營業秘密之國際條約或無相互保護營業秘密之條約、協定，或對中華民國國民之營業秘密不予保護者，其營業秘密得不予保護。

## 第 16 條

本法自公布日施行。

# 附錄二　商標法

修正日期：2016 年 11 月 30 日

## 第一章　總則

**第 1 條（立法目的）**
爲保障商標權、證明標章權、團體標章權、團體商標權及消費者利益，維護市場公平競爭，促進工商企業正常發展，特制定本法。

**第 2 條（商標權之註冊）**
欲取得商標權、證明標章權、團體標章權或團體商標權者，應依本法申請註冊。

**第 3 條（主管機關）**
本法之主管機關爲經濟部。
商標業務，由經濟部指定專責機關辦理。

**第 4 條（外國人申請商標之互惠原則）**
外國人所屬之國家，與中華民國如未共同參加保護商標之國際條約或無互相保護商標之條約、協定，或對中華民國國民申請商標註冊不予受理者，其商標註冊之申請，得不予受理。

**第 5 條（商標之使用）**
商標之使用，指爲行銷之目的，而有下列情形之一，並足以使相關消費者認識其爲商標：
一、將商標用於商品或其包裝容器。
二、持有、陳列、販賣、輸出或輸入前款之商品。
三、將商標用於與提供服務有關之物品。
四、將商標用於與商品或服務有關之商業文書或廣告。
前項各款情形，以數位影音、電子媒體、網路或其他媒介物方式爲之者，亦同。

**第 6 條（商標代理人）**
申請商標註冊及其相關事務，得委任商標代理人辦理之。但在中華民國境內無住所或營業所者，應委任商標代理人辦理之。
商標代理人應在國內有住所。

**第 7 條（商標共有申請及選定代表人）**
二人以上欲共有一商標，應由全體具名提出申請，並得選定其中一人爲代表人，爲全體共有人爲各項申請程序及收受相關文件。

未爲前項選定代表人者，商標專責機關應以申請書所載第一順序申請人爲應受送達人，並應將送達事項通知其他共有商標之申請人。

## 第 8 條（程序期間之遲誤與補行）

商標之申請及其他程序，除本法另有規定外，遲誤法定期間、不合法定程式不能補正或不合法定程式經指定期間通知補正屆期未補正者，應不受理。但遲誤指定期間在處分前補正者，仍應受理之。

申請人因天災或不可歸責於己之事由，遲誤法定期間者，於其原因消滅後三十日內，得以書面敘明理由，向商標專責機關申請回復原狀。但遲誤法定期間已逾一年者，不得申請回復原狀。

申請回復原狀，應同時補行期間內應爲之行爲。

前二項規定，於遲誤第三十二條第三項規定之期間者，不適用之。

## 第 9 條（各項期間之起算標準）

商標之申請及其他程序，應以書件或物件到達商標專責機關之日爲準；如係郵寄者，以郵寄地郵戳所載日期爲準。

郵戳所載日期不清晰者，除由當事人舉證外，以到達商標專責機關之日爲準。

## 第 10 條（公示送達）

處分書或其他文件無從送達者，應於商標公報公告之，並於刊登公報後滿三十日，視爲已送達。

## 第 11 條（商標公報之登載）

商標專責機關應刊行公報，登載註冊商標及其相關事項。

前項公報，得以電子方式爲之；其實施日期，由商標專責機關定之。

## 第 12 條（商標註冊簿之登載）

商標專責機關應備置商標註冊簿，登載商標註冊、商標權異動及法令所定之一切事項，並對外公開之。

前項商標註冊簿，得以電子方式爲之。

## 第 13 條（商標申請方式）

有關商標之申請及其他程序，得以電子方式爲之；其實施辦法，由主管機關定之。

## 第 14 條（指定審查人員審查）

商標專責機關對於商標註冊之申請、異議、評定及廢止案件之審查，應指定審查人員審查之。

前項審查人員之資格，以法律定之。

### 第 15 條（審查書面處分）

商標專責機關對前條第一項案件之審查，應作成書面之處分，並記載理由送達申請人。

前項之處分，應由審查人員具名。

### 第 16 條（期間之計算）

有關期間之計算，除第三十三條第一項、第七十五條第四項及第一百零三條規定外，其始日不計算在內。

### 第 17 條（商標規定之準用）

本章關於商標之規定，於證明標章、團體標章、團體商標，準用之。

## 第二章　商標

### 第一節　申請註冊

### 第 18 條（商標之標識）

商標，指任何具有識別性之標識，得以文字、圖形、記號、顏色、立體形狀、動態、全像圖、聲音等，或其聯合式所組成。

前項所稱識別性，指足以使商品或服務之相關消費者認識為指示商品或服務來源，並得與他人之商品或服務相區別者。

### 第 19 條（商標註冊之申請）

申請商標註冊，應備具申請書，載明申請人、商標圖樣及指定使用之商品或服務，向商標專責機關申請之。

申請商標註冊，以提出前項申請書之日為申請日。

商標圖樣應以清楚、明確、完整、客觀、持久及易於理解之方式呈現。

申請商標註冊，應以一申請案一商標之方式為之，並得指定使用於二個以上類別之商品或服務。

前項商品或服務之分類，於本法施行細則定之。

類似商品或服務之認定，不受前項商品或服務分類之限制。

### 第 20 條（優先權）

在與中華民國有相互承認優先權之國家或世界貿易組織會員，依法申請註冊之商標，其申請人於第一次申請日後六個月內，向中華民國就該申請同一之部分或全部商品或服務，以相同商標申請註冊者，得主張優先權。

外國申請人為非世界貿易組織會員之國民且其所屬國家與中華民國無相互承認優先權者，如於互惠國或世界貿易組織會員領域內，設有住所或營業所者，得依前項規定主張優先

權。

依第一項規定主張優先權者，應於申請註冊同時聲明，並於申請書載明下列事項：

一、第一次申請之申請日。

二、受理該申請之國家或世界貿易組織會員。

三、第一次申請之申請案號。

申請人應於申請日後三個月內，檢送經前項國家或世界貿易組織會員證明受理之申請文件。

未依第三項第一款、第二款或前項規定辦理者，視為未主張優先權。

主張優先權者，其申請日以優先權日為準。

主張複數優先權者，各以其商品或服務所主張之優先權日為申請日。

### 第 21 條（展覽會優先權）

於中華民國政府主辦或認可之國際展覽會上，展出使用申請註冊商標之商品或服務，自該商品或服務展出日後六個月內，提出申請者，其申請日以展出日為準。

前條規定，於主張前項展覽會優先權者，準用之。

### 第 22 條（類似商標各別申請時之註冊標準）

二人以上於同日以相同或近似之商標，於同一或類似之商品或服務各別申請註冊，有致相關消費者混淆誤認之虞，而不能辨別時間先後者，由各申請人協議定之；不能達成協議時，以抽籤方式定之。

### 第 23 條（商標圖樣之變更）

商標圖樣及其指定使用之商品或服務，申請後即不得變更。但指定使用商品或服務之減縮，或非就商標圖樣為實質變更者，不在此限。

### 第 24 條（變更註冊申請事項）

申請人之名稱、地址、代理人或其他註冊申請事項變更者，應向商標專責機關申請變更。

### 第 25 條（商標註冊申請事項錯誤之申請更正）

商標註冊申請事項有下列錯誤時，得經申請或依職權更正之：

一、申請人名稱或地址之錯誤。

二、文字用語或繕寫之錯誤。

三、其他明顯之錯誤。

前項之申請更正，不得影響商標同一性或擴大指定使用商品或服務之範圍。

### 第 26 條（請求分割之註冊申請案）

申請人得就所指定使用之商品或服務，向商標專責機關請求分割為二個以上之註冊申請

案，以原註冊申請日爲申請日。

**第 27 條（權利移轉）**

因商標註冊之申請所生之權利，得移轉於他人。

**第 28 條（共有商標申請權或共有人應有部分之移轉、拋棄規定）**

共有商標申請權或共有人應有部分之移轉，應經全體共有人之同意。但因繼承、強制執行、法院判決或依其他法律規定移轉者，不在此限。

共有商標申請權之拋棄，應得全體共有人之同意。但各共有人就其應有部分之拋棄，不在此限。

前項共有人拋棄其應有部分者，其應有部分由其他共有人依其應有部分之比例分配之。

前項規定，於共有人死亡而無繼承人或消滅後無承受人者，準用之。

共有商標申請權指定使用商品或服務之減縮或分割，應經全體共有人之同意。

第二節　審查及核准

**第 29 條（欠缺商標識別性情形不得註冊）**

商標有下列不具識別性情形之一，不得註冊：

一、僅由描述所指定商品或服務之品質、用途、原料、產地或相關特性之說明所構成者。

二、僅由所指定商品或服務之通用標章或名稱所構成者。

三、僅由其他不具識別性之標識所構成者。

有前項第一款或第三款規定之情形，如經申請人使用且在交易上已成爲申請人商品或服務之識別標識者，不適用之。

商標圖樣中包含不具識別性部分，且有致商標權範圍產生疑義之虞，申請人應聲明該部分不在專用之列；未爲不專用之聲明者，不得註冊。

**第 30 條（商標不得註冊之事由）**

商標有下列情形之一，不得註冊：

一、僅爲發揮商品或服務之功能所必要者。

二、相同或近似於中華民國國旗、國徽、國璽、軍旗、軍徽、印信、勳章或外國國旗，或世界貿易組織會員依巴黎公約第六條之三第三款所爲通知之外國國徽、國璽或國家徽章者。

三、相同於國父或國家元首之肖像或姓名者。

四、相同或近似於中華民國政府機關或其主辦展覽會之標章，或其所發給之褒獎牌狀者。

五、相同或近似於國際跨政府組織或國內外著名且具公益性機構之徽章、旗幟、其他徽記、縮寫或名稱，有致公眾誤認誤信之虞者。

六、相同或近似於國內外用以表明品質管制或驗證之國家標誌或印記，且指定使用於同一或類似之商品或服務者。

七、妨害公共秩序或善良風俗者。

八、使公眾誤認誤信其商品或服務之性質、品質或產地之虞者。

九、相同或近似於中華民國或外國之葡萄酒或蒸餾酒地理標示，且指定使用於與葡萄酒或蒸餾酒同一或類似商品，而該外國與中華民國簽訂協定或共同參加國際條約，或相互承認葡萄酒或蒸餾酒地理標示之保護者。

十、相同或近似於他人同一或類似商品或服務之註冊商標或申請在先之商標，有致相關消費者混淆誤認之虞者。但經該註冊商標或申請在先之商標所有人同意申請，且非顯屬不當者，不在此限。

十一、相同或近似於他人著名商標或標章，有致相關公眾混淆誤認之虞，或有減損著名商標或標章之識別性或信譽之虞者。但得該商標或標章之所有人同意申請註冊者，不在此限。

十二、相同或近似於他人先使用於同一或類似商品或服務之商標，而申請人因與該他人間具有契約、地緣、業務往來或其他關係，知悉他人商標存在，意圖仿襲而申請註冊者。但經其同意申請註冊者，不在此限。

十三、有他人之肖像或著名之姓名、藝名、筆名、字號者。但經其同意申請註冊者，不在此限。

十四、有著名之法人、商號或其他團體之名稱，有致相關公眾混淆誤認之虞者。但經其同意申請註冊者，不在此限。

十五、商標侵害他人之著作權、專利權或其他權利，經判決確定者。但經其同意申請註冊者，不在此限。

前項第九款及第十一款至第十四款所規定之地理標示、著名及先使用之認定，以申請時為準。

第一項第四款、第五款及第九款規定，於政府機關或相關機構為申請人時，不適用之。

前條第三項規定，於第一項第一款規定之情形，準用之。

## 第 31 條（核駁審定）

商標註冊申請案經審查認有第二十九條第一項、第三項、前條第一項、第四項或第六十五條第三項規定不得註冊之情形者，應予核駁審定。

前項核駁審定前，應將核駁理由以書面通知申請人限期陳述意見。

指定使用商品或服務之減縮、商標圖樣之非實質變更、註冊申請案之分割及不專用之聲明，應於核駁審定前為之。

**第 32 條（核准審定）**

商標註冊申請案經審查無前條第一項規定之情形者，應予核准審定。

經核准審定之商標，申請人應於審定書送達後二個月內，繳納註冊費後，始予註冊公告，並發給商標註冊證；屆期未繳費者，不予註冊公告。

申請人非因故意，未於前項所定期限繳費者，得於繳費期限屆滿後六個月內，繳納二倍之註冊費後，由商標專責機關公告之。但影響第三人於此期間內申請註冊或取得商標權者，不得為之。

**第三節　商標權**

**第 33 條（商標權）**

商標自註冊公告當日起，由權利人取得商標權，商標權期間為十年。

商標權期間得申請延展，每次延展為十年。

**第 34 條（商標權延展申請）**

商標權之延展，應於商標權期間屆滿前六個月內提出申請，並繳納延展註冊費；其於商標權期間屆滿後六個月內提出申請者，應繳納二倍延展註冊費。

前項核准延展之期間，自商標權期間屆滿日後起算。

**第 35 條（商標權應經商標權人同意取得情形）**

商標權人於經註冊指定之商品或服務，取得商標權。

除本法第三十六條另有規定外，下列情形，應經商標權人之同意：

一、於同一商品或服務，使用相同於註冊商標之商標者。

二、於類似之商品或服務，使用相同於註冊商標之商標，有致相關消費者混淆誤認之虞者。

三、於同一或類似之商品或服務，使用近似於註冊商標之商標，有致相關消費者混淆誤認之虞者。

商標經註冊者，得標明註冊商標或國際通用註冊符號。

**第 36 條（不受他人商標權效力拘束之情形）**

下列情形，不受他人商標權之效力所拘束：

一、以符合商業交易習慣之誠實信用方法，表示自己之姓名、名稱，或其商品或服務之名稱、形狀、品質、性質、特性、用途、產地或其他有關商品或服務本身之說明，非作為商標使用者。

二、為發揮商品或服務功能所必要者。

三、在他人商標註冊申請日前，善意使用相同或近似之商標於同一或類似之商品或服務

　者。但以原使用之商品或服務爲限；商標權人並得要求其附加適當之區別標示。

附有註冊商標之商品，由商標權人或經其同意之人於國內外市場上交易流通，商標權人不得就該商品主張商標權。但爲防止商品流通於市場後，發生變質、受損，或有其他正當事由者，不在此限。

### 第 37 條（申請分割商標權）

商標權人得就註冊商標指定使用之商品或服務，向商標專責機關申請分割商標權。

### 第 38 條（商標註冊事項之變更或更正）

商標圖樣及其指定使用之商品或服務，註冊後即不得變更。但指定使用商品或服務之減縮，不在此限。

商標註冊事項之變更或更正，準用第二十四條及第二十五條規定。

註冊商標涉有異議、評定或廢止案件時，申請分割商標權或減縮指定使用商品或服務者，應於處分前爲之。

### 第 39 條（商標授權登記）

商標權人得就其註冊商標指定使用商品或服務之全部或一部指定地區爲專屬或非專屬授權。

前項授權，非經商標專責機關登記者，不得對抗第三人。

授權登記後，商標權移轉者，其授權契約對受讓人仍繼續存在。

非專屬授權登記後，商標權人再爲專屬授權登記者，在先之非專屬授權登記不受影響。

專屬被授權人在被授權範圍內，排除商標權人及第三人使用註冊商標。

商標權受侵害時，於專屬授權範圍內，專屬被授權人得以自己名義行使權利。但契約另有約定者，從其約定。

### 第 40 條（再授權及對抗要件）

專屬被授權人得於被授權範圍內，再授權他人使用。但契約另有約定者，從其約定。

非專屬被授權人非經商標權人或專屬被授權人同意，不得再授權他人使用。

再授權，非經商標專責機關登記者，不得對抗第三人。

### 第 41 條（申請廢止商標授權登記）

商標授權期間屆滿前有下列情形之一，當事人或利害關係人得檢附相關證據，申請廢止商標授權登記：

一、商標權人及被授權人雙方同意終止者。其經再授權者，亦同。

二、授權契約明定，商標權人或被授權人得任意終止授權關係，經當事人聲明終止者。

三、商標權人以被授權人違反授權契約約定，通知被授權人解除或終止授權契約，而被授權人無異議者。

四、其他相關事證足以證明授權關係已不存在者。

**第 42 條（商標權之移轉及對抗要件）**

商標權之移轉，非經商標專責機關登記者，不得對抗第三人。

**第 43 條（附加適當區別標示）**

移轉商標權之結果，有二以上之商標權人使用相同商標於類似之商品或服務，或使用近似商標於同一或類似之商品或服務，而有致相關消費者混淆誤認之虞者，各商標權人使用時應附加適當區別標示。

**第 44 條（質權設定、變更及消滅登記）**

商標權人設定質權及質權之變更、消滅，非經商標專責機關登記者，不得對抗第三人。

商標權人為擔保數債權就商標權設定數質權者，其次序依登記之先後定之。

質權人非經商標權人授權，不得使用該商標。

**第 45 條（拋棄商標權）**

商標權人得拋棄商標權。但有授權登記或質權登記者，應經被授權人或質權人同意。

前項拋棄，應以書面向商標專責機關為之。

**第 46 條（共有商標權）**

共有商標權之授權、再授權、移轉、拋棄、設定質權或應有部分之移轉或設定質權，應經全體共有人之同意。但因繼承、強制執行、法院判決或依其他法律規定移轉者，不在此限。

共有商標權人應有部分之拋棄，準用第二十八條第二項但書及第三項規定。

共有商標權人死亡而無繼承人或消滅後無承受人者，其應有部分之分配，準用第二十八條第四項規定。

共有商標權指定使用商品或服務之減縮或分割，準用第二十八條第五項規定。

**第 47 條（商標權之消滅）**

有下列情形之一，商標權當然消滅：

一、未依第三十四條規定延展註冊者，商標權自該商標權期間屆滿後消滅。

二、商標權人死亡而無繼承人者，商標權自商標權人死亡後消滅。

三、依第四十五條規定拋棄商標權者，自其書面表示到達商標專責機關之日消滅。

第四節　異議

**第 48 條（提出異議）**

商標之註冊違反第二十九條第一項、第三十條第一項或第六十五條第三項規定之情形者，任何人得自商標註冊公告日後三個月內，向商標專責機關提出異議。

前項異議，得就註冊商標指定使用之部分商品或服務爲之。

異議應就每一註冊商標各別申請之。

### 第 49 條（異議書）

提出異議者，應以異議書載明事實及理由，並附副本。異議書如有提出附屬文件者，副本中應提出。

商標專責機關應將異議書送達商標權人限期答辯；商標權人提出答辯書者，商標專責機關應將答辯書送達異議人限期陳述意見。

依前項規定提出之答辯書或陳述意見書有遲滯程序之虞，或其事證已臻明確者，商標專責機關得不通知相對人答辯或陳述意見，逕行審理。

### 第 50 條（異議商標註冊有無違法之規定）

異議商標之註冊有無違法事由，除第一百零六條第一項及第三項規定外，依其註冊公告時之規定。

### 第 51 條（異議案件之審查人員）

商標異議案件，應由未曾審查原案之審查人員審查之。

### 第 52 條（異議程序）

異議程序進行中，被異議之商標權移轉者，異議程序不受影響。

前項商標權受讓人得聲明承受被異議人之地位，續行異議程序。

### 第 53 條（異議之撤回）

異議人得於異議審定前，撤回其異議。

異議人撤回異議者，不得就同一事實，以同一證據及同一理由，再提異議或評定。

### 第 54 條（異議案件撤銷註冊）

異議案件經異議成立者，應撤銷其註冊。

### 第 55 條（撤銷註冊）

前條撤銷之事由，存在於註冊商標所指定使用之部分商品或服務者，得僅就該部分商品或服務撤銷其註冊。

### 第 56 條（異議確定後之效力）

經過異議確定後之註冊商標，任何人不得就同一事實，以同一證據及同一理由，申請評定。

## 第五節　評定

### 第 57 條（商標註冊之評定）

商標之註冊違反第二十九條第一項、第三十條第一項或第六十五條第三項規定之情形者，利害關係人或審查人員得申請或提請商標專責機關評定其註冊。

以商標之註冊違反第三十條第一項第十款規定，向商標專責機關申請評定，其據以評定商標之註冊已滿三年者，應檢附於申請評定前三年有使用於據以主張商品或服務之證據，或其未使用有正當事由之事證。

依前項規定提出之使用證據，應足以證明商標之真實使用，並符合一般商業交易習慣。

### 第 58 條（商標註冊不得申請或提請評定）

商標之註冊違反第二十九條第一項第一款、第三款、第三十條第一項第九款至第十五款或第六十五條第三項規定之情形，自註冊公告日後滿五年者，不得申請或提請評定。

商標之註冊違反第三十條第一項第九款、第十一款規定之情形，係屬惡意者，不受前項期間之限制。

### 第 59 條（商標評定）

商標評定案件，由商標專責機關首長指定審查人員三人以上為評定委員評定之。

### 第 60 條（不成立之評定）

評定案件經評定成立者，應撤銷其註冊。但不得註冊之情形已不存在者，經斟酌公益及當事人利益之衡平，得為不成立之評定。

### 第 61 條（評定案件處分後之效力）

評定案件經處分後，任何人不得就同一事實，以同一證據及同一理由，申請評定。

### 第 62 條（商標評定準用規定）

第四十八條第二項、第三項、第四十九條至第五十三條及第五十五條規定，於商標之評定，準用之。

## 第六節　廢止

### 第 63 條（商標註冊之廢止）

商標註冊後有下列情形之一，商標專責機關應依職權或據申請廢止其註冊：

一、自行變換商標或加附記，致與他人使用於同一或類似之商品或服務之註冊商標構成相同或近似，而有使相關消費者混淆誤認之虞者。

二、無正當事由迄未使用或繼續停止使用已滿三年者。但被授權人有使用者，不在此限。

三、未依第四十三條規定附加適當區別標示者。但於商標專責機關處分前已附加區別標示並無產生混淆誤認之虞者，不在此限。

四、商標已成為所指定商品或服務之通用標章、名稱或形狀者。

五、商標實際使用時有致公眾誤認誤信其商品或服務之性質、品質或產地之虞者。

被授權人為前項第一款之行為，商標權人明知或可得而知而不為反對之表示者，亦同。

有第一項第二款規定之情形，於申請廢止時該註冊商標已為使用者，除因知悉他人將申請廢止，而於申請廢止前三個月內開始使用者外，不予廢止其註冊。

廢止之事由僅存在於註冊商標所指定使用之部分商品或服務者，得就該部分之商品或服務廢止其註冊。

### 第 64 條（使用註冊商標）

商標權人實際使用之商標與註冊商標不同，而依社會一般通念並不失其同一性者，應認為有使用其註冊商標。

### 第 65 條（駁回）

商標專責機關應將廢止申請之情事通知商標權人，並限期答辯；商標權人提出答辯書者，商標專責機關應將答辯書送達申請人限期陳述意見。但申請人之申請無具體事證或其主張顯無理由者，得逕為駁回。

第六十三條第一項第二款規定情形，其答辯通知經送達者，商標權人應證明其有使用之事實；屆期未答辯者，得逕行廢止其註冊。

註冊商標有第六十三條第一項第一款規定情形，經廢止其註冊者，原商標權人於廢止日後三年內，不得註冊、受讓或被授權使用與原註冊圖樣相同或近似之商標於同一或類似之商品或服務；其於商標專責機關處分前，聲明拋棄商標權者，亦同。

### 第 66 條（商標廢止案件法規適用之基準時點）

商標註冊後有無廢止之事由，適用申請廢止時之規定。

### 第 67 條（廢止案審查準用規定）

第四十八條第二項、第三項、第四十九條第一項、第三項、第五十二條及第五十三條規定，於廢止案之審查，準用之。

以註冊商標有第六十三條第一項第一款規定申請廢止者，準用第五十七條第二項及第三項規定。

商標權人依第六十五條第二項提出使用證據者，準用第五十七條第三項規定。

## 第七節　權利侵害之救濟

### 第 68 條（侵害商標權）

未經商標權人同意，為行銷目的而有下列情形之一，為侵害商標權：

一、於同一商品或服務，使用相同於註冊商標之商標者。

二、於類似之商品或服務，使用相同於註冊商標之商標，有致相關消費者混淆誤認之虞者。

三、於同一或類似之商品或服務，使用近似於註冊商標之商標，有致相關消費者混淆誤認之虞者。

### 第 69 條（侵害之排除及損害賠償）

商標權人對於侵害其商標權者，得請求除去之；有侵害之虞者，得請求防止之。

商標權人依前項規定為請求時，得請求銷毀侵害商標權之物品及從事侵害行為之原料或器具。但法院審酌侵害之程度及第三人利益後，得為其他必要之處置。

商標權人對於因故意或過失侵害其商標權者，得請求損害賠償。

前項之損害賠償請求權，自請求權人知有損害及賠償義務人時起，二年間不行使而消滅；自有侵權行為時起，逾十年者亦同。

### 第 70 條（視為侵害商標權）

未得商標權人同意，有下列情形之一，視為侵害商標權：

一、明知為他人著名之註冊商標，而使用相同或近似之商標，有致減損該商標之識別性或信譽之虞者。

二、明知為他人著名之註冊商標，而以該著名商標中之文字作為自己公司、商號、團體、網域或其他表彰營業主體之名稱，有致相關消費者混淆誤認之虞或減損該商標之識別性或信譽之虞者。

三、明知有第六十八條侵害商標權之虞，而製造、持有、陳列、販賣、輸出或輸入尚未與商品或服務結合之標籤、吊牌、包裝容器或與服務有關之物品。

### 第 71 條（損害之計算）

商標權人請求損害賠償時，得就下列各款擇一計算其損害：

一、依民法第二百十六條規定。但不能提供證據方法以證明其損害時，商標權人得就其使用註冊商標通常所可獲得之利益，減除受侵害後使用同一商標所得之利益，以其差額為所受損害。

二、依侵害商標權行為所得之利益；於侵害商標權者不能就其成本或必要費用舉證時，以銷售該項商品全部收入為所得利益。

三、就查獲侵害商標權商品之零售單價一千五百倍以下之金額。但所查獲商品超過一千五百件時，以其總價定賠償金額。

四、以相當於商標權人授權他人使用所得收取之權利金數額為其損害。

前項賠償金額顯不相當者，法院得予酌減之。

**第 72 條（申請查扣）**

商標權人對輸入或輸出之物品有侵害其商標權之虞者，得申請海關先予查扣。

前項申請，應以書面爲之，並釋明侵害之事實，及提供相當於海關核估該進口物品完稅價格或出口物品離岸價格之保證金或相當之擔保。

海關受理查扣之申請，應即通知申請人；如認符合前項規定而實施查扣時，應以書面通知申請人及被查扣人。

被查扣人得提供第二項保證金二倍之保證金或相當之擔保，請求海關廢止查扣，並依有關進出口物品通關規定辦理。

查扣物經申請人取得法院確定判決，屬侵害商標權者，被查扣人應負擔查扣物之貨櫃延滯費、倉租、裝卸費等有關費用。

**第 73 條（廢止查扣）**

有下列情形之一，海關應廢止查扣：

一、申請人於海關通知受理查扣之翌日起十二日內，未依第六十九條規定就查扣物爲侵害物提起訴訟，並通知海關者。

二、申請人就查扣物爲侵害物所提訴訟經法院裁定駁回確定者。

三、查扣物經法院確定判決，不屬侵害商標權之物者。

四、申請人申請廢止查扣者。

五、符合前條第四項規定者。

前項第一款規定之期限，海關得視需要延長十二日。

海關依第一項規定廢止查扣者，應依有關進出口物品通關規定辦理。

查扣因第一項第一款至第四款之事由廢止者，申請人應負擔查扣物之貨櫃延滯費、倉租、裝卸費等有關費用。

**第 74 條（保證金之返還）**

查扣物經法院確定判決不屬侵害商標權之物者，申請人應賠償被查扣人因查扣或提供第七十二條第四項規定保證金所受之損害。

申請人就第七十二條第四項規定之保證金，被查扣人就第七十二條第二項規定之保證金，與質權人有同一之權利。但前條第四項及第七十二條第五項規定之貨櫃延滯費、倉租、裝卸費等有關費用，優先於申請人或被查扣人之損害受償。

有下列情形之一，海關應依申請人之申請，返還第七十二條第二項規定之保證金：

一、申請人取得勝訴之確定判決，或與被查扣人達成和解，已無繼續提供保證金之必要者。

二、因前條第一項第一款至第四款規定之事由廢止查扣，致被查扣人受有損害後，或被查

扣人取得勝訴之確定判決後，申請人證明已定二十日以上之期間，催告被查扣人行使
權利而未行使者。

三、被查扣人同意返還者。

有下列情形之一，海關應依被查扣人之申請返還第七十二條第四項規定之保證金：

一、因前條第一項第一款至第四款規定之事由廢止查扣，或被查扣人與申請人達成和解，
已無繼續提供保證金之必要者。

二、申請人取得勝訴之確定判決後，被查扣人證明已定二十日以上之期間，催告申請人行
使權利而未行使者。

三、申請人同意返還者。

**第 75 條（侵害商標權之通知）**

海關於執行職務時，發現輸入或輸出之物品顯有侵害商標權之虞者，應通知商標權人及進
出口人。

海關為前項之通知時，應限期商標權人至海關進行認定，並提出侵權事證，同時限期進出
口人提供無侵權情事之證明文件。但商標權人或進出口人有正當理由，無法於指定期間內
提出者，得以書面釋明理由向海關申請延長，並以一次為限。

商標權人已提出侵權事證，且進出口人未依前項規定提出無侵權情事之證明文件者，海關
得採行暫不放行措施。

商標權人提出侵權事證，經進出口人依第二項規定提出無侵權情事之證明文件者，海關應
通知商標權人於通知之時起三個工作日內，依第七十二條第一項規定申請查扣。

商標權人未於前項規定期限內，依第七十二條第一項規定申請查扣者，海關得於取具代表
性樣品後，將物品放行。

**第 76 條（申請檢視查扣物及提供相關資料）**

海關在不損及查扣物機密資料保護之情形下，得依第七十二條所定申請人或被查扣人或前
條所定商標權人或進出口人之申請，同意其檢視查扣物。

海關依第七十二條第三項規定實施查扣或依前條第三項規定採行暫不放行措施後，商標權
人得向海關申請提供相關資料；經海關同意後，提供進出口人、收發貨人之姓名或名稱、
地址及疑似侵權物品之數量。

商標權人依前項規定取得之資訊，僅限於作為侵害商標權案件之調查及提起訴訟之目的而
使用，不得任意洩漏予第三人。

**第 77 條（侵權認定）**

商標權人依第七十五條第二項規定進行侵權認定時，得繳交相當於海關核估進口貨樣完稅
價格及相關稅費或海關核估出口貨樣離岸價格及相關稅費百分之一百二十之保證金，向海

關申請調借貨樣進行認定。但以有調借貨樣進行認定之必要，且經商標權人書面切結不侵害進出口人利益及不使用於不正當用途者為限。

前項保證金，不得低於新臺幣三千元。

商標權人未於第七十五條第二項所定提出侵權認定事證之期限內返還所調借之貨樣，或返還之貨樣與原貨樣不符或發生缺損等情形者，海關應留置其保證金，以賠償進出口人之損害。

貨樣之進出口人就前項規定留置之保證金，與質權人有同一之權利。

## 第 78 條（相關事項辦法之訂定）

第七十二條至第七十四條規定之申請查扣、廢止查扣、保證金或擔保之繳納、提供、返還之程序、應備文件及其他應遵行事項之辦法，由主管機關會同財政部定之。

第七十五條至第七十七條規定之海關執行商標權保護措施、權利人申請檢視查扣物、申請提供侵權貨物之相關資訊及申請調借貨樣，其程序、應備文件及其他相關事項之辦法，由財政部定之。

## 第 79 條（專業法庭之設立）

法院為處理商標訴訟案件，得設立專業法庭或指定專人辦理。

## 第三章　證明標章、團體標章及團體商標

## 第 80 條（證明標章）

證明標章，指證明標章權人用以證明他人商品或服務之特定品質、精密度、原料、製造方法、產地或其他事項，並藉以與未經證明之商品或服務相區別之標識。

前項用以證明產地者，該地理區域之商品或服務應具有特定品質、聲譽或其他特性，證明標章之申請人得以含有該地理名稱或足以指示該地理區域之標識申請註冊為產地證明標章。

主管機關應會同中央目的事業主管機關輔導與補助艱困產業、瀕臨艱困產業及傳統產業，提升生產力及產品品質，並建立各該產業別標示其產品原產地為台灣製造之證明標章。

前項產業之認定與輔導、補助之對象、標準、期間及應遵行事項等，由主管機關會商各該中央目的事業主管機關後定之，必要時得免除證明標章之相關規費。

## 第 81 條（證明標章之申請人）

證明標章之申請人，以具有證明他人商品或服務能力之法人、團體或政府機關為限。

前項之申請人係從事於欲證明之商品或服務之業務者，不得申請註冊。

## 第 82 條（證明標章註冊之申請）

申請註冊證明標章者，應檢附具有證明他人商品或服務能力之文件、證明標章使用規範書

及不從事所證明商品之製造、行銷或服務提供之聲明。

申請註冊產地證明標章之申請人代表性有疑義者，商標專責機關得向商品或服務之中央目的事業主管機關諮詢意見。

外國法人、團體或政府機關申請產地證明標章，應檢附以其名義在其原產國受保護之證明文件。

第一項證明標章使用規範書應載明下列事項：

一、證明標章證明之內容。

二、使用證明標章之條件。

三、管理及監督證明標章使用之方式。

四、申請使用該證明標章之程序事項及其爭議解決方式。

商標專責機關於註冊公告時，應一併公告證明標章使用規範書；註冊後修改者，應經商標專責機關核准，並公告之。

### 第 83 條（證明標章之使用）

證明標章之使用，指經證明標章權人同意之人，依證明標章使用規範書所定之條件，使用該證明標章。

### 第 84 條（產地證明標章不適用規定）

產地證明標章之產地名稱不適用第二十九條第一項第一款及第三項規定。

產地證明標章權人不得禁止他人以符合商業交易習慣之誠實信用方法，表示其商品或服務之產地。

### 第 85 條（團體標章）

團體標章，指具有法人資格之公會、協會或其他團體，為表彰其會員之會籍，並藉以與非該團體會員相區別之標識。

### 第 86 條（團體標章註冊之申請）

團體標章註冊之申請，應以申請書載明相關事項，並檢具團體標章使用規範書，向商標專責機關申請之。

前項團體標章使用規範書應載明下列事項：

一、會員之資格。

二、使用團體標章之條件。

三、管理及監督團體標章使用之方式。

四、違反規範之處理規定。

### 第 87 條（團體標章之使用）

團體標章之使用，指團體會員為表彰其會員身分，依團體標章使用規範書所定之條件，使

用該團體標章。

### 第 88 條（團體商標）

團體商標，指具有法人資格之公會、協會或其他團體，為指示其會員所提供之商品或服務，並藉以與非該團體會員所提供之商品或服務相區別之標識。

前項用以指示會員所提供之商品或服務來自一定產地者，該地理區域之商品或服務應具有特定品質、聲譽或其他特性，團體商標之申請人得以含有該地理名稱或足以指示該地理區域之標識申請註冊為產地團體商標。

### 第 89 條（團體商標註冊之申請）

團體商標註冊之申請，應以申請書載明商品或服務，並檢具團體商標使用規範書，向商標專責機關申請之。

前項團體商標使用規範書應載明下列事項：

一、會員之資格。

二、使用團體商標之條件。

三、管理及監督團體商標使用之方式。

四、違反規範之處理規定。

產地團體商標使用規範書除前項應載明事項外，並應載明地理區域界定範圍內之人，其商品或服務及資格符合使用規範書時，產地團體商標權人應同意其成為會員。

商標專責機關於註冊公告時，應一併公告團體商標使用規範書；註冊後修改者，應經商標專責機關核准，並公告之。

### 第 90 條（團體商標之使用）

團體商標之使用，指團體或其會員依團體商標使用規範書所定之條件，使用該團體商標。

### 第 91 條（產地團體商標準用規定）

第八十二條第二項、第三項及第八十四條規定，於產地團體商標，準用之。

### 第 92 條（證明標章權、團體標章權或團體商標權之移轉授權他人使用）

證明標章權、團體標章權或團體商標權不得移轉、授權他人使用，或作為質權標的物。但其移轉或授權他人使用，無損害消費者利益及違反公平競爭之虞，經商標專責機關核准者，不在此限。

### 第 93 條（廢止註冊之情形）

證明標章權人、團體標章權人或團體商標權人有下列情形之一者，商標專責機關得依任何人之申請或依職權廢止證明標章、團體標章或團體商標之註冊：

一、證明標章作為商標使用。

二、證明標章權人從事其所證明商品或服務之業務。

三、證明標章權人喪失證明該註冊商品或服務之能力。

四、證明標章權人對於申請證明之人，予以差別待遇。

五、違反前條規定而為移轉、授權或設定質權。

六、未依使用規範書為使用之管理及監督。

七、其他不當方法之使用，致生損害於他人或公眾之虞。

被授權人為前項之行為，證明標章權人、團體標章權人或團體商標權人明知或可得而知而不為反對之表示者，亦同。

**第 94 條（標章之準用）**

證明標章、團體標章或團體商標除本章另有規定外，依其性質準用本法有關商標之規定。

## 第四章　罰則

**第 95 條（罰則）**

未得商標權人或團體商標權人同意，為行銷目的而有下列情形之一，處三年以下有期徒刑、拘役或科或併科新臺幣二十萬元以下罰金：

一、於同一商品或服務，使用相同於註冊商標或團體商標之商標者。

二、於類似之商品或服務，使用相同於註冊商標或團體商標之商標，有致相關消費者混淆誤認之虞者。

三、於同一或類似之商品或服務，使用近似於註冊商標或團體商標之商標，有致相關消費者混淆誤認之虞者。

**第 96 條（罰則）**

未得證明標章權人同意，為行銷目的而於同一或類似之商品或服務，使用相同或近似於註冊證明標章之標章，有致相關消費者誤認誤信之虞者，處三年以下有期徒刑、拘役或科或併科新臺幣二十萬元以下罰金。

明知有前項侵害證明標章權之虞，販賣或意圖販賣而製造、持有、陳列附有相同或近似於他人註冊證明標章標識之標籤、包裝容器或其他物品者，亦同。

**第 97 條（罰則）**

明知他人所為之前二條商品而販賣，或意圖販賣而持有、陳列、輸出或輸入者，處一年以下有期徒刑、拘役或科或併科新臺幣五萬元以下罰金；透過電子媒體或網路方式為之者，亦同。

**第 98 條**

侵害商標權、證明標章權或團體商標權之物品或文書，不問屬於犯罪行為人與否，沒收

之。

## 第 99 條（罰則）

未經認許之外國法人或團體，就本法規定事項得爲告訴、自訴或提起民事訴訟。我國非法人團體經取得證明標章權者，亦同。

## 第五章　附則

## 第 100 條（附則）

本法中華民國九十二年四月二十九日修正之條文施行前，已註冊之服務標章，自本法修正施行當日起，視爲商標。

## 第 101 條（附則）

本法中華民國九十二年四月二十九日修正之條文施行前，已註冊之聯合商標、聯合服務標章、聯合團體標章或聯合證明標章，自本法修正施行之日起，視爲獨立之註冊商標或標章；其存續期間，以原核准者爲準。

## 第 102 條（附則）

本法中華民國九十二年四月二十九日修正之條文施行前，已註冊之防護商標、防護服務標章、防護團體標章或防護證明標章，依其註冊時之規定；於其專用期間屆滿前，應申請變更爲獨立之註冊商標或標章；屆期未申請變更者，商標權消滅。

## 第 103 條（附則）

依前條申請變更爲獨立之註冊商標或標章者，關於第六十三條第一項第二款規定之三年期間，自變更當日起算。

## 第 104 條（規費繳納）

依本法申請註冊、延展註冊、異動登記、異議、評定、廢止及其他各項程序，應繳納申請費、註冊費、延展註冊費、登記費、異議費、評定費、廢止費等各項相關規費。

前項收費標準，由主管機關定之。

## 第 105 條（附則）

本法中華民國一百年五月三十一日修正之條文施行前，註冊費已分二期繳納者，第二期之註冊費依修正前之規定辦理。

## 第 106 條（附則）

本法中華民國一百年五月三十一日修正之條文施行前，已受理而尙未處分之異議或評定案件，以註冊時及本法修正施行後之規定均爲違法事由爲限，始撤銷其註冊；其程序依修正施行後之規定辦理。但修正施行前已依法進行之程序，其效力不受影響。

本法一百年五月三十一日修正之條文施行前，已受理而尚未處分之評定案件，不適用第五十七條第二項及第三項之規定。

對本法一百年五月三十一日修正之條文施行前註冊之商標、證明標章及團體標章，於本法修正施行後提出異議、申請或提請評定者，以其註冊時及本法修正施行後之規定均為違法事由為限。

### 第 107 條（附則）

本法中華民國一百年五月三十一日修正之條文施行前，尚未處分之商標廢止案件，適用本法修正施行後之規定辦理。但修正施行前已依法進行之程序，其效力不受影響。

本法一百年五月三十一日修正之條文施行前，已受理而尚未處分之廢止案件，不適用第六十七條第二項準用第五十七條第二項之規定。

### 第 108 條（附則）

本法中華民國一百年五月三十一日修正之條文施行前，以動態、全像圖或其聯合式申請註冊者，以修正之條文施行日為其申請日。

### 第 109 條（優先權制度）

以動態、全像圖或其聯合式申請註冊，並主張優先權者，其在與中華民國有相互承認優先權之國家或世界貿易組織會員之申請日早於本法中華民國一百年五月三十一日修正之條文施行前者，以一百年五月三十一日修正之條文施行日為其優先權日。

於中華民國政府主辦或承認之國際展覽會上，展出申請註冊商標之商品或服務而主張展覽會優先權，其展出日早於一百年五月三十一日修正之條文施行前者，以一百年五月三十一日修正之條文施行日為其優先權日。

### 第 110 條（施行細則）

本法施行細則，由主管機關定之。

### 第 111 條（施行日）

本法之施行日期，由行政院定之。

# 附錄三　專利法

修正日期：2019 年 05 月 01 日

## 第一章　總則

### 第 1 條
為鼓勵、保護、利用發明、新型及設計之創作，以促進產業發展，特制定本法。

### 第 2 條
本法所稱專利，分為下列三種：
一、發明專利。
二、新型專利。
三、設計專利。

### 第 3 條
本法主管機關為經濟部。
專利業務，由經濟部指定專責機關辦理。

### 第 4 條
外國人所屬之國家與中華民國如未共同參加保護專利之國際條約或無相互保護專利之條約、協定或由團體、機構互訂經主管機關核准保護專利之協議，或對中華民國國民申請專利，不予受理者，其專利申請，得不予受理。

### 第 5 條
專利申請權，指得依本法申請專利之權利。
專利申請權人，除本法另有規定或契約另有約定外，指發明人、新型創作人、設計人或其受讓人或繼承人。

### 第 6 條
專利申請權及專利權，均得讓與或繼承。
專利申請權，不得為質權之標的。
以專利權為標的設定質權者，除契約另有約定外，質權人不得實施該專利權。

### 第 7 條
受雇人於職務上所完成之發明、新型或設計，其專利申請權及專利權屬於雇用人，雇用人應支付受雇人適當之報酬。但契約另有約定者，從其約定。
前項所稱職務上之發明、新型或設計，指受雇人於僱傭關係中之工作所完成之發明、新型

或設計。

一方出資聘請他人從事研究開發者，其專利申請權及專利權之歸屬依雙方契約約定；契約未約定者，屬於發明人、新型創作人或設計人。但出資人得實施其發明、新型或設計。

依第一項、前項之規定，專利申請權及專利權歸屬於雇用人或出資人者，發明人、新型創作人或設計人享有姓名表示權。

### 第 8 條

受雇人於非職務上所完成之發明、新型或設計，其專利申請權及專利權屬於受雇人。但其發明、新型或設計係利用雇用人資源或經驗者，雇用人得於支付合理報酬後，於該事業實施其發明、新型或設計。

受雇人完成非職務上之發明、新型或設計，應即以書面通知雇用人，如有必要並應告知創作之過程。

雇用人於前項書面通知到達後六個月內，未向受雇人為反對之表示者，不得主張該發明、新型或設計為職務上發明、新型或設計。

### 第 9 條

前條雇用人與受雇人間所訂契約，使受雇人不得享受其發明、新型或設計之權益者，無效。

### 第 10 條

雇用人或受雇人對第七條及第八條所定權利之歸屬有爭執而達成協議者，得附具證明文件，向專利專責機關申請變更權利人名義。專利專責機關認有必要時，得通知當事人附具依其他法令取得之調解、仲裁或判決文件。

### 第 11 條

申請人申請專利及辦理有關專利事項，得委任代理人辦理之。

在中華民國境內，無住所或營業所者，申請專利及辦理專利有關事項，應委任代理人辦理之。

代理人，除法令另有規定外，以專利師為限。

專利師之資格及管理，另以法律定之。

### 第 12 條

專利申請權為共有者，應由全體共有人提出申請。

二人以上共同為專利申請以外之專利相關程序時，除撤回或拋棄申請案、申請分割、改請或本法另有規定者，應共同連署外，其餘程序各人皆可單獨為之。但約定有代表者，從其約定。

前二項應共同連署之情形，應指定其中一人為應受送達人。未指定應受送達人者，專利專責機關應以第一順序申請人為應受送達人，並應將送達事項通知其他人。

## 第 13 條

專利申請權為共有時，非經共有人全體之同意，不得讓與或拋棄。

專利申請權共有人非經其他共有人之同意，不得以其應有部分讓與他人。

專利申請權共有人拋棄其應有部分時，該部分歸屬其他共有人。

## 第 14 條

繼受專利申請權者，如在申請時非以繼受人名義申請專利，或未在申請後向專利專責機關申請變更名義者，不得以之對抗第三人。

為前項之變更申請者，不論受讓或繼承，均應附具證明文件。

## 第 15 條

專利專責機關職員及專利審查人員於任職期內，除繼承外，不得申請專利及直接、間接受有關專利之任何權益。

專利專責機關職員及專利審查人員對職務上知悉或持有關於專利之發明、新型或設計，或申請人事業上之秘密，有保密之義務，如有違反者，應負相關法律責任。

專利審查人員之資格，以法律定之。

## 第 16 條

專利審查人員有下列情事之一，應自行迴避：

一、本人或其配偶，為該專利案申請人、專利權人、舉發人、代理人、代理人之合夥人或與代理人有僱傭關係者。

二、現為該專利案申請人、專利權人、舉發人或代理人之四親等內血親，或三親等內姻親。

三、本人或其配偶，就該專利案與申請人、專利權人、舉發人有共同權利人、共同義務人或償還義務人之關係者。

四、現為或曾為該專利案申請人、專利權人、舉發人之法定代理人或家長家屬者。

五、現為或曾為該專利案申請人、專利權人、舉發人之訴訟代理人或輔佐人者。

六、現為或曾為該專利案之證人、鑑定人、異議人或舉發人者。

專利審查人員有應迴避而不迴避之情事者，專利專責機關得依職權或依申請撤銷其所為之處分後，另為適當之處分。

## 第 17 條

申請人為有關專利之申請及其他程序，遲誤法定或指定之期間者，除本法另有規定外，應

不受理。但遲誤指定期間在處分前補正者，仍應受理。

申請人因天災或不可歸責於己之事由，遲誤法定期間者，於其原因消滅後三十日內，得以書面敘明理由，向專利專責機關申請回復原狀。但遲誤法定期間已逾一年者，不得申請回復原狀。

申請回復原狀，應同時補行期間內應為之行為。

前二項規定，於遲誤第二十九條第四項、第五十二條第四項、第七十條第二項、第一百二十條準用第二十九條第四項、第一百二十條準用第五十二條第四項、第一百二十條準用第七十條第二項、第一百四十二條第一項準用第二十九條第四項、第一百四十二條第一項準用第五十二條第四項、第一百四十二條第一項準用第七十條第二項規定之期間者，不適用之。

### 第 18 條

審定書或其他文件無從送達者，應於專利公報公告之，並於刊登公報後滿三十日，視為已送達。

### 第 19 條

有關專利之申請及其他程序，得以電子方式為之；其實施辦法，由主管機關定之。

### 第 20 條

本法有關期間之計算，其始日不計算在內。

第五十二條第三項、第一百十四條及第一百三十五條規定之專利權期限，自申請日當日起算。

## 第二章　發明專利

### 第一節　專利要件

### 第 21 條

發明，指利用自然法則之技術思想之創作。

### 第 22 條

可供產業上利用之發明，無下列情事之一，得依本法申請取得發明專利：

一、申請前已見於刊物者。

二、申請前已公開實施者。

三、申請前已為公眾所知悉者。

發明雖無前項各款所列情事，但為其所屬技術領域中具有通常知識者依申請前之先前技術所能輕易完成時，仍不得取得發明專利。

申請人出於本意或非出於本意所致公開之事實發生後十二個月內申請者，該事實非屬第一項各款或前項不得取得發明專利之情事。

因申請專利而在我國或外國依法於公報上所為之公開係出於申請人本意者，不適用前項規定。

## 第 23 條

申請專利之發明，與申請在先而在其申請後始公開或公告之發明或新型專利申請案所附說明書、申請專利範圍或圖式載明之內容相同者，不得取得發明專利。但其申請人與申請在先之發明或新型專利申請案之申請人相同者，不在此限。

## 第 24 條

下列各款，不予發明專利：

一、動、植物及生產動、植物之主要生物學方法。但微生物學之生產方法，不在此限。

二、人類或動物之診斷、治療或外科手術方法。

三、妨害公共秩序或善良風俗者。

第二節　申請

## 第 25 條

申請發明專利，由專利申請權人備具申請書、說明書、申請專利範圍、摘要及必要之圖式，向專利專責機關申請之。

申請發明專利，以申請書、說明書、申請專利範圍及必要之圖式齊備之日為申請日。

說明書、申請專利範圍及必要之圖式未於申請時提出中文本，而以外文本提出，且於專利專責機關指定期間內補正中文本者，以外文本提出之日為申請日。

未於前項指定期間內補正中文本者，其申請案不予受理。但在處分前補正者，以補正之日為申請日，外文本視為未提出。

## 第 26 條

說明書應明確且充分揭露，使該發明所屬技術領域中具有通常知識者，能瞭解其內容，並可據以實現。

申請專利範圍應界定申請專利之發明；其得包括一項以上之請求項，各請求項應以明確、簡潔之方式記載，且必須為說明書所支持。

摘要應敘明所揭露發明內容之概要；其不得用於決定揭露是否充分，及申請專利之發明是否符合專利要件。

說明書、申請專利範圍、摘要及圖式之揭露方式，於本法施行細則定之。

第 27 條

申請生物材料或利用生物材料之發明專利，申請人最遲應於申請日將該生物材料寄存於專利專責機關指定之國內寄存機構。但該生物材料為所屬技術領域中具有通常知識者易於獲得時，不須寄存。

申請人應於申請日後四個月內檢送寄存證明文件，並載明寄存機構、寄存日期及寄存號碼；屆期未檢送者，視為未寄存。

前項期間，如依第二十八條規定主張優先權者，為最早之優先權日後十六個月內。

申請前如已於專利專責機關認可之國外寄存機構寄存，並於第二項或前項規定之期間內，檢送寄存於專利專責機關指定之國內寄存機構之證明文件及國外寄存機構出具之證明文件者，不受第一項最遲應於申請日在國內寄存之限制。

申請人在與中華民國有相互承認寄存效力之外國所指定其國內之寄存機構寄存，並於第二項或第三項規定之期間內，檢送該寄存機構出具之證明文件者，不受應在國內寄存之限制。

第一項生物材料寄存之受理要件、種類、型式、數量、收費費率及其他寄存執行之辦法，由主管機關定之。

第 28 條

申請人就相同發明在與中華民國相互承認優先權之國家或世界貿易組織會員第一次依法申請專利，並於第一次申請專利之日後十二個月內，向中華民國申請專利者，得主張優先權。

申請人於一申請案中主張二項以上優先權時，前項期間之計算以最早之優先權日為準。

外國申請人為非世界貿易組織會員之國民且其所屬國家與中華民國無相互承認優先權者，如於世界貿易組織會員或互惠國領域內，設有住所或營業所，亦得依第一項規定主張優先權。

主張優先權者，其專利要件之審查，以優先權日為準。

第 29 條

依前條規定主張優先權者，應於申請專利同時聲明下列事項：

一、第一次申請之申請日。

二、受理該申請之國家或世界貿易組織會員。

三、第一次申請之申請案號數。

申請人應於最早之優先權日後十六個月內，檢送經前項國家或世界貿易組織會員證明受理之申請文件。

違反第一項第一款、第二款或前項之規定者，視為未主張優先權。

申請人非因故意，未於申請專利同時主張優先權，或違反第一項第一款、第二款規定視為未主張者，得於最早之優先權日後十六個月內，申請回復優先權主張，並繳納申請費與補行第一項規定之行為。

## 第 30 條

申請人基於其在中華民國先申請之發明或新型專利案再提出專利之申請者，得就先申請案申請時說明書、申請專利範圍或圖式所載之發明或新型，主張優先權。但有下列情事之一，不得主張之：

一、自先申請案申請日後已逾十二個月者。

二、先申請案中所記載之發明或新型已經依第二十八條或本條規定主張優先權者。

三、先申請案係第三十四條第一項或第一百零七條第一項規定之分割案，或第一百零八條第一項規定之改請案。

四、先申請案為發明，已經公告或不予專利審定確定者。

五、先申請案為新型，已經公告或不予專利處分確定者。

六、先申請案已經撤回或不受理者。

前項先申請案自其申請日後滿十五個月，視為撤回。

先申請案申請日後逾十五個月者，不得撤回優先權主張。

依第一項主張優先權之後申請案，於先申請案申請日後十五個月內撤回者，視為同時撤回優先權之主張。

申請人於一申請案中主張二項以上優先權時，其優先權期間之計算以最早之優先權日為準。

主張優先權者，其專利要件之審查，以優先權日為準。

依第一項主張優先權者，應於申請專利同時聲明先申請案之申請日及申請案號數；未聲明者，視為未主張優先權。

## 第 31 條

相同發明有二以上之專利申請案時，僅得就其最先申請者准予發明專利。但後申請者所主張之優先權日早於先申請者之申請日者，不在此限。

前項申請日、優先權日為同日者，應通知申請人協議定之；協議不成時，均不予發明專利。其申請人為同一人時，應通知申請人限期擇一申請；屆期未擇一申請者，均不予發明專利。

各申請人為協議時，專利專責機關應指定相當期間通知申請人申報協議結果；屆期未申報者，視為協議不成。

相同創作分別申請發明專利及新型專利者，除有第三十二條規定之情事外，準用前三項規定。

**第 32 條**

同一人就相同創作，於同日分別申請發明專利及新型專利者，應於申請時分別聲明；其發明專利核准審定前，已取得新型專利權，專利專責機關應通知申請人限期擇一；申請人未分別聲明或屆期未擇一者，不予發明專利。

申請人依前項規定選擇發明專利者，其新型專利權，自發明專利公告之日消滅。

發明專利審定前，新型專利權已當然消滅或撤銷確定者，不予專利。

**第 33 條**

申請發明專利，應就每一發明提出申請。

二個以上發明，屬於一個廣義發明概念者，得於一申請案中提出申請。

**第 34 條**

申請專利之發明，實質上為二個以上之發明時，經專利專責機關通知，或據申請人申請，得為分割之申請。

分割申請應於下列各款之期間內為之：

一、原申請案再審查審定前。

二、原申請案核准審定書、再審查核准審定書送達後三個月內。

分割後之申請案，仍以原申請案之申請日為申請日；如有優先權者，仍得主張優先權。

分割後之申請案，不得超出原申請案申請時說明書、申請專利範圍或圖式所揭露之範圍。

依第二項第一款規定分割後之申請案，應就原申請案已完成之程序續行審查。

依第二項第二款規定所為分割，應自原申請案說明書或圖式所揭露之發明且與核准審定之請求項非屬相同發明者，申請分割；分割後之申請案，續行原申請案核准審定前之審查程序。

原申請案經核准審定之說明書、申請專利範圍或圖式不得變動，以核准審定時之申請專利範圍及圖式公告之。

**第 35 條**

發明專利權經專利申請權人或專利申請權共有人，於該專利案公告後二年內，依第七十一條第一項第三款規定提起舉發，並於舉發撤銷確定後二個月內就相同發明申請專利者，以該經撤銷確定之發明專利權之申請日為其申請日。

依前項規定申請之案件，不再公告。

**第三節　審查及再審查**

**第 36 條**

專利專責機關對於發明專利申請案之實體審查，應指定專利審查人員審查之。

**第 37 條**

專利專責機關接到發明專利申請文件後，經審查認為無不合規定程式，且無應不予公開之情事者，自申請日後經過十八個月，應將該申請案公開之。

專利專責機關得因申請人之申請，提早公開其申請案。

發明專利申請案有下列情事之一，不予公開：

一、自申請日後十五個月內撤回者。

二、涉及國防機密或其他國家安全之機密者。

三、妨害公共秩序或善良風俗者。

第一項、前項期間之計算，如主張優先權者，以優先權日為準；主張二項以上優先權時，以最早之優先權日為準。

**第 38 條**

發明專利申請日後三年內，任何人均得向專利專責機關申請實體審查。

依第三十四條第一項規定申請分割，或依第一百零八條第一項規定改請為發明專利，逾前項期間者，得於申請分割或改請後三十日內，向專利專責機關申請實體審查。

依前二項規定所為審查之申請，不得撤回。

未於第一項或第二項規定之期間內申請實體審查者，該發明專利申請案，視為撤回。

**第 39 條**

申請前條之審查者，應檢附申請書。

專利專責機關應將申請審查之事實，刊載於專利公報。

申請審查由發明專利申請人以外之人提起者，專利專責機關應將該項事實通知發明專利申請人。

**第 40 條**

發明專利申請案公開後，如有非專利申請人為商業上之實施者，專利專責機關得依申請優先審查之。

為前項申請者，應檢附有關證明文件。

**第 41 條**

發明專利申請人對於申請案公開後，曾經以書面通知發明專利申請內容，而於通知後公告前就該發明仍繼續為商業上實施之人，得於發明專利申請案公告後，請求適當之補償金。

對於明知發明專利申請案已經公開，於公告前就該發明仍繼續為商業上實施之人，亦得為前項之請求。

前二項規定之請求權，不影響其他權利之行使。但依本法第三十二條分別申請發明專利及新型專利，並已取得新型專利權者，僅得在請求補償金或行使新型專利權間擇一主張之。

第一項、第二項之補償金請求權，自公告之日起，二年間不行使而消滅。

**第 42 條**

專利專責機關於審查發明專利時，得依申請或依職權通知申請人限期為下列各款之行為：

一、至專利專責機關面詢。

二、為必要之實驗、補送模型或樣品。

前項第二款之實驗、補送模型或樣品，專利專責機關認有必要時，得至現場或指定地點勘驗。

**第 43 條**

專利專責機關於審查發明專利時，除本法另有規定外，得依申請或依職權通知申請人限期修正說明書、申請專利範圍或圖式。

修正，除誤譯之訂正外，不得超出申請時說明書、申請專利範圍或圖式所揭露之範圍。

專利專責機關依第四十六條第二項規定通知後，申請人僅得於通知之期間內修正。

專利專責機關經依前項規定通知後，認有必要時，得為最後通知；其經最後通知者，申請專利範圍之修正，申請人僅得於通知之期間內，就下列事項為之：

一、請求項之刪除。

二、申請專利範圍之減縮。

三、誤記之訂正。

四、不明瞭記載之釋明。

違反前二項規定者，專利專責機關得於審定書敘明其事由，逕為審定。

原申請案或分割後之申請案，有下列情事之一，專利專責機關得逕為最後通知：

一、對原申請案所為之通知，與分割後之申請案已通知之內容相同者。

二、對分割後之申請案所為之通知，與原申請案已通知之內容相同者。

三、對分割後之申請案所為之通知，與其他分割後之申請案已通知之內容相同者。

**第 44 條**

說明書、申請專利範圍及圖式，依第二十五條第三項規定，以外文本提出者，其外文本不得修正。

依第二十五條第三項規定補正之中文本，不得超出申請時外文本所揭露之範圍。

前項之中文本，其誤譯之訂正，不得超出申請時外文本所揭露之範圍。

**第 45 條**

發明專利申請案經審查後，應作成審定書送達申請人。

經審查不予專利者，審定書應備具理由。

審定書應由專利審查人員具名。再審查、更正、舉發、專利權期間延長及專利權期間延長

舉發之審定書,亦同。

**第 46 條**

發明專利申請案違反第二十一條至第二十四條、第二十六條、第三十一條、第三十二條第
一項、第三項、第三十三條、第三十四條第四項、第六項前段、第四十三條第二項、第
四十四條第二項、第三項或第一百零八條第三項規定者,應為不予專利之審定。

專利專責機關為前項審定前,應通知申請人限期申復;屆期未申復者,逕為不予專利之審
定。

**第 47 條**

申請專利之發明經審查認無不予專利之情事者,應予專利,並應將申請專利範圍及圖式公
告之。

經公告之專利案,任何人均得申請閱覽、抄錄、攝影或影印其審定書、說明書、申請專利
範圍、摘要、圖式及全部檔案資料。但專利專責機關依法應予保密者,不在此限。

**第 48 條**

發明專利申請人對於不予專利之審定有不服者,得於審定書送達後二個月內備具理由書,
申請再審查。但因申請程序不合法或申請人不適格而不受理或駁回者,得逕依法提起行政
救濟。

**第 49 條**

申請案經依第四十六條第二項規定,為不予專利之審定者,其於再審查時,仍得修正說明
書、申請專利範圍或圖式。

申請案經審查發給最後通知,而為不予專利之審定者,其於再審查時所為之修正,仍受第
四十三條第四項各款規定之限制。但經專利專責機關再審查認原審查程序發給最後通知為
不當者,不在此限。

有下列情事之一,專利專責機關得逕為最後通知:

一、再審查理由仍有不予專利之情事者。

二、再審查時所為之修正,仍有不予專利之情事者。

三、依前項規定所為之修正,違反第四十三條第四項各款規定者。

**第 50 條**

再審查時,專利專責機關應指定未曾審查原案之專利審查人員審查,並作成審定書送達申
請人。

**第 51 條**

發明經審查涉及國防機密或其他國家安全之機密者,應諮詢國防部或國家安全相關機關意

見，認有保密之必要者，申請書件予以封存；其經申請實體審查者，應作成審定書送達申請人及發明人。

申請人、代理人及發明人對於前項之發明應予保密，違反者該專利申請權視為拋棄。

保密期間，自審定書送達申請人後為期一年，並得續行延展保密期間，每次一年；期間屆滿前一個月，專利專責機關應諮詢國防部或國家安全相關機關，於無保密之必要時，應即公開。

第一項之發明經核准審定者，於無保密之必要時，專利專責機關應通知申請人於三個月內繳納證書費及第一年專利年費後，始予公告；屆期未繳費者，不予公告。

就保密期間申請人所受之損失，政府應給與相當之補償。

## 第四節　專利權

### 第 52 條

申請專利之發明，經核准審定者，申請人應於審定書送達後三個月內，繳納證書費及第一年專利年費後，始予公告；屆期未繳費者，不予公告。

申請專利之發明，自公告之日起給予發明專利權，並發證書。

發明專利權期限，自申請日起算二十年屆滿。

申請人非因故意，未於第一項或前條第四項所定期限繳費者，得於繳費期限屆滿後六個月內，繳納證書費及二倍之第一年專利年費後，由專利專責機關公告之。

### 第 53 條

醫藥品、農藥品或其製造方法發明專利權之實施，依其他法律規定，應取得許可證者，其於專利案公告後取得時，專利權人得以第一次許可證申請延長專利權期間，並以一次為限，且該許可證僅得據以申請延長專利權期間一次。

前項核准延長之期間，不得超過為向中央目的事業主管機關取得許可證而無法實施發明之期間；取得許可證期間超過五年者，其延長期間仍以五年為限。

第一項所稱醫藥品，不及於動物用藥品。

第一項申請應備具申請書，附具證明文件，於取得第一次許可證後三個月內，向專利專責機關提出。但在專利權期間屆滿前六個月內，不得為之。

主管機關就延長期間之核定，應考慮對國民健康之影響，並會同中央目的事業主管機關訂定核定辦法。

### 第 54 條

依前條規定申請延長專利權期間者，如專利專責機關於原專利權期間屆滿時尚未審定者，其專利權期間視為已延長。但經審定不予延長者，至原專利權期間屆滿日止。

## 第 55 條

專利專責機關對於發明專利權期間延長申請案，應指定專利審查人員審查，作成審定書送達專利權人。

## 第 56 條

經專利專責機關核准延長發明專利權期間之範圍，僅及於許可證所載之有效成分及用途所限定之範圍。

## 第 57 條

任何人對於經核准延長發明專利權期間，認有下列情事之一，得附具證據，向專利專責機關舉發之：

一、發明專利之實施無取得許可證之必要者。

二、專利權人或被授權人並未取得許可證。

三、核准延長之期間超過無法實施之期間。

四、延長專利權期間之申請人並非專利權人。

五、申請延長之許可證非屬第一次許可證或該許可證曾辦理延長者。

六、核准延長專利權之醫藥品為動物用藥品。

專利權延長經舉發成立確定者，原核准延長之期間，視為自始不存在。但因違反前項第三款規定，經舉發成立確定者，就其超過之期間，視為未延長。

## 第 58 條

發明專利權人，除本法另有規定外，專有排除他人未經其同意而實施該發明之權。

物之發明之實施，指製造、為販賣之要約、販賣、使用或為上述目的而進口該物之行為。

方法發明之實施，指下列各款行為：

一、使用該方法。

二、使用、為販賣之要約、販賣或為上述目的而進口該方法直接製成之物。

發明專利權範圍，以申請專利範圍為準，於解釋申請專利範圍時，並得審酌說明書及圖式。

摘要不得用於解釋申請專利範圍。

## 第 59 條

發明專利權之效力，不及於下列各款情事：

一、非出於商業目的之未公開行為。

二、以研究或實驗為目的實施發明之必要行為。

三、申請前已在國內實施，或已完成必須之準備者。但於專利申請人處得知其發明後未滿十二個月，並經專利申請人聲明保留其專利權者，不在此限。

四、僅由國境經過之交通工具或其裝置。

五、非專利申請權人所得專利權,因專利權人舉發而撤銷時,其被授權人在舉發前,以善意在國內實施或已完成必須之準備者。

六、專利權人所製造或經其同意製造之專利物販賣後,使用或再販賣該物者。上述製造、販賣,不以國內為限。

七、專利權依第七十條第一項第三款規定消滅後,至專利權人依第七十條第二項回復專利權效力並經公告前,以善意實施或已完成必須之準備者。

前項第三款、第五款及第七款之實施人,限於在其原有事業目的範圍內繼續利用。

第一項第五款之被授權人,因該專利權經舉發而撤銷之後,仍實施時,於收到專利權人書面通知之日起,應支付專利權人合理之權利金。

## 第 60 條

發明專利權之效力,不及於以取得藥事法所定藥物查驗登記許可或國外藥物上市許可為目的,而從事之研究、試驗及其必要行為。

## 第 61 條

混合二種以上醫藥品而製造之醫藥品或方法,其發明專利權效力不及於依醫師處方箋調劑之行為及所調劑之醫藥品。

## 第 62 條

發明專利權人以其發明專利權讓與、信託、授權他人實施或設定質權,非經向專利專責機關登記,不得對抗第三人。

前項授權,得為專屬授權或非專屬授權。

專屬被授權人在被授權範圍內,排除發明專利權人及第三人實施該發明。

發明專利權人為擔保數債權,就同一專利權設定數質權者,其次序依登記之先後定之。

## 第 63 條

專屬被授權人得將其被授予之權利再授權第三人實施。但契約另有約定者,從其約定。

非專屬被授權人非經發明專利權人或專屬被授權人同意,不得將其被授予之權利再授權第三人實施。

再授權,非經向專利專責機關登記,不得對抗第三人。

## 第 64 條

發明專利權為共有時,除共有人自己實施外,非經共有人全體之同意,不得讓與、信託、授權他人實施、設定質權或拋棄。

## 第 65 條

發明專利權共有人非經其他共有人之同意，不得以其應有部分讓與、信託他人或設定質權。

發明專利權共有人拋棄其應有部分時，該部分歸屬其他共有人。

## 第 66 條

發明專利權人因中華民國與外國發生戰事受損失者，得申請延展專利權五年至十年，以一次為限。但屬於交戰國人之專利權，不得申請延展。

## 第 67 條

發明專利權人申請更正專利說明書、申請專利範圍或圖式，僅得就下列事項為之：

一、請求項之刪除。

二、申請專利範圍之減縮。

三、誤記或誤譯之訂正。

四、不明瞭記載之釋明。

更正，除誤譯之訂正外，不得超出申請時說明書、申請專利範圍或圖式所揭露之範圍。

依第二十五條第三項規定，說明書、申請專利範圍及圖式以外文本提出者，其誤譯之訂正，不得超出申請時外文本所揭露之範圍。

更正，不得實質擴大或變更公告時之申請專利範圍。

## 第 68 條

專利專責機關對於更正案之審查，除依第七十七條規定外，應指定專利審查人員審查之，並作成審定書送達申請人。

專利專責機關於核准更正後，應公告其事由。

說明書、申請專利範圍及圖式經更正公告者，溯自申請日生效。

## 第 69 條

發明專利權人非經被授權人或質權人之同意，不得拋棄專利權，或就第六十七條第一項第一款或第二款事項為更正之申請。

發明專利權為共有時，非經共有人全體之同意，不得就第六十七條第一項第一款或第二款事項為更正之申請。

## 第 70 條

有下列情事之一者，發明專利權當然消滅：

一、專利權期滿時，自期滿後消滅。

二、專利權人死亡而無繼承人。

三、第二年以後之專利年費未於補繳期限屆滿前繳納者，自原繳費期限屆滿後消滅。

四、專利權人拋棄時，自其書面表示之日消滅。

專利權人非因故意，未於第九十四條第一項所定期限補繳者，得於期限屆滿後一年內，申請回復專利權，並繳納三倍之專利年費後，由專利專責機關公告之。

**第 71 條**

發明專利權有下列情事之一，任何人得向專利專責機關提起舉發：

一、違反第二十一條至第二十四條、第二十六條、第三十一條、第三十二條第一項、第三項、第三十四條第四項、第六項前段、第四十三條第二項、第四十四條第二項、第三項、第六十七條第二項至第四項或第一百零八條第三項規定者。

二、專利權人所屬國家對中華民國國民申請專利不予受理者。

三、違反第十二條第一項規定或發明專利權人為非發明專利申請權人。

以前項第三款情事提起舉發者，限於利害關係人始得為之。

發明專利權得提起舉發之情事，依其核准審定時之規定。但以違反第三十四條第四項、第六項前段、第四十三條第二項、第六十七條第二項、第四項或第一百零八條第三項規定之情事，提起舉發者，依舉發時之規定。

**第 72 條**

利害關係人對於專利權之撤銷，有可回復之法律上利益者，得於專利權當然消滅後，提起舉發。

**第 73 條**

舉發，應備具申請書，載明舉發聲明、理由，並檢附證據。

專利權有二以上之請求項者，得就部分請求項提起舉發。

舉發聲明，提起後不得變更或追加，但得減縮。

舉發人補提理由或證據，應於舉發後三個月內為之，逾期提出者，不予審酌。

**第 74 條**

專利專責機關接到前條申請書後，應將其副本送達專利權人。

專利權人應於副本送達後一個月內答辯；除先行申明理由，准予展期者外，屆期未答辯者，逕予審查。

舉發案件審查期間，專利權人僅得於通知答辯、補充答辯或申復期間申請更正。但發明專利權有訴訟案件繫屬中，不在此限。

專利專責機關認有必要，通知舉發人陳述意見、專利權人補充答辯或申復時，舉發人或專利權人應於通知送達後一個月內為之。除准予展期者外，逾期提出者，不予審酌。

依前項規定所提陳述意見或補充答辯有遲滯審查之虞，或其事證已臻明確者，專利專責機

關得逕予審查。

### 第 75 條
專利專責機關於舉發審查時，在舉發聲明範圍內，得依職權審酌舉發人未提出之理由及證據，並應通知專利權人限期答辯；屆期未答辯者，逕予審查。

### 第 76 條
專利專責機關於舉發審查時，得依申請或依職權通知專利權人限期為下列各款之行為：

一、至專利專責機關面詢。

二、為必要之實驗、補送模型或樣品。

前項第二款之實驗、補送模型或樣品，專利專責機關認有必要時，得至現場或指定地點勘驗。

### 第 77 條
舉發案件審查期間，有更正案者，應合併審查及合併審定。

前項更正案經專利專責機關審查認應准予更正時，應將更正說明書、申請專利範圍或圖式之副本送達舉發人。但更正僅刪除請求項者，不在此限。

同一舉發案審查期間，有二以上之更正案者，申請在先之更正案，視為撤回。

### 第 78 條
同一專利權有多件舉發案者，專利專責機關認有必要時，得合併審查。

依前項規定合併審查之舉發案，得合併審定。

### 第 79 條
專利專責機關於舉發審查時，應指定專利審查人員審查，並作成審定書，送達專利權人及舉發人。

舉發之審定，應就各請求項分別為之。

### 第 80 條
舉發人得於審定前撤回舉發申請。但專利權人已提出答辯者，應經專利權人同意。

專利專責機關應將撤回舉發之事實通知專利權人；自通知送達後十日內，專利權人未為反對之表示者，視為同意撤回。

### 第 81 條
有下列情事之一，任何人對同一專利權，不得就同一事實以同一證據再為舉發：

一、他舉發案曾就同一事實以同一證據提起舉發，經審查不成立者。

二、依智慧財產案件審理法第三十三條規定向智慧財產法院提出之新證據，經審理認無理由者。

**第 82 條**

發明專利權經舉發審查成立者，應撤銷其專利權；其撤銷得就各請求項分別為之。

發明專利權經撤銷後，有下列情事之一，即為撤銷確定：

一、未依法提起行政救濟者。

二、提起行政救濟經駁回確定者。

發明專利權經撤銷確定者，專利權之效力，視為自始不存在。

**第 83 條**

第五十七條第一項延長發明專利權期間舉發之處理，準用本法有關發明專利權舉發之規定。

**第 84 條**

發明專利權之核准、變更、延長、延展、讓與、信託、授權、強制授權、撤銷、消滅、設定質權、舉發審定及其他應公告事項，應於專利公報公告之。

**第 85 條**

專利專責機關應備置專利權簿，記載核准專利、專利權異動及法令所定之一切事項。

前項專利權簿，得以電子方式為之，並供人民閱覽、抄錄、攝影或影印。

**第 86 條**

專利專責機關依本法應公開、公告之事項，得以電子方式為之；其實施日期，由專利專責機關定之。

第五節　強制授權

**第 87 條**

為因應國家緊急危難或其他重大緊急情況，專利專責機關應依緊急命令或中央目的事業主管機關之通知，強制授權所需專利權，並儘速通知專利權人。

有下列情事之一，而有強制授權之必要者，專利專責機關得依申請強制授權：

一、增進公益之非營利實施。

二、發明或新型專利權之實施，將不可避免侵害在前之發明或新型專利權，且較該在前之發明或新型專利權具相當經濟意義之重要技術改良。

三、專利權人有限制競爭或不公平競爭之情事，經法院判決或行政院公平交易委員會處分。

就半導體技術專利申請強制授權者，以有前項第一款或第三款之情事者為限。

專利權經依第二項第一款或第二款規定申請強制授權者，以申請人曾以合理之商業條件在相當期間內仍不能協議授權者為限。

專利權經依第二項第二款規定申請強制授權者，其專利權人得提出合理條件，請求就申請人之專利權強制授權。

## 第 88 條

專利專責機關於接到前條第二項及第九十條之強制授權申請後，應通知專利權人，並限期答辯；屆期未答辯者，得逕予審查。

強制授權之實施應以供應國內市場需要為主。但依前條第二項第三款規定強制授權者，不在此限。

強制授權之審定應以書面為之，並載明其授權之理由、範圍、期間及應支付之補償金。

強制授權不妨礙原專利權人實施其專利權。

強制授權不得讓與、信託、繼承、授權或設定質權。但有下列情事之一者，不在此限：

一、依前條第二項第一款或第三款規定之強制授權與實施該專利有關之營業，一併讓與、信託、繼承、授權或設定質權。

二、依前條第二項第二款或第五項規定之強制授權與被授權人之專利權，一併讓與、信託、繼承、授權或設定質權。

## 第 89 條

依第八十七條第一項規定強制授權者，經中央目的事業主管機關認無強制授權之必要時，專利專責機關應依其通知廢止強制授權。

有下列各款情事之一者，專利專責機關得依申請廢止強制授權：

一、作成強制授權之事實變更，致無強制授權之必要。

二、被授權人未依授權之內容適當實施。

三、被授權人未依專利專責機關之審定支付補償金。

## 第 90 條

為協助無製藥能力或製藥能力不足之國家，取得治療愛滋病、肺結核、瘧疾或其他傳染病所需醫藥品，專利專責機關得依申請，強制授權申請人實施專利權，以供應該國家進口所需醫藥品。

依前項規定申請強制授權者，以申請人曾以合理之商業條件在相當期間內仍不能協議授權者為限。但所需醫藥品在進口國已核准強制授權者，不在此限。

進口國如為世界貿易組織會員，申請人於依第一項申請時，應檢附進口國已履行下列事項之證明文件：

一、已通知與貿易有關之智慧財產權理事會該國所需醫藥品之名稱及數量。

二、已通知與貿易有關之智慧財產權理事會該國無製藥能力或製藥能力不足，而有作為進口國之意願。但為低度開發國家者，申請人毋庸檢附證明文件。

三、所需醫藥品在該國無專利權，或有專利權但已核准強制授權或即將核准強制授權。

前項所稱低度開發國家，為聯合國所發布之低度開發國家。

進口國如非世界貿易組織會員，而為低度開發國家或無製藥能力或製藥能力不足之國家，申請人於依第一項申請時，應檢附進口國已履行下列事項之證明文件：

一、以書面向中華民國外交機關提出所需醫藥品之名稱及數量。

二、同意防止所需醫藥品轉出口。

**第 91 條**

依前條規定強制授權製造之醫藥品應全部輸往進口國，且授權製造之數量不得超過進口國通知與貿易有關之智慧財產權理事會或中華民國外交機關所需醫藥品之數量。

依前條規定強制授權製造之醫藥品，應於其外包裝依專利專責機關指定之內容標示其授權依據；其包裝及顏色或形狀，應與專利權人或其被授權人所製造之醫藥品足以區別。

強制授權之被授權人應支付專利權人適當之補償金；補償金之數額，由專利專責機關就與所需醫藥品相關之醫藥品專利權於進口國之經濟價值，並參考聯合國所發布之人力發展指標核定之。

強制授權被授權人於出口該醫藥品前，應於網站公開該醫藥品之數量、名稱、目的地及可資區別之特徵。

依前條規定強制授權製造出口之醫藥品，其查驗登記，不受藥事法第四十條之二第二項規定之限制。

第六節　納費

**第 92 條**

關於發明專利之各項申請，申請人於申請時，應繳納申請費。

核准專利者，發明專利權人應繳納證書費及專利年費；請准延長、延展專利權期間者，在延長、延展期間內，仍應繳納專利年費。

**第 93 條**

發明專利年費自公告之日起算，第一年年費，應依第五十二條第一項規定繳納；第二年以後年費，應於屆期前繳納之。

前項專利年費，得一次繳納數年；遇有年費調整時，毋庸補繳其差額。

**第 94 條**

發明專利第二年以後之專利年費，未於應繳納專利年費之期間內繳費者，得於期滿後六個月內補繳之。但其專利年費之繳納，除原應繳納之專利年費外，應以比率方式加繳專利年費。

前項以比率方式加繳專利年費，指依逾越應繳納專利年費之期間，按月加繳，每逾一個月加繳百分之二十，最高加繳至依規定之專利年費加倍之數額；其逾繳期間在一日以上一個月以內者，以一個月論。

### 第 95 條

發明專利權人爲自然人、學校或中小企業者，得向專利專責機關申請減免專利年費。

### 第七節　損害賠償及訴訟

### 第 96 條

發明專利權人對於侵害其專利權者，得請求除去之。有侵害之虞者，得請求防止之。

發明專利權人對於因故意或過失侵害其專利權者，得請求損害賠償。

發明專利權人爲第一項之請求時，對於侵害專利權之物或從事侵害行爲之原料或器具，得請求銷毀或爲其他必要之處置。

專屬被授權人在被授權範圍內，得爲前三項之請求。但契約另有約定者，從其約定。

發明人之姓名表示權受侵害時，得請求表示發明人之姓名或爲其他回復名譽之必要處分。

第二項及前項所定之請求權，自請求權人知有損害及賠償義務人時起，二年間不行使而消滅；自行爲時起，逾十年者，亦同。

### 第 97 條

依前條請求損害賠償時，得就下列各款擇一計算其損害：

一、依民法第二百十六條之規定。但不能提供證據方法以證明其損害時，發明專利權人得就其實施專利權通常所可獲得之利益，減除受害後實施同一專利權所得之利益，以其差額爲所受損害。

二、依侵害人因侵害行爲所得之利益。

三、依授權實施該發明專利所得收取之合理權利金爲基礎計算損害。

依前項規定，侵害行爲如屬故意，法院得因被害人之請求，依侵害情節，酌定損害額以上之賠償。但不得超過已證明損害額之三倍。

### 第 97-1 條

專利權人對進口之物有侵害其專利權之虞者，得申請海關先予查扣。

前項申請，應以書面爲之，並釋明侵害之事實，及提供相當於海關核估該進口物完稅價格之保證金或相當之擔保。

海關受理查扣之申請，應即通知申請人；如認符合前項規定而實施查扣時，應以書面通知申請人及被查扣人。

被查扣人得提供第二項保證金二倍之保證金或相當之擔保，請求海關廢止查扣，並依有關進口貨物通關規定辦理。

海關在不損及查扣物機密資料保護之情形下，得依申請人或被查扣人之申請，同意其檢視查扣物。

查扣物經申請人取得法院確定判決，屬侵害專利權者，被查扣人應負擔查扣物之貨櫃延滯費、倉租、裝卸費等有關費用。

**第 97-2 條**

有下列情形之一，海關應廢止查扣：

一、申請人於海關通知受理查扣之翌日起十二日內，未依第九十六條規定就查扣物為侵害物提起訴訟，並通知海關者。

二、申請人就查扣物為侵害物所提訴訟經法院裁判駁回確定者。

三、查扣物經法院確定判決，不屬侵害專利權之物者。

四、申請人申請廢止查扣者。

五、符合前條第四項規定者。

前項第一款規定之期限，海關得視需要延長十二日。

海關依第一項規定廢止查扣者，應依有關進口貨物通關規定辦理。

查扣因第一項第一款至第四款之事由廢止者，申請人應負擔查扣物之貨櫃延滯費、倉租、裝卸費等有關費用。

**第 97-3 條**

查扣物經法院確定判決不屬侵害專利權之物者，申請人應賠償被查扣人因查扣或提供第九十七條之一第四項規定保證金所受之損害。

申請人就第九十七條之一第四項規定之保證金，被查扣人就第九十七條之一第二項規定之保證金，與質權人有同一權利。但前條第四項及第九十七條之一第六項規定之貨櫃延滯費、倉租、裝卸費等有關費用，優先於申請人或被查扣人之損害受償。

有下列情形之一者，海關應依申請人之申請，返還第九十七條之一第二項規定之保證金：

一、申請人取得勝訴之確定判決，或與被查扣人達成和解，已無繼續提供保證金之必要者。

二、因前條第一項第一款至第四款規定之事由廢止查扣，致被查扣人受有損害後，或被查扣人取得勝訴之確定判決後，申請人證明已定二十日以上之期間，催告被查扣人行使權利而未行使者。

三、被查扣人同意返還者。

有下列情形之一者，海關應依被查扣人之申請，返還第九十七條之一第四項規定之保證金：

一、因前條第一項第一款至第四款規定之事由廢止查扣，或被查扣人與申請人達成和解，

已無繼續提供保證金之必要者。

二、申請人取得勝訴之確定判決後，被查扣人證明已定二十日以上之期間，催告申請人行使權利而未行使者。

三、申請人同意返還者。

### 第 97-4 條

前三條規定之申請查扣、廢止查扣、檢視查扣物、保證金或擔保之繳納、提供、返還之程序、應備文件及其他應遵行事項之辦法，由主管機關會同財政部定之。

### 第 98 條

專利物上應標示專利證書號數；不能於專利物上標示者，得於標籤、包裝或以其他足以引起他人認識之顯著方式標示之；其未附加標示者，於請求損害賠償時，應舉證證明侵害人明知或可得而知為專利物。

### 第 99 條

製造方法專利所製成之物在該製造方法申請專利前，為國內外未見者，他人製造相同之物，推定為以該專利方法所製造。

前項推定得提出反證推翻之。被告證明其製造該相同物之方法與專利方法不同者，為已提出反證。被告舉證所揭示製造及營業秘密之合法權益，應予充分保障。

### 第 100 條

發明專利訴訟案件，法院應以判決書正本一份送專利專責機關。

### 第 101 條

舉發案涉及侵權訴訟案件之審理者，專利專責機關得優先審查。

### 第 102 條

未經認許之外國法人或團體，就本法規定事項得提起民事訴訟。

### 第 103 條

法院為處理發明專利訴訟案件，得設立專業法庭或指定專人辦理。

司法院得指定侵害專利鑑定專業機構。

法院受理發明專利訴訟案件，得囑託前項機構為鑑定。

## 第三章　新型專利

### 第 104 條

新型，指利用自然法則之技術思想，對物品之形狀、構造或組合之創作。

## 第 105 條

新型有妨害公共秩序或善良風俗者，不予新型專利。

## 第 106 條

申請新型專利，由專利申請權人備具申請書、說明書、申請專利範圍、摘要及圖式，向專利專責機關申請之。

申請新型專利，以申請書、說明書、申請專利範圍及圖式齊備之日為申請日。

說明書、申請專利範圍及圖式未於申請時提出中文本，而以外文本提出，且於專利專責機關指定期間內補正中文本者，以外文本提出之日為申請日。

未於前項指定期間內補正中文本者，其申請案不予受理。但在處分前補正者，以補正之日為申請日，外文本視為未提出。

## 第 107 條

申請專利之新型，實質上為二個以上之新型時，經專利專責機關通知，或據申請人申請，得為分割之申請。

分割申請應於下列各款之期間內為之：

一、原申請案處分前。

二、原申請案核准處分書送達後三個月內。

## 第 108 條

申請發明或設計專利後改請新型專利者，或申請新型專利後改請發明專利者，以原申請案之申請日為改請案之申請日。

改請之申請，有下列情事之一者，不得為之：

一、原申請案准予專利之審定書、處分書送達後。

二、原申請案為發明或設計，於不予專利之審定書送達後逾二個月。

三、原申請案為新型，於不予專利之處分書送達後逾三十日。

改請後之申請案，不得超出原申請案申請時說明書、申請專利範圍或圖式所揭露之範圍。

## 第 109 條

專利專責機關於形式審查新型專利時，得依申請或依職權通知申請人限期修正說明書、申請專利範圍或圖式。

## 第 110 條

說明書、申請專利範圍及圖式，依第一百零六條第三項規定，以外文本提出者，其外文本不得修正。

依第一百零六條第三項規定補正之中文本，不得超出申請時外文本所揭露之範圍。

**第 111 條**

新型專利申請案經形式審查後，應作成處分書送達申請人。

經形式審查不予專利者，處分書應備具理由。

**第 112 條**

新型專利申請案，經形式審查認有下列各款情事之一，應為不予專利之處分：

一、新型非屬物品形狀、構造或組合者。

二、違反第一百零五條規定者。

三、違反第一百二十條準用第二十六條第四項規定之揭露方式者。

四、違反第一百二十條準用第三十三條規定者。

五、說明書、申請專利範圍或圖式未揭露必要事項，或其揭露明顯不清楚者。

六、修正，明顯超出申請時說明書、申請專利範圍或圖式所揭露之範圍者。

**第 113 條**

申請專利之新型，經形式審查認無不予專利之情事者，應予專利，並應將申請專利範圍及圖式公告之。

**第 114 條**

新型專利權期限，自申請日起算十年屆滿。

**第 115 條**

申請專利之新型經公告後，任何人得向專利專責機關申請新型專利技術報告。

專利專責機關應將申請新型專利技術報告之事實，刊載於專利公報。

專利專責機關應指定專利審查人員作成新型專利技術報告，並由專利審查人員具名。

專利專責機關對於第一項之申請，應就第一百二十條準用第二十二條第一項第一款、第二項、第一百二十條準用第二十三條、第一百二十條準用第三十一條規定之情事，作成新型專利技術報告。

依第一項規定申請新型專利技術報告，如敘明有非專利權人為商業上之實施，並檢附有關證明文件者，專利專責機關應於六個月內完成新型專利技術報告。

新型專利技術報告之申請，於新型專利權當然消滅後，仍得為之。

依第一項所為之申請，不得撤回。

**第 116 條**

新型專利權人行使新型專利權時，如未提示新型專利技術報告，不得進行警告。

**第 117 條**

新型專利權人之專利權遭撤銷時，就其於撤銷前，因行使專利權所致他人之損害，應負賠

償責任。但其係基於新型專利技術報告之內容，且已盡相當之注意者，不在此限。

## 第 118 條

新型專利權人除有依第一百二十條準用第七十四條第三項規定之情形外，僅得於下列期間申請更正：

一、新型專利權有新型專利技術報告申請案件受理中。

二、新型專利權有訴訟案件繫屬中。

## 第 119 條

新型專利權有下列情事之一，任何人得向專利專責機關提起舉發：

一、違反第一百零四條、第一百零五條、第一百零八條第三項、第一百十條第二項、第一百二十條準用第二十二條、第一百二十條準用第二十三條、第一百二十條準用第二十六條、第一百二十條準用第三十一條、第一百二十條準用第三十四條第四項、第六項前段、第一百二十條準用第四十三條第二項、第一百二十條準用第四十四條第三項、第一百二十條準用第六十七條第二項至第四項規定者。

二、專利權人所屬國家對中華民國國民申請專利不予受理者。

三、違反第十二條第一項規定或新型專利權人為非新型專利申請權人者。

以前項第三款情事提起舉發者，限於利害關係人始得為之。

新型專利權得提起舉發之情事，依其核准處分時之規定。但以違反第一百零八條第三項、第一百二十條準用第三十四條第四項、第六項前段、第一百二十條準用第四十三條第二項或第一百二十條準用第六十七條第二項、第四項規定之情事，提起舉發者，依舉發時之規定。

舉發審定書，應由專利審查人員具名。

## 第 120 條

第二十二條、第二十三條、第二十六條、第二十八條至第三十一條、第三十三條、第三十四條第三項至第七項、第三十五條、第四十三條第二項、第三項、第四十四條第三項、第四十六條第二項、第四十七條第二項、第五十一條、第五十二條第一項、第二項、第四項、第五十八條第一項、第二項、第四項、第五項、第五十九條、第六十二條至第六十五條、第六十七條、第六十八條、第六十九條、第七十條、第七十二條至第八十二條、第八十四條至第九十八條、第一百條至第一百零三條，於新型專利準用之。

## 第四章　設計專利

## 第 121 條

設計，指對物品之全部或部分之形狀、花紋、色彩或其結合，透過視覺訴求之創作。

應用於物品之電腦圖像及圖形化使用者介面，亦得依本法申請設計專利。

## 第 122 條

可供產業上利用之設計，無下列情事之一，得依本法申請取得設計專利：

一、申請前有相同或近似之設計，已見於刊物者。

二、申請前有相同或近似之設計，已公開實施者。

三、申請前已為公眾所知悉者。

設計雖無前項各款所列情事，但為其所屬技藝領域中具有通常知識者依申請前之先前技藝易於思及時，仍不得取得設計專利。

申請人出於本意或非出於本意所致公開之事實發生後六個月內申請者，該事實非屬第一項各款或前項不得取得設計專利之情事。

因申請專利而在我國或外國依法於公報上所為之公開係出於申請人本意者，不適用前項規定。

## 第 123 條

申請專利之設計，與申請在先而在其申請後始公告之設計專利申請案所附說明書或圖式之內容相同或近似者，不得取得設計專利。但其申請人與申請在先之設計專利申請案之申請人相同者，不在此限。

## 第 124 條

下列各款，不予設計專利：

一、純功能性之物品造形。

二、純藝術創作。

三、積體電路電路布局及電子電路布局。

四、物品妨害公共秩序或善良風俗者。

## 第 125 條

申請設計專利，由專利申請權人備具申請書、說明書及圖式，向專利專責機關申請之。

申請設計專利，以申請書、說明書及圖式齊備之日為申請日。

說明書及圖式未於申請時提出中文本，而以外文本提出，且於專利專責機關指定期間內補正中文本者，以外文本提出之日為申請日。

未於前項指定期間內補正中文本者，其申請案不予受理。但在處分前補正者，以補正之日為申請日，外文本視為未提出。

## 第 126 條

說明書及圖式應明確且充分揭露，使該設計所屬技藝領域中具有通常知識者，能瞭解其內容，並可據以實現。

說明書及圖式之揭露方式，於本法施行細則定之。

**第 127 條**

同一人有二個以上近似之設計，得申請設計專利及其衍生設計專利。

衍生設計之申請日，不得早於原設計之申請日。

申請衍生設計專利，於原設計專利公告後，不得爲之。

同一人不得就與原設計不近似，僅與衍生設計近似之設計申請爲衍生設計專利。

**第 128 條**

相同或近似之設計有二以上之專利申請案時，僅得就其最先申請者，准予設計專利。但後申請者所主張之優先權日早於先申請者之申請日者，不在此限。

前項申請日、優先權日爲同日者，應通知申請人協議定之；協議不成時，均不予設計專利。其申請人爲同一人時，應通知申請人限期擇一申請；屆期未擇一申請者，均不予設計專利。

各申請人爲協議時，專利專責機關應指定相當期間通知申請人申報協議結果；屆期未申報者，視爲協議不成。

前三項規定，於下列各款不適用之：

一、原設計專利申請案與衍生設計專利申請案間。

二、同一設計專利申請案有二以上衍生設計專利申請案者，該二以上衍生設計專利申請案間。

**第 129 條**

申請設計專利，應就每一設計提出申請。

二個以上之物品，屬於同一類別，且習慣上以成組物品販賣或使用者，得以一設計提出申請。

申請設計專利，應指定所施予之物品。

**第 130 條**

申請專利之設計，實質上爲二個以上之設計時，經專利專責機關通知，或據申請人申請，得爲分割之申請。

分割申請，應於原申請案再審查審定前爲之。

分割後之申請案，應就原申請案已完成之程序續行審查。

**第 131 條**

申請設計專利後改請衍生設計專利者，或申請衍生設計專利後改請設計專利者，以原申請案之申請日爲改請案之申請日。

改請之申請，有下列情事之一者，不得爲之：

一、原申請案准予專利之審定書送達後。

二、原申請案不予專利之審定書送達後逾二個月。

改請後之設計或衍生設計，不得超出原申請案申請時說明書或圖式所揭露之範圍。

## 第 132 條

申請發明或新型專利後改請設計專利者，以原申請案之申請日爲改請案之申請日。

改請之申請，有下列情事之一者，不得爲之：

一、原申請案准予專利之審定書、處分書送達後。

二、原申請案爲發明，於不予專利之審定書送達後逾二個月。

三、原申請案爲新型，於不予專利之處分書送達後逾三十日。

改請後之申請案，不得超出原申請案申請時說明書、申請專利範圍或圖式所揭露之範圍。

## 第 133 條

說明書及圖式，依第一百二十五條第三項規定，以外文本提出者，其外文本不得修正。

第一百二十五條第三項規定補正之中文本，不得超出申請時外文本所揭露之範圍。

## 第 134 條

設計專利申請案違反第一百二十一條至第一百二十四條、第一百二十六條、第一百二十七條、第一百二十八條第一項至第三項、第一百二十九條第一項、第二項、第一百三十一條第三項、第一百三十二條第三項、第一百三十三條第二項、第一百四十二條第一項準用第三十四條第四項、第一百四十二條第一項準用第四十三條第二項、第一百四十二條第一項準用第四十四條第三項規定者，應爲不予專利之審定。

## 第 135 條

設計專利權期限，自申請日起算十五年屆滿；衍生設計專利權期限與原設計專利權期限同時屆滿。

## 第 136 條

設計專利權人，除本法另有規定外，專有排除他人未經其同意而實施該設計或近似該設計之權。

設計專利權範圍，以圖式爲準，並得審酌說明書。

## 第 137 條

衍生設計專利權得單獨主張，且及於近似之範圍。

## 第 138 條

衍生設計專利權，應與其原設計專利權一併讓與、信託、繼承、授權或設定質權。

原設計專利權依第一百四十二條第一項準用第七十條第一項第三款或第四款規定已當然消滅或撤銷確定，其衍生設計專利權有二以上仍存續者，不得單獨讓與、信託、繼承、授權或設定質權。

**第 139 條**

設計專利權人申請更正專利說明書或圖式，僅得就下列事項為之：

一、誤記或誤譯之訂正。

二、不明瞭記載之釋明。

更正，除誤譯之訂正外，不得超出申請時說明書或圖式所揭露之範圍。

依第一百二十五條第三項規定，說明書及圖式以外文本提出者，其誤譯之訂正，不得超出申請時外文本所揭露之範圍。

更正，不得實質擴大或變更公告時之圖式。

**第 140 條**

設計專利權人非經被授權人或質權人之同意，不得拋棄專利權。

**第 141 條**

設計專利權有下列情事之一，任何人得向專利專責機關提起舉發：

一、違反第一百二十一條至第一百二十四條、第一百二十六條、第一百二十七條、第一百二十八條第一項至第三項、第一百三十一條第三項、第一百三十二條第三項、第一百三十三條第二項、第一百三十九條第二項至第四項、第一百四十二條第一項準用第三十四條第四項、第一百四十二條第一項準用第四十三條第二項、第一百四十二條第一項準用第四十四條第三項規定者。

二、專利權人所屬國家對中華民國國民申請專利不予受理者。

三、違反第十二條第一項規定或設計專利權人為非設計專利申請權人者。

以前項第三款情事提起舉發者，限於利害關係人始得為之。

設計專利權得提起舉發之情事，依其核准審定時之規定。但以違反第一百三十一條第三項、第一百三十二條第三項、第一百三十九條第二項、第四項、第一百四十二條第一項準用第三十四條第四項或第一百四十二條第一項準用第四十三條第二項規定之情事，提起舉發者，依舉發時之規定。

**第 142 條**

第二十八條、第二十九條、第三十四條第三項、第四項、第三十五條、第三十六條、第四十二條、第四十三條第一項至第三項、第四十四條第三項、第四十五條、第四十六條第二項、第四十七條、第四十八條、第五十條、第五十二條第一項、第二項、第四項、第五十八條第二項、第五十九條、第六十二條至第六十五條、第六十八條、第七十條、第

七十二條、第七十三條第一項、第三項、第四項、第七十四條至第七十八條、第七十九條
第一項、第八十條至第八十二條、第八十四條至第八十六條、第九十二條至第九十八條、
第一百條至第一百零三條規定，於設計專利準用之。

第二十八條第一項所定期間，於設計專利申請案為六個月。

第二十九條第二項及第四項所定期間，於設計專利申請案為十個月。

第五十九條第一項第三款但書所定期間，於設計專利申請案為六個月。

## 第五章　附則

### 第 143 條

專利檔案中之申請書件、說明書、申請專利範圍、摘要、圖式及圖說，經專利專責機關認
定具保存價值者，應永久保存。

前項以外之專利檔案應依下列規定定期保存：

一、發明專利案除經審定准予專利者保存三十年外，應保存二十年。

二、新型專利案除經處分准予專利者保存十五年外，應保存十年。

三、設計專利案除經審定准予專利者保存二十年外，應保存十五年。

前項專利檔案保存年限，自審定、處分、撤回或視為撤回之日所屬年度之次年首日開始計
算。

本法中華民國一百零八年四月十六日修正之條文施行前之專利檔案，其保存年限適用修正
施行後之規定。

### 第 144 條

主管機關為獎勵發明、新型或設計之創作，得訂定獎助辦法。

### 第 145 條

依第二十五條第三項、第一百零六條第三項及第一百二十五條第三項規定提出之外文本，
其外文種類之限定及其他應載明事項之辦法，由主管機關定之。

### 第 146 條

第九十二條、第一百二十條準用第九十二條、第一百四十二條第一項準用第九十二條規定
之申請費、證書費及專利年費，其收費辦法由主管機關定之。

第九十五條、第一百二十條準用第九十五條、第一百四十二條第一項準用第九十五條規定
之專利年費減免，其減免條件、年限、金額及其他應遵行事項之辦法，由主管機關定之。

### 第 147 條

中華民國八十三年一月二十三日前所提出之申請案，不得依第五十三條規定，申請延長專
利權期間。

**第 148 條**

本法中華民國八十三年一月二十一日修正施行前，已審定公告之專利案，其專利權期限，適用修正前之規定。但發明專利案，於世界貿易組織協定在中華民國管轄區域內生效之日，專利權仍存續者，其專利權期限，適用修正施行後之規定。

本法中華民國九十二年一月三日修正之條文施行前，已審定公告之新型專利申請案，其專利權期限，適用修正前之規定。

新式樣專利案，於世界貿易組織協定在中華民國管轄區域內生效之日，專利權仍存續者，其專利權期限，適用本法中華民國八十六年五月七日修正之條文施行後之規定。

**第 149 條**

本法中華民國一百年十一月二十九日修正之條文施行前，尚未審定之專利申請案，除本法另有規定外，適用修正施行後之規定。

本法中華民國一百年十一月二十九日修正之條文施行前，尚未審定之更正案及舉發案，適用修正施行後之規定。

**第 150 條**

本法中華民國一百年十一月二十九日修正之條文施行前提出，且依修正前第二十九條規定主張優先權之發明或新型專利申請案，其先申請案尚未公告或不予專利之審定或處分尚未確定者，適用第三十條第一項規定。

本法中華民國一百年十一月二十九日修正之條文施行前已審定之發明專利申請案，未逾第三十四條第二項第二款規定之期間者，適用第三十四條第二項第二款及第六項規定。

**第 151 條**

第二十二條第三項第二款、第一百二十條準用第二十二條第三項第二款、第一百二十一條第一項有關物品之部分設計、第一百二十一條第二項、第一百二十二條第三項第一款、第一百二十七條、第一百二十九條第二項規定，於本法中華民國一百年十一月二十九日修正之條文施行後，提出之專利申請案，始適用之。

**第 152 條**

本法中華民國一百年十一月二十九日修正之條文施行前，違反修正前第三十條第二項規定，視為未寄存之發明專利申請案，於修正施行後尚未審定者，適用第二十七條第二項之規定；其有主張優先權，自最早之優先權日起仍在十六個月內者，適用第二十七條第三項之規定。

**第 153 條**

本法中華民國一百年十一月二十九日修正之條文施行前，依修正前第二十八條第三項、第

一百零八條準用第二十八條第三項、第一百二十九條第一項準用第二十八條第三項規定，以違反修正前第二十八條第一項、第一百零八條準用第二十八條第一項、第一百二十九條第一項準用第二十八條第一項規定喪失優先權之專利申請案，於修正施行後尚未審定或處分，且自最早之優先權日起，發明、新型專利申請案仍在十六個月內，設計專利申請案仍在十個月內者，適用第二十九條第四項、第一百二十條準用第二十九條第四項、第一百四十二條第一項準用第二十九條第四項之規定。

本法中華民國一百年十一月二十九日修正之條文施行前，依修正前第二十八條第三項、第一百零八條準用第二十八條第三項、第一百二十九條第一項準用第二十八條第三項規定，以違反修正前第二十八條第二項、第一百零八條準用第二十八條第二項、第一百二十九條第一項準用第二十八條第二項規定喪失優先權之專利申請案，於修正施行後尚未審定或處分，且自最早之優先權日起，發明、新型專利申請案仍在十六個月內，設計專利申請案仍在十個月內者，適用第二十九條第二項、第一百二十條準用第二十九條第二項、第一百四十二條第一項準用第二十九條第二項之規定。

## 第 154 條
本法中華民國一百年十一月二十九日修正之條文施行前，已提出之延長發明專利權期間申請案，於修正施行後尚未審定，且其發明專利權仍存續者，適用修正施行後之規定。

## 第 155 條
本法中華民國一百年十一月二十九日修正之條文施行前，有下列情事之一，不適用第五十二條第四項、第七十條第二項、第一百二十條準用第五十二條第四項、第一百二十條準用第七十條第二項、第一百四十二條第一項準用第五十二條第四項、第一百四十二條第一項準用第七十條第二項之規定：

一、依修正前第五十一條第一項、第一百零一條第一項或第一百十三條第一項規定已逾繳費期限，專利權自始不存在者。

二、依修正前第六十六條第三款、第一百零八條準用第六十六條第三款或第一百二十九條第一項準用第六十六條第三款規定，於本法修正施行前，專利權已當然消滅者。

## 第 156 條
本法中華民國一百年十一月二十九日修正之條文施行前，尚未審定之新式樣專利申請案，申請人得於修正施行後三個月內，申請改為物品之部分設計專利申請案。

## 第 157 條
本法中華民國一百年十一月二十九日修正之條文施行前，尚未審定之聯合新式樣專利申請案，適用修正前有關聯合新式樣專利之規定。

本法中華民國一百年十一月二十九日修正之條文施行前，尚未審定之聯合新式樣專利申請

案，且於原新式樣專利公告前申請者，申請人得於修正施行後三個月內申請改為衍生設計專利申請案。

### 第 157-1 條

中華民國一百零五年十二月三十日修正之第二十二條、第五十九條、第一百二十二條及第一百四十二條，於施行後提出之專利申請案，始適用之。

### 第 157-2 條

本法中華民國一百零八年四月十六日修正之條文施行前，尚未審定之專利申請案，除本法另有規定外，適用修正施行後之規定。

本法中華民國一百零八年四月十六日修正之條文施行前，尚未審定之更正案及舉發案，適用修正施行後之規定。

### 第 157-3 條

本法中華民國一百零八年四月十六日修正之條文施行前，已審定或處分之專利申請案，尚未逾第三十四條第二項第二款、第一百零七條第二項第二款規定之期間者，適用修正施行後之規定。

### 第 157-4 條

本法中華民國一百零八年四月十六日修正之條文施行之日，設計專利權仍存續者，其專利權期限，適用修正施行後之規定。

本法中華民國一百零八年四月十六日修正之條文施行前，設計專利權因第一百四十二條第一項準用第七十條第一項第三款規定之事由當然消滅，而於修正施行後準用同條第二項規定申請回復專利權者，其專利權期限，適用修正施行後之規定。

### 第 158 條

本法施行細則，由主管機關定之。

### 第 159 條

本法之施行日期，由行政院定之。

本法中華民國一百零二年五月三十一日修正之條文，自公布日施行。

# 附錄四　著作權法

修正日期：2019 年 05 月 01 日

## 第一章　總則

### 第 1 條
為保障著作人著作權益，調和社會公共利益，促進國家文化發展，特制定本法。本法未規定者，適用其他法律之規定。

### 第 2 條
本法主管機關為經濟部。

著作權業務，由經濟部指定專責機關辦理。

### 第 3 條
本法用詞，定義如下：

一、著作：指屬於文學、科學、藝術或其他學術範圍之創作。

二、著作人：指創作著作之人。

三、著作權：指因著作完成所生之著作人格權及著作財產權。

四、公眾：指不特定人或特定之多數人。但家庭及其正常社交之多數人，不在此限。

五、重製：指以印刷、複印、錄音、錄影、攝影、筆錄或其他方法直接、間接、永久或暫時之重複製作。於劇本、音樂著作或其他類似著作演出或播送時予以錄音或錄影；或依建築設計圖或建築模型建造建築物者，亦屬之。

六、公開口述：指以言詞或其他方法向公眾傳達著作內容。

七、公開播送：指基於公眾直接收聽或收視為目的，以有線電、無線電或其他器材之廣播系統傳送訊息之方法，藉聲音或影像，向公眾傳達著作內容。由原播送人以外之人，以有線電、無線電或其他器材之廣播系統傳送訊息之方法，將原播送之聲音或影像向公眾傳達者，亦屬之。

八、公開上映：指以單一或多數視聽機或其他傳送影像之方法於同一時間向現場或現場以外一定場所之公眾傳達著作內容。

九、公開演出：指以演技、舞蹈、歌唱、彈奏樂器或其他方法向現場之公眾傳達著作內容。以擴音器或其他器材，將原播送之聲音或影像向公眾傳達者，亦屬之。

十、公開傳輸：指以有線電、無線電之網路或其他通訊方法，藉聲音或影像向公眾提供或傳達著作內容，包括使公眾得於其各自選定之時間或地點，以上述方法接收著作內容。

十一、改作：指以翻譯、編曲、改寫、拍攝影片或其他方法就原著作另為創作。

十二、散布：指不問有償或無償，將著作之原件或重製物提供公眾交易或流通。

十三、公開展示：指向公眾展示著作內容。

十四、發行：指權利人散布能滿足公眾合理需要之重製物。

十五、公開發表：指權利人以發行、播送、上映、口述、演出、展示或其他方法向公眾公開提示著作內容。

十六、原件：指著作首次附著之物。

十七、權利管理電子資訊：指於著作原件或其重製物，或於著作向公眾傳達時，所表示足以確認著作、著作名稱、著作人、著作財產權人或其授權之人及利用期間或條件之相關電子資訊；以數字、符號表示此類資訊者，亦屬之。

十八、防盜拷措施：指著作權人所採取有效禁止或限制他人擅自進入或利用著作之設備、器材、零件、技術或其他科技方法。

十九、網路服務提供者，指提供下列服務者：

（一）連線服務提供者：透過所控制或營運之系統或網路，以有線或無線方式，提供資訊傳輸、發送、接收，或於前開過程中之中介及短暫儲存之服務者。

（二）快速存取服務提供者：應使用者之要求傳輸資訊後，透過所控制或營運之系統或網路，將該資訊為中介及暫時儲存，以供其後要求傳輸該資訊之使用者加速進入該資訊之服務者。

（三）資訊儲存服務提供者：透過所控制或營運之系統或網路，應使用者之要求提供資訊儲存之服務者。

（四）搜尋服務提供者：提供使用者有關網路資訊之索引、參考或連結之搜尋或連結之服務者。

前項第八款所定現場或現場以外一定場所，包含電影院、俱樂部、錄影帶或碟影片播映場所、旅館房間、供公眾使用之交通工具或其他供不特定人進出之場所。

### 第 4 條

外國人之著作合於下列情形之一者，得依本法享有著作權。但條約或協定另有約定，經立法院議決通過者，從其約定：

一、於中華民國管轄區域內首次發行，或於中華民國管轄區域外首次發行後三十日內在中華民國管轄區域內發行者。但以該外國人之本國，對中華民國人之著作，在相同之情形下，亦予保護且經查證屬實者為限。

二、依條約、協定或其本國法令、慣例，中華民國人之著作得在該國享有著作權者。

## 第二章　著作

### 第 5 條

本法所稱著作,例示如下:

一、語文著作。

二、音樂著作。

三、戲劇、舞蹈著作。

四、美術著作。

五、攝影著作。

六、圖形著作。

七、視聽著作。

八、錄音著作。

九、建築著作。

十、電腦程式著作。

前項各款著作例示內容,由主管機關訂定之。

### 第 6 條

就原著作改作之創作為衍生著作,以獨立之著作保護之。

衍生著作之保護,對原著作之著作權不生影響。

### 第 7 條

就資料之選擇及編排具有創作性者為編輯著作,以獨立之著作保護之。

編輯著作之保護,對其所收編著作之著作權不生影響。

### 第 7-1 條

表演人對既有著作或民俗創作之表演,以獨立之著作保護之。

表演之保護,對原著作之著作權不生影響。

### 第 8 條

二人以上共同完成之著作,其各人之創作,不能分離利用者,為共同著作。

### 第 9 條

下列各款不得為著作權之標的:

一、憲法、法律、命令或公文。

二、中央或地方機關就前款著作作成之翻譯物或編輯物。

三、標語及通用之符號、名詞、公式、數表、表格、簿冊或時曆。

四、單純為傳達事實之新聞報導所作成之語文著作。

五、依法令舉行之各類考試試題及其備用試題。

前項第一款所稱公文，包括公務員於職務上草擬之文告、講稿、新聞稿及其他文書。

## 第三章　著作人及著作權

### 第一節　通則

**第 10 條**

著作人於著作完成時享有著作權。但本法另有規定者，從其規定。

**第 10-1 條**

依本法取得之著作權，其保護僅及於該著作之表達，而不及於其所表達之思想、程序、製程、系統、操作方法、概念、原理、發現。

### 第二節　著作人

**第 11 條**

受雇人於職務上完成之著作，以該受雇人為著作人。但契約約定以雇用人為著作人者，從其約定。

依前項規定，以受雇人為著作人者，其著作財產權歸雇用人享有。但契約約定其著作財產權歸受雇人享有者，從其約定。

前二項所稱受雇人，包括公務員。

**第 12 條**

出資聘請他人完成之著作，除前條情形外，以該受聘人為著作人。但契約約定以出資人為著作人者，從其約定。

依前項規定，以受聘人為著作人者，其著作財產權依契約約定歸受聘人或出資人享有。未約定著作財產權之歸屬者，其著作財產權歸受聘人享有。

依前項規定著作財產權歸受聘人享有者，出資人得利用該著作。

**第 13 條**

在著作之原件或其已發行之重製物上，或將著作公開發表時，以通常之方法表示著作人之本名或眾所周知之別名者，推定為該著作之著作人。

前項規定，於著作發行日期、地點及著作財產權人之推定，準用之。

**第 14 條**

（刪除）

## 第三節　著作人格權

### 第 15 條

著作人就其著作享有公開發表之權利。但公務員，依第十一條及第十二條規定為著作人，而著作財產權歸該公務員隸屬之法人享有者，不適用之。

有下列情形之一者，推定著作人同意公開發表其著作：

一、著作人將其尚未公開發表著作之著作財產權讓與他人或授權他人利用時，因著作財產權之行使或利用而公開發表者。

二、著作人將其尚未公開發表之美術著作或攝影著作之著作原件或其重製物讓與他人，受讓人以其著作原件或其重製物公開展示者。

三、依學位授予法撰寫之碩士、博士論文，著作人已取得學位者。

依第十一條第二項及第十二條第二項規定，由雇用人或出資人自始取得尚未公開發表著作之著作財產權者，因其著作財產權之讓與、行使或利用而公開發表者，視為著作人同意公開發表其著作。

前項規定，於第十二條第三項準用之。

### 第 16 條

著作人於著作之原件或其重製物上或於著作公開發表時，有表示其本名、別名或不具名之權利。著作人就其著作所生之衍生著作，亦有相同之權利。

前條第一項但書規定，於前項準用之。

利用著作之人，得使用自己之封面設計，並加冠設計人或主編之姓名或名稱。但著作人有特別表示或違反社會使用慣例者，不在此限。

依著作利用之目的及方法，於著作人之利益無損害之虞，且不違反社會使用慣例者，得省略著作人之姓名或名稱。

### 第 17 條

著作人享有禁止他人以歪曲、割裂、竄改或其他方法改變其著作之內容、形式或名目致損害其名譽之權利。

### 第 18 條

著作人死亡或消滅者，關於其著作人格權之保護，視同生存或存續，任何人不得侵害。但依利用行為之性質及程度、社會之變動或其他情事可認為不違反該著作人之意思者，不構成侵害。

### 第 19 條

共同著作之著作人格權，非經著作人全體同意，不得行使之。各著作人無正當理由者，不得拒絕同意。

共同著作之著作人，得於著作人中選定代表人行使著作人格權。

對於前項代表人之代表權所加限制，不得對抗善意第三人。

## 第 20 條

未公開發表之著作原件及其著作財產權，除作為買賣之標的或經本人允諾者外，不得作為強制執行之標的。

## 第 21 條

著作人格權專屬於著作人本身，不得讓與或繼承。

第四節　著作財產權

### 第一款　著作財產權之種類

## 第 22 條

著作人除本法另有規定外，專有重製其著作之權利。

表演人專有以錄音、錄影或攝影重製其表演之權利。

前二項規定，於專為網路合法中繼性傳輸，或合法使用著作，屬技術操作過程中必要之過渡性、附帶性而不具獨立經濟意義之暫時性重製，不適用之。但電腦程式著作，不在此限。

前項網路合法中繼性傳輸之暫時性重製情形，包括網路瀏覽、快速存取或其他為達成傳輸功能之電腦或機械本身技術上所不可避免之現象。

## 第 23 條

著作人專有公開口述其語文著作之權利。

## 第 24 條

著作人除本法另有規定外，專有公開播送其著作之權利。

表演人就其經重製或公開播送後之表演，再公開播送者，不適用前項規定。

## 第 25 條

著作人專有公開上映其視聽著作之權利。

## 第 26 條

著作人除本法另有規定外，專有公開演出其語文、音樂或戲劇、舞蹈著作之權利。

表演人專有以擴音器或其他器材公開演出其表演之權利。但將表演重製後或公開播送後再以擴音器或其他器材公開演出者，不在此限。

錄音著作經公開演出者，著作人得請求公開演出之人支付使用報酬。

## 第 26-1 條

著作人除本法另有規定外，專有公開傳輸其著作之權利。

表演人就其經重製於錄音著作之表演，專有公開傳輸之權利。

**第 27 條**

著作人專有公開展示其未發行之美術著作或攝影著作之權利。

**第 28 條**

著作人專有將其著作改作成衍生著作或編輯成編輯著作之權利。但表演不適用之。

**第 28-1 條**

著作人除本法另有規定外，專有以移轉所有權之方式，散布其著作之權利。

表演人就其經重製於錄音著作之表演，專有以移轉所有權之方式散布之權利。

**第 29 條**

著作人除本法另有規定外，專有出租其著作之權利。

表演人就其經重製於錄音著作之表演，專有出租之權利。

**第 29-1 條**

依第十一條第二項或第十二條第二項規定取得著作財產權之雇用人或出資人，專有第二十二條至第二十九條規定之權利。

**第二款　著作財產權之存續期間**

**第 30 條**

著作財產權，除本法另有規定外，存續於著作人之生存期間及其死亡後五十年。

著作於著作人死亡後四十年至五十年間首次公開發表者，著作財產權之期間，自公開發表時起存續十年。

**第 31 條**

共同著作之著作財產權，存續至最後死亡之著作人死亡後五十年。

**第 32 條**

別名著作或不具名著作之著作財產權，存續至著作公開發表後五十年。但可證明其著作人死亡已逾五十年者，其著作財產權消滅。

前項規定，於著作人之別名為眾所周知者，不適用之。

**第 33 條**

法人為著作人之著作，其著作財產權存續至其著作公開發表後五十年。但著作在創作完成時起算五十年內未公開發表者，其著作財產權存續至創作完成時起五十年。

**第 34 條**

攝影、視聽、錄音及表演之著作財產權存續至著作公開發表後五十年。

前條但書規定，於前項準用之。

## 第 35 條

第三十條至第三十四條所定存續期間，以該期間屆滿當年之末日爲期間之終止。

繼續或逐次公開發表之著作，依公開發表日計算著作財產權存續期間時，如各次公開發表能獨立成一著作者，著作財產權存續期間自各別公開發表日起算。如各次公開發表不能獨立成一著作者，以能獨立成一著作時之公開發表日起算。

前項情形，如繼續部分未於前次公開發表日後三年內公開發表者，其著作財產權存續期間自前次公開發表日起算。

### 第三款　著作財產權之讓與、行使及消滅

## 第 36 條

著作財產權得全部或部分讓與他人或與他人共有。

著作財產權之受讓人，在其受讓範圍內，取得著作財產權。

著作財產權讓與之範圍依當事人之約定；其約定不明之部分，推定爲未讓與。

## 第 37 條

著作財產權人得授權他人利用著作，其授權利用之地域、時間、內容、利用方法或其他事項，依當事人之約定；其約定不明之部分，推定爲未授權。

前項授權不因著作財產權人嗣後將其著作財產權讓與或再爲授權而受影響。

非專屬授權之被授權人非經著作財產權人同意，不得將其被授與之權利再授權第三人利用。

專屬授權之被授權人在被授權範圍內，得以著作財產權人之地位行使權利，並得以自己名義爲訴訟上之行爲。著作財產權人在專屬授權範圍內，不得行使權利。

第二項至前項規定，於中華民國九十年十一月十二日本法修正施行前所爲之授權，不適用之。

有下列情形之一者，不適用第七章規定。但屬於著作權集體管理團體管理之著作，不在此限：

一、音樂著作經授權重製於電腦伴唱機者，利用人利用該電腦伴唱機公開演出該著作。

二、將原播送之著作再公開播送。

三、以擴音器或其他器材，將原播送之聲音或影像向公眾傳達。

四、著作經授權重製於廣告後，由廣告播送人就該廣告爲公開播送或同步公開傳輸，向公眾傳達。

## 第 38 條

（刪除）

**第 39 條**

以著作財產權爲質權之標的物者，除設定時另有約定外，著作財產權人得行使其著作財產權。

**第 40 條**

共同著作各著作人之應有部分，依共同著作人間之約定定之；無約定者，依各著作人參與創作之程度定之。各著作人參與創作之程度不明時，推定爲均等。

共同著作之著作人拋棄其應有部分者，其應有部分由其他共同著作人依其應有部分之比例分享之。

前項規定，於共同著作之著作人死亡無繼承人或消滅後無承受人者，準用之。

**第 40-1 條**

共有之著作財產權，非經著作財產權人全體同意，不得行使之；各著作財產權人非經其他共有著作財產權人之同意，不得以其應有部分讓與他人或爲他人設定質權。各著作財產權人，無正當理由者，不得拒絕同意。

共有著作財產權人，得於著作財產權人中選定代表人行使著作財產權。對於代表人之代表權所加限制，不得對抗善意第三人。

前條第二項及第三項規定，於共有著作財產權準用之。

**第 41 條**

著作財產權人投稿於新聞紙、雜誌或授權公開播送著作者，除另有約定外，推定僅授與刊載或公開播送一次之權利，對著作財產權人之其他權利不生影響。

**第 42 條**

著作財產權因存續期間屆滿而消滅。於存續期間內，有下列情形之一者，亦同：

一、著作財產權人死亡，其著作財產權依法應歸屬國庫者。

二、著作財產權人爲法人，於其消滅後，其著作財產權依法應歸屬於地方自治團體者。

**第 43 條**

著作財產權消滅之著作，除本法另有規定外，任何人均得自由利用。

**第四款　著作財產權之限制**

**第 44 條**

中央或地方機關，因立法或行政目的所需，認有必要將他人著作列爲內部參考資料時，在合理範圍內，得重製他人之著作。但依該著作之種類、用途及其重製物之數量、方法，有害於著作財產權人之利益者，不在此限。

**第 45 條**

專為司法程序使用之必要，在合理範圍內，得重製他人之著作。

前條但書規定，於前項情形準用之。

**第 46 條**

依法設立之各級學校及其擔任教學之人，為學校授課需要，在合理範圍內，得重製他人已公開發表之著作。

第四十四條但書規定，於前項情形準用之。

**第 47 條**

為編製依法令應經教育行政機關審定之教科用書，或教育行政機關編製教科用書者，在合理範圍內，得重製、改作或編輯他人已公開發表之著作。

前項規定，於編製附隨於該教科用書且專供教學之人教學用之輔助用品，準用之。但以由該教科用書編製者編製為限。

依法設立之各級學校或教育機構，為教育目的之必要，在合理範圍內，得公開播送他人已公開發表之著作。

前三項情形，利用人應將利用情形通知著作財產權人並支付使用報酬。使用報酬率，由主管機關定之。

**第 48 條**

供公眾使用之圖書館、博物館、歷史館、科學館、藝術館或其他文教機構，於下列情形之一，得就其收藏之著作重製之：

一、應閱覽人供個人研究之要求，重製已公開發表著作之一部分，或期刊或已公開發表之研討會論文集之單篇著作，每人以一份為限。

二、基於保存資料之必要者。

三、就絕版或難以購得之著作，應同性質機構之要求者。

**第 48-1 條**

中央或地方機關、依法設立之教育機構或供公眾使用之圖書館，得重製下列已公開發表之著作所附之摘要：

一、依學位授予法撰寫之碩士、博士論文，著作人已取得學位者。

二、刊載於期刊中之學術論文。

三、已公開發表之研討會論文集或研究報告。

**第 49 條**

以廣播、攝影、錄影、新聞紙、網路或其他方法為時事報導者，在報導之必要範圍內，得利用其報導過程中所接觸之著作。

**第 50 條**

以中央或地方機關或公法人之名義公開發表之著作，在合理範圍內，得重製、公開播送或公開傳輸。

**第 51 條**

供個人或家庭為非營利之目的，在合理範圍內，得利用圖書館及非供公眾使用之機器重製已公開發表之著作。

**第 52 條**

為報導、評論、教學、研究或其他正當目的之必要，在合理範圍內，得引用已公開發表之著作。

**第 53 條**

中央或地方政府機關、非營利機構或團體、依法立案之各級學校，為專供視覺障礙者、學習障礙者、聽覺障礙者或其他感知著作有困難之障礙者使用之目的，得以翻譯、點字、錄音、數位轉換、口述影像、附加手語或其他方式利用已公開發表之著作。

前項所定障礙者或其代理人為供該障礙者個人非營利使用，準用前項規定。

依前二項規定製作之著作重製物，得於前二項所定障礙者、中央或地方政府機關、非營利機構或團體、依法立案之各級學校間散布或公開傳輸。

**第 54 條**

中央或地方機關、依法設立之各級學校或教育機構辦理之各種考試，得重製已公開發表之著作，供為試題之用。但已公開發表之著作如為試題者，不適用之。

**第 55 條**

非以營利為目的，未對觀眾或聽眾直接或間接收取任何費用，且未對表演人支付報酬者，得於活動中公開口述、公開播送、公開上映或公開演出他人已公開發表之著作。

**第 56 條**

廣播或電視，為公開播送之目的，得以自己之設備錄音或錄影該著作。但以其公開播送業經著作財產權人之授權或合於本法規定者為限。

前項錄製物除經著作權專責機關核准保存於指定之處所外，應於錄音或錄影後六個月內銷燬之。

**第 56-1 條**

為加強收視效能，得以依法令設立之社區共同天線同時轉播依法設立無線電視臺播送之著作，不得變更其形式或內容。

**第 57 條**

美術著作或攝影著作原件或合法重製物之所有人或經其同意之人，得公開展示該著作原件或合法重製物。

前項公開展示之人，爲向參觀人解說著作，得於說明書內重製該著作。

**第 58 條**

於街道、公園、建築物之外壁或其他向公眾開放之戶外場所長期展示之美術著作或建築著作，除下列情形外，得以任何方法利用之：

一、以建築方式重製建築物。

二、以雕塑方式重製雕塑物。

三、爲於本條規定之場所長期展示目的所爲之重製。

四、專門以販賣美術著作重製物爲目的所爲之重製。

**第 59 條**

合法電腦程式著作重製物之所有人得因配合其所使用機器之需要，修改其程式，或因備用存檔之需要重製其程式。但限於該所有人自行使用。

前項所有人因滅失以外之事由，喪失原重製物之所有權者，除經著作財產權人同意外，應將其修改或重製之程式銷燬之。

**第 59-1 條**

在中華民國管轄區域內取得著作原件或其合法重製物所有權之人，得以移轉所有權之方式散布之。

**第 60 條**

著作原件或其合法著作重製物之所有人，得出租該原件或重製物。但錄音及電腦程式著作，不適用之。

附含於貨物、機器或設備之電腦程式著作重製物，隨同貨物、機器或設備合法出租且非該項出租之主要標的物者，不適用前項但書之規定。

**第 61 條**

揭載於新聞紙、雜誌或網路上有關政治、經濟或社會上時事問題之論述，得由其他新聞紙、雜誌轉載或由廣播或電視公開播送，或於網路上公開傳輸。但經註明不許轉載、公開播送或公開傳輸者，不在此限。

**第 62 條**

政治或宗教上之公開演說、裁判程序及中央或地方機關之公開陳述，任何人得利用之。但專就特定人之演說或陳述，編輯成編輯著作者，應經著作財產權人之同意。

## 第 63 條

依第四十四條、第四十五條、第四十八條第一款、第四十八條之一至第五十條、第五十二條至第五十五條、第六十一條及第六十二條規定得利用他人著作者，得翻譯該著作。

依第四十六條及第五十一條規定得利用他人著作者，得改作該著作。

依第四十六條至第五十條、第五十二條至第五十四條、第五十七條第二項、第五十八條、第六十一條及第六十二條規定利用他人著作者，得散布該著作。

## 第 64 條

依第四十四條至第四十七條、第四十八條之一至第五十條、第五十二條、第五十三條、第五十五條、第五十七條、第五十八條、第六十條至第六十三條規定利用他人著作者，應明示其出處。

前項明示出處，就著作人之姓名或名稱，除不具名著作或著作人不明者外，應以合理之方式爲之。

## 第 65 條

著作之合理使用，不構成著作財產權之侵害。

著作之利用是否合於第四十四條至第六十三條所定之合理範圍或其他合理使用之情形，應審酌一切情狀，尤應注意下列事項，以爲判斷之基準：

一、利用之目的及性質，包括係爲商業目的或非營利教育目的。

二、著作之性質。

三、所利用之質量及其在整個著作所占之比例。

四、利用結果對著作潛在市場與現在價值之影響。

著作權人團體與利用人團體就著作之合理使用範圍達成協議者，得爲前項判斷之參考。

前項協議過程中，得諮詢著作權專責機關之意見。

## 第 66 條

第四十四條至第六十三條及第六十五條規定，對著作人之著作人格權不生影響。

### 第五款　著作利用之強制授權

## 第 67 條

（刪除）

## 第 68 條

（刪除）

## 第 69 條

錄有音樂著作之銷售用錄音著作發行滿六個月，欲利用該音樂著作錄製其他銷售用錄音著

作者，經申請著作權專責機關許可強制授權，並給付使用報酬後，得利用該音樂著作，另行錄製。

前項音樂著作強制授權許可、使用報酬之計算方式及其他應遵行事項之辦法，由主管機關定之。

### 第 70 條

依前條規定利用音樂著作者，不得將其錄音著作之重製物銷售至中華民國管轄區域外。

### 第 71 條

依第六十九條規定，取得強制授權之許可後，發現其申請有虛偽情事者，著作權專責機關應撤銷其許可。

依第六十九條規定，取得強制授權之許可後，未依著作權專責機關許可之方式利用著作者，著作權專責機關應廢止其許可。

### 第 72 條

（刪除）

### 第 73 條

（刪除）

### 第 74 條

（刪除）

### 第 75 條

（刪除）

### 第 76 條

（刪除）

### 第 77 條

（刪除）

### 第 78 條

（刪除）

## 第四章　製版權

### 第 79 條

無著作財產權或著作財產權消滅之文字著述或美術著作，經製版人就文字著述整理印刷，或就美術著作原件以影印、印刷或類似方式重製首次發行，並依法登記者，製版人就其版

面，專有以影印、印刷或類似方式重製之權利。

製版人之權利，自製版完成時起算存續十年。

前項保護期間，以該期間屆滿當年之末日，爲期間之終止。

製版權之讓與或信託，非經登記，不得對抗第三人。

製版權登記、讓與登記、信託登記及其他應遵行事項之辦法，由主管機關定之。

## 第 80 條

第四十二條及第四十三條有關著作財產權消滅之規定、第四十四條至第四十八條、第四十九條、第五十一條、第五十二條、第五十四條、第六十四條及第六十五條關於著作財產權限制之規定，於製版權準用之。

## 第四章之一　權利管理電子資訊及防盜拷措施

### 第 80-1 條

著作權人所爲之權利管理電子資訊，不得移除或變更。但有下列情形之一者，不在此限：

一、因行爲時之技術限制，非移除或變更著作權利管理電子資訊即不能合法利用該著作。

二、錄製或傳輸系統轉換時，其轉換技術上必要之移除或變更。

明知著作權利管理電子資訊，業經非法移除或變更者，不得散布或意圖散布而輸入或持有該著作原件或其重製物，亦不得公開播送、公開演出或公開傳輸。

### 第 80-2 條

著作權人所採取禁止或限制他人擅自進入著作之防盜拷措施，未經合法授權不得予以破解、破壞或以其他方法規避之。

破解、破壞或規避防盜拷措施之設備、器材、零件、技術或資訊，未經合法授權不得製造、輸入、提供公眾使用或爲公眾提供服務。

前二項規定，於下列情形不適用之：

一、爲維護國家安全者。

二、中央或地方機關所爲者。

三、檔案保存機構、教育機構或供公眾使用之圖書館，爲評估是否取得資料所爲者。

四、爲保護未成年人者。

五、爲保護個人資料者。

六、爲電腦或網路進行安全測試者。

七、爲進行加密研究者。

八、爲進行還原工程者。

九、爲依第四十四條至第六十三條及第六十五條規定利用他人著作者。

十、其他經主管機關所定情形。

前項各款之內容,由主管機關定之,並定期檢討。

## 第五章　著作權集體管理團體與著作權審議及調解委員會

### 第 81 條

著作財產權人為行使權利、收受及分配使用報酬,經著作權專責機關之許可,得組成著作權集體管理團體。

專屬授權之被授權人,亦得加入著作權集體管理團體。

第一項團體之許可設立、組織、職權及其監督、輔導,另以法律定之。

### 第 82 條

著作權專責機關應設置著作權審議及調解委員會,辦理下列事項:

一、第四十七條第四項規定使用報酬率之審議。

二、著作權集體管理團體與利用人間,對使用報酬爭議之調解。

三、著作權或製版權爭議之調解。

四、其他有關著作權審議及調解之諮詢。

前項第三款所定爭議之調解,其涉及刑事者,以告訴乃論罪之案件為限。

### 第 82-1 條

著作權專責機關應於調解成立後七日內,將調解書送請管轄法院審核。

前項調解書,法院應儘速審核,除有違反法令、公序良俗或不能強制執行者外,應由法官簽名並蓋法院印信,除抽存一份外,發還著作權專責機關送達當事人。

法院未予核定之事件,應將其理由通知著作權專責機關。

### 第 82-2 條

調解經法院核定後,當事人就該事件不得再行起訴、告訴或自訴。

前項經法院核定之民事調解,與民事確定判決有同一之效力;經法院核定之刑事調解,以給付金錢或其他代替物或有價證券之一定數量為標的者,其調解書具有執行名義。

### 第 82-3 條

民事事件已繫屬於法院,在判決確定前,調解成立,並經法院核定者,視為於調解成立時撤回起訴。

刑事事件於偵查中或第一審法院辯論終結前,調解成立,經法院核定,並經當事人同意撤回者,視為於調解成立時撤回告訴或自訴。

### 第 82-4 條

民事調解經法院核定後,有無效或得撤銷之原因者,當事人得向原核定法院提起宣告調解無效或撤銷調解之訴。

前項訴訟，當事人應於法院核定之調解書送達後三十日內提起之。

## 第 83 條

前條著作權審議及調解委員會之組織規程及有關爭議之調解辦法，由主管機關擬訂，報請行政院核定後發布之。

## 第六章　　權利侵害之救濟

## 第 84 條

著作權人或製版權人對於侵害其權利者，得請求排除之，有侵害之虞者，得請求防止之。

## 第 85 條

侵害著作人格權者，負損害賠償責任。雖非財產上之損害，被害人亦得請求賠償相當之金額。

前項侵害，被害人並得請求表示著作人之姓名或名稱、更正內容或為其他回復名譽之適當處分。

## 第 86 條

著作人死亡後，除其遺囑另有指定外，下列之人，依順序對於違反第十八條或有違反之虞者，得依第八十四條及前條第二項規定，請求救濟：

一、配偶。

二、子女。

三、父母。

四、孫子女。

五、兄弟姊妹。

六、祖父母。

## 第 87 條

有下列情形之一者，除本法另有規定外，視為侵害著作權或製版權：

一、以侵害著作人名譽之方法利用其著作者。

二、明知為侵害製版權之物而散布或意圖散布而公開陳列或持有者。

三、輸入未經著作財產權人或製版權人授權重製之重製物或製版物者。

四、未經著作財產權人同意而輸入著作原件或其國外合法重製物者。

五、以侵害電腦程式著作財產權之重製物作為營業之使用者。

六、明知為侵害著作財產權之物而以移轉所有權或出租以外之方式散布者，或明知為侵害著作財產權之物，意圖散布而公開陳列或持有者。

七、未經著作財產權人同意或授權，意圖供公眾透過網路公開傳輸或重製他人著作，侵害

著作財產權，對公眾提供可公開傳輸或重製著作之電腦程式或其他技術，而受有利益者。

八、明知他人公開播送或公開傳輸之著作侵害著作財產權，意圖供公眾透過網路接觸該等著作，有下列情形之一而受有利益者：

（一）提供公眾使用匯集該等著作網路位址之電腦程式。

（二）指導、協助或預設路徑供公眾使用前目之電腦程式。

（三）製造、輸入或銷售載有第一目之電腦程式之設備或器材。

前項第七款、第八款之行為人，採取廣告或其他積極措施，教唆、誘使、煽惑、說服公眾利用者，為具備該款之意圖。

**第 87-1 條**

有下列情形之一者，前條第四款之規定，不適用之：

一、為供中央或地方機關之利用而輸入。但為供學校或其他教育機構之利用而輸入或非以保存資料之目的而輸入視聽著作原件或其重製物者，不在此限。

二、為供非營利之學術、教育或宗教機構保存資料之目的而輸入視聽著作原件或一定數量重製物，或為其圖書館借閱或保存資料之目的而輸入視聽著作以外之其他著作原件或一定數量重製物，並應依第四十八條規定利用之。

三、為供輸入者個人非散布之利用或屬入境人員行李之一部分而輸入著作原件或一定數量重製物者。

四、中央或地方政府機關、非營利機構或團體、依法立案之各級學校，為專供視覺障礙者、學習障礙者、聽覺障礙者或其他感知著作有困難之障礙者使用之目的，得輸入以翻譯、點字、錄音、數位轉換、口述影像、附加手語或其他方式重製之著作重製物，並應依第五十三條規定利用之。

五、附含於貨物、機器或設備之著作原件或其重製物，隨同貨物、機器或設備之合法輸入而輸入者，該著作原件或其重製物於使用或操作貨物、機器或設備時不得重製。

六、附屬於貨物、機器或設備之說明書或操作手冊隨同貨物、機器或設備之合法輸入而輸入者。但以說明書或操作手冊為主要輸入者，不在此限。

前項第二款及第三款之一定數量，由主管機關另定之。

**第 88 條**

因故意或過失不法侵害他人之著作財產權或製版權者，負損害賠償責任。

數人共同不法侵害者，連帶負賠償責任。

前項損害賠償，被害人得依下列規定擇一請求：

一、依民法第二百十六條之規定請求。但被害人不能證明其損害時，得以其行使權利依通

常情形可得預期之利益，減除被侵害後行使同一權利所得利益之差額，為其所受損
害。

二、請求侵害人因侵害行為所得之利益。但侵害人不能證明其成本或必要費用時，以其侵
　　害行為所得之全部收入，為其所得利益。

依前項規定，如被害人不易證明其實際損害額，得請求法院依侵害情節，在新臺幣一萬元
以上一百萬元以下酌定賠償額。如損害行為屬故意且情節重大者，賠償額得增至新臺幣
五百萬元。

## 第 88-1 條

依第八十四條或前條第一項請求時，對於侵害行為作成之物或主要供侵害所用之物，得請
求銷燬或為其他必要之處置。

## 第 89 條

被害人得請求由侵害人負擔費用，將判決書內容全部或一部登載新聞紙、雜誌。

## 第 89-1 條

第八十五條及第八十八條之損害賠償請求權，自請求權人知有損害及賠償義務人時起，二
年間不行使而消滅。自有侵權行為時起，逾十年者亦同。

## 第 90 條

共同著作之各著作權人，對於侵害其著作權者，得各依本章之規定，請求救濟，並得按其
應有部分，請求損害賠償。

前項規定，於因其他關係成立之共有著作財產權或製版權之共有人準用之。

## 第 90-1 條

著作權人或製版權人對輸入或輸出侵害其著作權或製版權之物者，得申請海關先予查扣。

前項申請應以書面為之，並釋明侵害之事實，及提供相當於海關核估該進口貨物完稅價格
或出口貨物離岸價格之保證金，作為被查扣人因查扣所受損害之賠償擔保。

海關受理查扣之申請，應即通知申請人。如認符合前項規定而實施查扣時，應以書面通知
申請人及被查扣人。

申請人或被查扣人，得向海關申請檢視被查扣之物。

查扣之物，經申請人取得法院民事確定判決，屬侵害著作權或製版權者，由海關予以沒
入。沒入物之貨櫃延滯費、倉租、裝卸費等有關費用暨處理銷燬費用應由被查扣人負擔。

前項處理銷燬所需費用，經海關限期通知繳納而不繳納者，依法移送強制執行。

有下列情形之一者，除由海關廢止查扣依有關進出口貨物通關規定辦理外，申請人並應賠
償被查扣人因查扣所受損害：

一、查扣之物經法院確定判決，不屬侵害著作權或製版權之物者。

二、海關於通知申請人受理查扣之日起十二日內，未被告知就查扣物為侵害物之訴訟已提起者。

三、申請人申請廢止查扣者。

前項第二款規定之期限，海關得視需要延長十二日。

有下列情形之一者，海關應依申請人之申請返還保證金：

一、申請人取得勝訴之確定判決或與被查扣人達成和解，已無繼續提供保證金之必要者。

二、廢止查扣後，申請人證明已定二十日以上之期間，催告被查扣人行使權利而未行使者。

三、被查扣人同意返還者。

被查扣人就第二項之保證金與質權人有同一之權利。

海關於執行職務時，發現進出口貨物外觀顯有侵害著作權之嫌者，得於一個工作日內通知權利人並通知進出口人提供授權資料。權利人接獲通知後對於空運出口貨物應於四小時內，空運進口及海運進出口貨物應於一個工作日內至海關協助認定。權利人不明或無法通知，或權利人未於通知期限內至海關協助認定，或經權利人認定系爭標的物未侵權者，若無違反其他通關規定，海關應即放行。

經認定疑似侵權之貨物，海關應採行暫不放行措施。

海關採行暫不放行措施後，權利人於三個工作日內，未依第一項至第十項向海關申請查扣，或未採行保護權利之民事、刑事訴訟程序，若無違反其他通關規定，海關應即放行。

**第 90-2 條**

前條之實施辦法，由主管機關會同財政部定之。

**第 90-3 條**

違反第八十條之一或第八十條之二規定，致著作權人受損害者，負賠償責任。數人共同違反者，負連帶賠償責任。

第八十四條、第八十八條之一、第八十九條之一及第九十條之一規定，於違反第八十條之一或第八十條之二規定者，準用之。

## 第六章之一　網路服務提供者之民事免責事由

**第 90-4 條**

符合下列規定之網路服務提供者，適用第九十條之五至第九十條之八之規定：

一、以契約、電子傳輸、自動偵測系統或其他方式，告知使用者其著作權或製版權保護措施，並確實履行該保護措施。

二、以契約、電子傳輸、自動偵測系統或其他方式，告知使用者若有三次涉有侵權情事，應終止全部或部分服務。

三、公告接收通知文件之聯繫窗口資訊。

四、執行第三項之通用辨識或保護技術措施。

連線服務提供者於接獲著作權人或製版權人就其使用者所爲涉有侵權行爲之通知後，將該通知以電子郵件轉送該使用者，視爲符合前項第一款規定。

著作權人或製版權人已提供爲保護著作權或製版權之通用辨識或保護技術措施，經主管機關核可者，網路服務提供者應配合執行之。

### 第 90-5 條

有下列情形者，連線服務提供者對其使用者侵害他人著作權或製版權之行爲，不負賠償責任：

一、所傳輸資訊，係由使用者所發動或請求。

二、資訊傳輸、發送、連結或儲存，係經由自動化技術予以執行，且連線服務提供者未就傳輸之資訊爲任何篩選或修改。

### 第 90-6 條

有下列情形者，快速存取服務提供者對其使用者侵害他人著作權或製版權之行爲，不負賠償責任：

一、未改變存取之資訊。

二、於資訊提供者就該自動存取之原始資訊爲修改、刪除或阻斷時，透過自動化技術爲相同之處理。

三、經著作權人或製版權人通知其使用者涉有侵權行爲後，立即移除或使他人無法進入該涉有侵權之內容或相關資訊。

### 第 90-7 條

有下列情形者，資訊儲存服務提供者對其使用者侵害他人著作權或製版權之行爲，不負賠償責任：

一、對使用者涉有侵權行爲不知情。

二、未直接自使用者之侵權行爲獲有財產上利益。

三、經著作權人或製版權人通知其使用者涉有侵權行爲後，立即移除或使他人無法進入該涉有侵權之內容或相關資訊。

### 第 90-8 條

有下列情形者，搜尋服務提供者對其使用者侵害他人著作權或製版權之行爲，不負賠償責任：

一、對所搜尋或連結之資訊涉有侵權不知情。

二、未直接自使用者之侵權行為獲有財產上利益。

三、經著作權人或製版權人通知其使用者涉有侵權行為後，立即移除或使他人無法進入該涉有侵權之內容或相關資訊。

**第 90-9 條**

資訊儲存服務提供者應將第九十條之七第三款處理情形，依其與使用者約定之聯絡方式或使用者留存之聯絡資訊，轉送該涉有侵權之使用者。但依其提供服務之性質無法通知者，不在此限。

前項之使用者認其無侵權情事者，得檢具回復通知文件，要求資訊儲存服務提供者回復其被移除或使他人無法進入之內容或相關資訊。

資訊儲存服務提供者於接獲前項之回復通知後，應立即將回復通知文件轉送著作權人或製版權人。

著作權人或製版權人於接獲資訊儲存服務提供者前項通知之次日起十個工作日內，向資訊儲存服務提供者提出已對該使用者訴訟之證明者，資訊儲存服務提供者不負回復之義務。

著作權人或製版權人未依前項規定提出訴訟之證明，資訊儲存服務提供者至遲應於轉送回復通知之次日起十四個工作日內，回復被移除或使他人無法進入之內容或相關資訊。但無法回復者，應事先告知使用者，或提供其他適當方式供使用者回復。

**第 90-10 條**

有下列情形之一者，網路服務提供者對涉有侵權之使用者，不負賠償責任：

一、依第九十條之六至第九十條之八之規定，移除或使他人無法進入該涉有侵權之內容或相關資訊。

二、知悉使用者所為涉有侵權情事後，善意移除或使他人無法進入該涉有侵權之內容或相關資訊。

**第 90-11 條**

因故意或過失，向網路服務提供者提出不實通知或回復通知，致使用者、著作權人、製版權人或網路服務提供者受有損害者，負損害賠償責任。

**第 90-12 條**

第九十條之四聯繫窗口之公告、第九十條之六至第九十條之九之通知、回復通知內容、應記載事項、補正及其他應遵行事項之辦法，由主管機關定之。

# 第七章　罰則

## 第 91 條

擅自以重製之方法侵害他人之著作財產權者，處三年以下有期徒刑、拘役，或科或併科新臺幣七十五萬元以下罰金。

意圖銷售或出租而擅自以重製之方法侵害他人之著作財產權者，處六月以上五年以下有期徒刑，得併科新臺幣二十萬元以上二百萬元以下罰金。

以重製於光碟之方法犯前項之罪者，處六月以上五年以下有期徒刑，得併科新臺幣五十萬元以上五百萬元以下罰金。

著作僅供個人參考或合理使用者，不構成著作權侵害。

## 第 91-1 條

擅自以移轉所有權之方法散布著作原件或其重製物而侵害他人之著作財產權者，處三年以下有期徒刑、拘役，或科或併科新臺幣五十萬元以下罰金。

明知係侵害著作財產權之重製物而散布或意圖散布而公開陳列或持有者，處三年以下有期徒刑，得併科新臺幣七萬元以上七十五萬元以下罰金。

犯前項之罪，其重製物為光碟者，處六月以上三年以下有期徒刑，得併科新臺幣二十萬元以上二百萬元以下罰金。但違反第八十七條第四款規定輸入之光碟，不在此限。

犯前二項之罪，經供出其物品來源，因而破獲者，得減輕其刑。

## 第 92 條

擅自以公開口述、公開播送、公開上映、公開演出、公開傳輸、公開展示、改作、編輯、出租之方法侵害他人之著作財產權者，處三年以下有期徒刑、拘役，或科或併科新臺幣七十五萬元以下罰金。

## 第 93 條

有下列情形之一者，處二年以下有期徒刑、拘役，或科或併科新臺幣五十萬元以下罰金：

一、侵害第十五條至第十七條規定之著作人格權者。

二、違反第七十條規定者。

三、以第八十七條第一項第一款、第三款、第五款或第六款方法之一侵害他人之著作權者。但第九十一條之一第二項及第三項規定情形，不在此限。

四、違反第八十七條第一項第七款或第八款規定者。

## 第 94 條

（刪除）

**第 95 條**

違反第一百十二條規定者，處一年以下有期徒刑、拘役，或科或併科新臺幣二萬元以上二十五萬元以下罰金。

**第 96 條**

違反第五十九條第二項或第六十四條規定者，科新臺幣五萬元以下罰金。

**第 96-1 條**

有下列情形之一者，處一年以下有期徒刑、拘役，或科或併科新臺幣二萬元以上二十五萬元以下罰金：

一、違反第八十條之一規定者。

二、違反第八十條之二第二項規定者。

**第 96-2 條**

依本章科罰金時，應審酌犯人之資力及犯罪所得之利益。如所得之利益超過罰金最多額時，得於所得利益之範圍內酌量加重。

**第 97 條**

（刪除）

**第 97-1 條**

事業以公開傳輸之方法，犯第九十一條、第九十二條及第九十三條第四款之罪，經法院判決有罪者，應即停止其行為；如不停止，且經主管機關邀集專家學者及相關業者認定侵害情節重大，嚴重影響著作財產權人權益者，主管機關應限期一個月內改正，屆期不改正者，得命令停業或勒令歇業。

**第 98 條**

犯第九十一條第三項及第九十一條之一第三項之罪，其供犯罪所用、犯罪預備之物或犯罪所生之物，不問屬於犯罪行為人與否，得沒收之。

**第 98-1 條**

犯第九十一條第三項或第九十一條之一第三項之罪，其行為人逃逸而無從確認者，供犯罪所用或因犯罪所得之物，司法警察機關得逕為沒入。

前項沒入之物，除沒入款項繳交國庫外，銷燬之。其銷燬或沒入款項之處理程序，準用社會秩序維護法相關規定辦理。

**第 99 條**

犯第九十一條至第九十三條、第九十五條之罪者，因被害人或其他有告訴權人之聲請，得令將判決書全部或一部登報，其費用由被告負擔。

## 第 100 條

本章之罪，須告訴乃論。但犯第九十一條第三項及第九十一條之一第三項之罪，不在此限。

## 第 101 條

法人之代表人、法人或自然人之代理人、受雇人或其他從業人員，因執行業務，犯第九十一條至第九十三條、第九十五條至第九十六條之一之罪者，除依各該條規定處罰其行為人外，對該法人或自然人亦科各該條之罰金。

對前項行為人、法人或自然人之一方告訴或撤回告訴者，其效力及於他方。

## 第 102 條

未經認許之外國法人，對於第九十一條至第九十三條、第九十五條至第九十六條之一之罪，得為告訴或提起自訴。

## 第 103 條

司法警察官或司法警察對侵害他人之著作權或製版權，經告訴、告發者，得依法扣押其侵害物，並移送偵辦。

## 第 104 條

（刪除）

# 第八章　　附則

## 第 105 條

依本法申請強制授權、製版權登記、製版權讓與登記、製版權信託登記、調解、查閱製版權登記或請求發給謄本者，應繳納規費。

前項收費基準，由主管機關定之。

## 第 106 條

著作完成於中華民國八十一年六月十日本法修正施行前，且合於中華民國八十七年一月二十一日修正施行前本法第一百零六條至第一百零九條規定之一者，除本章另有規定外，適用本法。

著作完成於中華民國八十一年六月十日本法修正施行後者，適用本法。

## 第 106-1 條

著作完成於世界貿易組織協定在中華民國管轄區域內生效日之前，未依歷次本法規定取得著作權而依本法所定著作財產權期間計算仍在存續中者，除本章另有規定外，適用本法。但外國人著作在其源流國保護期間已屆滿者，不適用之。

前項但書所稱源流國依西元一九七一年保護文學與藝術著作之伯恩公約第五條規定決定

之。

### 第 106-2 條

依前條規定受保護之著作，其利用人於世界貿易組織協定在中華民國管轄區域內生效日之前，已著手利用該著作或為利用該著作已進行重大投資者，除本章另有規定外，自該生效日起二年內，得繼續利用，不適用第六章及第七章規定。

自中華民國九十二年六月六日本法修正施行起，利用人依前項規定利用著作者，除出租或出借之情形外，應對被利用著作之著作財產權人支付該著作一般經自由磋商所應支付合理之使用報酬。

依前條規定受保護之著作，利用人未經授權所完成之重製物，自本法修正公布一年後，不得再行銷售。但仍得出租或出借。

利用依前條規定受保護之著作另行創作之著作重製物，不適用前項規定。

但除合於第四十四條至第六十五條規定外，應對被利用著作之著作財產權人支付該著作一般經自由磋商所應支付合理之使用報酬。

### 第 106-3 條

於世界貿易組織協定在中華民國管轄區域內生效日之前，就第一百零六條之一著作改作完成之衍生著作，且受歷次本法保護者，於該生效日以後，得繼續利用，不適用第六章及第七章規定。

自中華民國九十二年六月六日本法修正施行起，利用人依前項規定利用著作者，應對原著作之著作財產權人支付該著作一般經自由磋商所應支付合理之使用報酬。

前二項規定，對衍生著作之保護，不生影響。

### 第 107 條
（刪除）

### 第 108 條
（刪除）

### 第 109 條
（刪除）

### 第 110 條

第十三條規定，於中華民國八十一年六月十日本法修正施行前已完成註冊之著作，不適用之。

### 第 111 條

有下列情形之一者，第十一條及第十二條規定，不適用之：

一、依中華民國八十一年六月十日修正施行前本法第十條及第十一條規定取得著作權者。

二、依中華民國八十七年一月二十一日修正施行前本法第十一條及第十二條規定取得著作權者。

### 第 112 條

中華民國八十一年六月十日本法修正施行前，翻譯受中華民國八十一年六月十日修正施行前本法保護之外國人著作，如未經其著作權人同意者，於中華民國八十一年六月十日本法修正施行後，除合於第四十四條至第六十五條規定者外，不得再重製。

前項翻譯之重製物，於中華民國八十一年六月十日本法修正施行滿二年後，不得再行銷售。

### 第 113 條

自中華民國九十二年六月六日本法修正施行前取得之製版權，依本法所定權利期間計算仍在存續中者，適用本法規定。

### 第 114 條

（刪除）

### 第 115 條

本國與外國之團體或機構互訂保護著作權之協議，經行政院核准者，視為第四條所稱協定。

### 第 115-1 條

製版權登記簿、註冊簿或製版物樣本，應提供民眾閱覽抄錄。

中華民國八十七年一月二十一日本法修正施行前之著作權註冊簿、登記簿或著作樣本，得提供民眾閱覽抄錄。

### 第 115-2 條

法院為處理著作權訴訟案件，得設立專業法庭或指定專人辦理。

著作權訴訟案件，法院應以判決書正本一份送著作權專責機關。

### 第 116 條

（刪除）

### 第 117 條

本法除中華民國八十七年一月二十一日修正公布之第一百零六條之一至第一百零六條之三規定，自世界貿易組織協定在中華民國管轄區域內生效日起施行，及中華民國九十五年五月五日修正之條文，自中華民國九十五年七月一日施行外，自公布日施行。

# 附錄五　積體電路電路布局保護法

修正日期：2002 年 06 月 12 日

## 第一章　總則

### 第 1 條
為保障積體電路電路布局，並調和社會公共利益，以促進國家科技及經濟之健全發展，特制定本法。

### 第 2 條
本法用詞定義如左：
一、積體電路：將電晶體、電容器、電阻器或其他電子元件及其間之連接線路，集積在半導體材料上或材料中，而具有電子電路功能之成品或半成品。
二、電路布局：指在積體電路上之電子元件及接續此元件之導線的平面或立體設計。
三、散布：指買賣、授權、轉讓或為買賣、授權、轉讓而陳列。
四、商業利用：指為商業目的公開散布電路布局或含該電路布局之積體電路。
五、複製：以光學、電子或其他方式，重複製作電路布局或含該電路布局之積體電路。
六、還原工程：經分析、評估積體電路而得知其原電子電路圖或功能圖，並據以設計功能相容之積體電路之電路布局。

### 第 3 條
本法主管機關為經濟部。
前項業務由經濟部指定專責機關辦理。必要時，得將部分事項委託相關之公益法人或團體。

### 第 4 條
電路布局專責機關及前條第二項後段所規定之公益法人或團體所屬人員，對於職務或業務上所知悉或持有之秘密不得洩漏。

### 第 5 條
外國人合於左列各款之一者，得就其電路布局依本法申請登記：
一、其所屬國家與中華民國共同參加國際條約或有相互保護電路布局之條約、協定或由團體、機構互訂經經濟部核准保護電路布局之協議，或對中華民國國民之電路布局予以保護且經查證屬實者。
二、首次商業利用發生於中華民國管轄境內者。但以該外國人之本國對中華民國國民，在相同之情形下，予以保護且經查證屬實者為限。

## 第二章　登記之申請

### 第 6 條

電路布局之創作人或其繼受人，除本法另有規定外，就其電路布局得申請登記。

前項創作人或繼受人爲數人時，應共同申請登記。但契約另有訂定者，從其約定。

### 第 7 條

受雇人職務上完成之電路布局創作，由其雇用人申請登記。但契約另有訂定者，從其約定。

出資聘人完成之電路布局創作，準用前項之規定。

前二項之受雇人或受聘人，本於其創作之事實，享有姓名表示權。

### 第 8 條

申請人申請電路布局登記及辦理電路布局有關事項，得委任在中華民國境內有住所之代理人辦理之。

在中華民國境內無住所或營業所者，申請電路布局登記及辦理電路布局有關事項，應委任在中華民國境內有住所之代理人辦理之。

### 第 9 條

二人以上共同申請，或爲電路布局權之共有者，除約定有代表者外，辦理一切程序時，應共同連署，並指定其中一人爲應受送達人。未指定應受送達人者，電路布局專責機關除以第一順序申請人爲應受送達人外，並應將送達事項通知其他人。

### 第 10 條

申請電路布局登記，應備具申請書、說明書、圖式或照片，向電路布局專責機關爲之。申請時已商業利用而有積體電路成品者，應檢附該成品。

前項圖式、照片或積體電路成品，涉及積體電路製造方法之秘密者，申請人得以書面敘明理由，向電路布局專責機關申請以其他資料代之。

受讓人或繼承人申請時應敘明創作人姓名，並檢附證明文件。

### 第 11 條

前條規定之申請書應載明左列事項：

一、申請人姓名、國籍、住居所；如爲法人，其名稱、事務所及其代表人姓名。

二、創作人姓名、國籍、住居所；如爲法人，其名稱、事務所及其代表人姓名。

三、創作名稱及創作日。

四、申請日前曾商業利用者，其首次商業利用之年、月、日。

### 第 12 條

申請電路布局登記以規費繳納及第十條所規定之文件齊備之日爲申請日。

**第 13 條**

電路布局首次商業利用後逾二年者，不得申請登記。

**第 14 條**

凡申請人為有關電路布局登記及其他程序，不合法定程式者，電路布局專責機關應通知限期補正；屆期未補正者，應不受理。但在處分前補正者，仍應受理。

申請人因天災或不可歸責於己之事由延誤法定期間者，於其原因消滅後三十日內，得以書面敘明理由向電路布局專責機關申請回復原狀。但延誤法定期間已逾一年者，不在此限。

申請回復原狀，應同時補行期間內應為之行為。

## 第三章　電路布局權

**第 15 條**

電路布局非經登記，不得主張本法之保護。

電路布局經登記者，應發給登記證書。

**第 16 條**

本法保護之電路布局權，應具備左列各款要件：

一、由於創作人之智慧努力而非抄襲之設計。

二、在創作時就積體電路產業及電路布局設計者而言非屬平凡、普通或習知者。

以組合平凡、普通或習知之元件或連接線路所設計之電路布局，應僅就其整體組合符合前項要件者保護之。

**第 17 條**

電路布局權人專有排除他人未經其同意而為左列各款行為之權利：

一、複製電路布局之一部或全部。

二、為商業目的輸入、散布電路布局或含該電路布局之積體電路。

**第 18 條**

電路布局權不及於左列各款情形：

一、為研究、教學或還原工程之目的，分析或評估他人之電路布局，而加以複製者。

二、依前款分析或評估之結果，完成符合第十六條之電路布局或據以製成積體電路者。

三、合法複製之電路布局或積體電路所有者，輸入或散布其所合法持有之電路布局或積體電路。

四、取得積體電路之所有人，不知該積體電路係侵害他人之電路布局權，而輸入、散布其所持有非法製造之積體電路者。

五、由第三人自行創作之相同電路布局或積體電路。

**第 19 條**

電路布局權期間為十年，自左列二款中較早發生者起算：

一、電路布局登記之申請日。

二、首次商業利用之日。

**第 20 條**

電路布局權人之姓名或名稱有變更者，應申請變更登記。

**第 21 條**

數人共有電路布局權者，其讓與、授權或設定質權，應得共有人全體之同意。

電路布局權共有人未得其他共有人全體之同意，不得將其應有部分讓與、授權或設定質權。各共有人，無正當理由者，不得拒絕同意。

電路布局權之共有人拋棄其應有部分者，其應有部分由其他共有人依其應有部分之比例分配之。

前項規定，於電路布局權之共有人中有死亡而無繼承人或解散後無承受人之情形者，準用之。

**第 22 條**

電路布局權有左列各款情事之一者，應由各當事人署名，檢附契約或證明文件，向電路布局專責機關申請登記，非經登記，不得對抗善意第三人：

一、讓與。

二、授權。

三、質權之設定、移轉、變更、消滅。

電路布局權之繼承，應檢附證明文件，向電路布局專責機關申請換發登記證書。

**第 23 條**

以電路布局權為標的而設定質權者，除另有約定外，質權人不得利用電路布局。

**第 24 條**

為增進公益之非營利使用，電路布局專責機關得依申請，特許該申請人實施電路布局權。其實施應以供應國內市場需要為主。

電路布局權人有不公平競爭之情事，經法院判決或行政院公平交易委員會處分確定者，雖無前項之情形，電路布局專責機關亦得依申請，特許該申請人實施電路布局權。

電路布局專責機關接到特許實施申請書後，應將申請書副本送達電路布局權人，限期三個月內答辯；逾期不答辯者，得逕行處理之。

特許實施權不妨礙他人就同一電路布局權再取得實施權。

特許實施權人應給與電路布局權人適當之補償金，有爭執時，由電路布局專責機關核定之。

特許實施權，除應與特許實施有關之營業一併移轉外，不得轉讓、授權或設定質權。

第一項或第二項所列舉特許實施之原因消滅時，電路布局專責機關得依申請終止特許實施。

特許實施權人違反特許實施之目的時，電路布局專責機關得依電路布局權人之申請或依職權撤銷其特許實施權。

## 第 25 條

有左列情事之一者，除本法另有規定外，電路布局權當然消滅：

一、電路布局權期滿者，自期滿之次日消滅。

二、電路布局權人死亡，無人主張其為繼承人者，電路布局權自依法應歸屬國庫之日消滅。

三、法人解散者，電路布局權自依法應歸屬地方自治團體之日消滅。

四、電路布局權人拋棄者，自其書面表示之日消滅。

## 第 26 條

電路布局權人未得被授權人或質權人之承諾，不得拋棄電路布局權。

電路布局權之拋棄，不得部分為之。

## 第 27 條

有左列情形之一者，電路布局專責機關應依職權或據利害關係人之申請，撤銷電路布局登記，並於撤銷確定後，限期追繳登記證書，無法追回者，應公告證書作廢：

一、經法院判決確定無電路布局權者。

二、電路布局之登記違反第五條至第七條、第十條、第十三條、第三十八條或第三十九條之規定者。

三、電路布局權違反第十六條之規定者。

前項情形，電路布局專責機關應將申請書副本或依職權審查理由書送達電路布局權人或其代理人，限期三十日內答辯；屆期不答辯者，逕予審查。

前項答辯期間，電路布局權人得先行以書面敘明理由，申請展延。但以一次為限。

## 第 28 條

申請有關電路布局登記，符合本法規定者，電路布局專責機關應登記於電路布局權簿，並刊登於公報。

電路布局權之撤銷、消滅或拋棄亦同。

# 第四章　侵害之救濟

**第 29 條**

電路布局權人對於侵害其電路布局權者，得請求損害賠償，並得請求排除其侵害；事實足證有侵害之虞者，得請求防止之。

專屬被授權人亦得為前項請求。但以電路布局權人經通知後而不為前項請求，且契約無相反約定者為限。

前二項規定於第三人明知或有事實足證可得而知，為商業目的之輸入或散布之物品含有不法複製之電路布局所製成之積體電路時，亦適用之。但侵害人將該積體電路與物品分離者，不在此限。

電路布局權人或專屬被授權人行使前項權利時，應檢附鑑定書。

數人共同不法侵害電路布局權者，連帶負損害賠償責任。

**第 30 條**

依前條請求損害賠償時，得就左列各款擇一計算其損害：

一、依民法第二百十六條之規定。但不能提供證據方法以證明其損害時，被侵害人得就其利用電路布局通常可獲得之利益，減除受侵害後利用同一電路布局所得之利益，以其差額為所受損害。

二、侵害電路布局權者，因侵害所得之利益。侵害者不能就其成本或必要費用舉證時，以販賣該電路布局或含該電路布局之積體電路之全部收入為所得利益。

三、請求法院依侵害情節，酌定新臺幣五百萬元以下之金額。

**第 31 條**

第十八條第四款之所有人於電路布局權人以書面通知侵害之事實並檢具鑑定書後，為商業目的繼續輸入、散布善意取得之積體電路者，電路布局權人得向其請求相當於電路布局通常利用可收取權利金之損害賠償。

**第 32 條**

第二十九條之被侵害人，得請求銷燬侵害電路布局權之積體電路及將判決書內容全部或一部登載新聞紙；其費用由敗訴人負擔。

**第 33 條**

外國法人或團體就本法規定事項得提起民事訴訟，不以業經認許者為限。

**第 34 條**

法院為處理電路布局權訴訟案件，得設立專業法庭或指定專人辦理。

## 第五章　附則

### 第 35 條
本法之規定，不影響電路布局權人或第三人依其他法律所取得之權益。

### 第 36 條
電路布局專責機關為處理有關電路布局權之鑑定、爭端之調解及特許實施等事宜，得設鑑定暨調解委員會。
前項委員會之設置辦法，由主管機關定之。

### 第 37 條
電路布局權簿及檔案，應由電路布局專責機關永久保存，惟得以微縮底片、磁碟、磁帶、光碟等方式儲存。

### 第 38 條
依本法所為之各項申請，應繳納規費；其金額由主管機關定之。

### 第 39 條
本法施行前二年內為首次商業利用者，得於本法施行後六個月內申請登記。

### 第 40 條
本法施行細則，由主管機關定之。

### 第 41 條
本法自公布後六個月施行。
本法修正條文自公布日施行。

# 附錄六　勞資雙方簽訂離職後競業禁止條款參考原則

訂定日期：2015 年 10 月 5 日

一、勞動部為保障勞工工作權及職業自由，調和勞工權益及事業單位利益，特訂定本參考原則。

二、本參考原則所稱離職後競業禁止，指事業單位為保護第五點各款所定利益，與受僱勞工約定，由雇主提供合理補償，勞工離職後於一定期間或區域內，不得受僱或經營與該事業單位相同或類似且有競爭關係之業務工作。

三、離職後競業禁止條款，應以書面為之，且須詳細記載約定內容，並由雙方簽章，各執一份。

四、簽訂離職後競業禁止條款應本於契約自由原則，雇主不得以強暴、脅迫手段強制勞工簽訂，或乘勞工之急迫、輕率等情事為之。

五、雇主符合下列情形時，始得與勞工簽訂離職後競業禁止條款：

（一）事業單位有應受法律保護之營業秘密或智慧財產權等利益。

（二）勞工所擔任之職務或職位，得接觸或使用事業單位之營業秘密或所欲保護之優勢技術，而非通用技術。

六、雇主與勞工簽訂離職後競業禁止條款時，應符合下列規定：

（一）離職後競業禁止之期間、區域、職務內容及就業對象，不得逾合理範圍：

　　1. 所訂離職後競業禁止之期間，應以保護之必要性為限，最長不得逾二年。

　　2. 所訂離職後競業禁止之區域，應有明確範圍，並應以事業單位之營業範圍為限，且不得構成勞工工作權利之不公平障礙。

　　3. 所訂競業禁止之職務內容及就業對象，應具體明確，並以與該事業單位相同或類似且有競爭關係者為限。

（二）離職後競業禁止之補償措施，應具合理性：

　　1. 雇主對於勞工離職後因遵守離職後競業禁止條款約定，可能遭受工作上之不利益，應給予合理之補償。於離職後競業禁止期間內，每月補償金額，不得低於勞工離職時月平均工資百分之五十，並應約定一次預為給付或按月給付，以維持勞工離職後競業禁止期間之生活。未約定補償措施者，離職後競業禁止條款無效。

　　2. 雇主於勞工在職期間所給予之一切給付，不得作為或取代前目之補償。

七、勞資雙方簽訂離職後競業禁止條款，依民法第二百四十七條之一規定，按其情形顯失公平者，無效。

八、雇主無正當理由終止勞動契約或勞工依勞動基準法第十四條規定終止勞動契約者，勞工得不適用離職後競業禁止條款。事業單位未爲一部或全部離職後競業禁止條款補償之給付者，亦同。

九、離職後競業禁止條款約定之違約金過高者，依民法第二百五十二條規定，法院得減至相當之數額。離職勞工已經一部履行競業禁止義務者，法院得視雇主因一部履行所受之利益等情節，減少違約金。

# 參考文獻

## 中文部分

王木俊、劉傳璽，薄膜電晶體液晶顯示器 — 原理與實務，新文京開發出版股份有限公司，2008 年 9 月。

王義明，論主張眞品平行輸入之界限—以商標法規範爲中心，智慧財產權月刊，230 期，2018 年 2 月。

行政院勞工委員會，簽訂競業禁止參考手冊，2011 年 3 月。

池泰毅、崔積耀、洪佩君、張惇嘉，營業秘密：實務運用與訴訟攻防，元照出版股份有限公司，2018 年 11 月，初版 2 刷。

宋皇志，營業秘密中不可避免揭露原則之研究，智慧財產訴訟制度相關論文彙編，5 輯，司法院，2016 年 12 月。

林洲富，專利法 — 案例式，五南圖書出版股份有限公司，2017 年 7 月，7 版 1 刷。

林洲富，著作權法 — 案例式，五南圖書出版股份有限公司，2017 年 8 月，4 版 1 刷。

林洲富，智慧財產權法 — 案例式，五南圖書出版股份有限公司，2018 年 1 月，10 版 1 刷。

林洲富，營業秘密與競業禁止 — 案例式，五南圖書出版股份有限公司，2018 年 8 月，3 版 1 刷。

林洲富，營業秘密之理論與實務交錯，中華法學，第 17 期，2017 年 11 月。

吳啓賓，營業秘密之保護與審判實務，台灣本土法學雜誌，98 期，2007 年 9 月。

施啓揚，民法總則，三民書局股份有限公司，1995 年 6 月，6 版。

徐玉玲，營業秘密的保護，三民書局，1993 年 11 月。

陳櫻琴、葉玟好，智慧財產權法，五南圖書出版股份有限公司，2011 年 3 月，3 版 1 刷。

張靜，營業秘密法整體法制之研究，經濟部智慧財產局，2005 年 10 月。

張靜，我國營業秘密法學的建構與開展 — 第一冊營業秘密的基礎理論，新學林出版股份有限公司，2007 年 4 月。

葉茂林、蘇宏文、李旦，營業秘密保護戰術 — 實務及契約範例應用，永然文化公司，1995 年 5 月。

新新聞，匪諜就在企業身邊，2015 年 12 月 17 日，第 1501 期。

經濟部智慧財產局，專利審查基準，2004 年版。

經濟部智慧財產局，營業秘密保護實務教戰手冊 2.0，2019 年 12 月。

趙晉枚、蔡坤財、周慧芳、謝銘洋、張凱娜，智慧財產權入門，元照出版股份有限公司，

2010 年 2 月，7 版 1 刷。

鄭中人，**智慧財產權法導讀**，五南圖書出版股份有限公司，2003 年 10 月，3 版 1 刷。

蔣士棋，營業秘密法增訂偵查保密令，目的究竟何在？，**北美智權報**，第 255 期，2020 年 2 月 26 日。

鄭晃忠、劉傳璽，**新世代積體電路製程技術**，東華書局，2011 年 9 月。

劉傳璽、陳進來，**半導體元件物理與製程 — 理論與實務**，五南圖書出版股份有限公司，2019 年 1 月，3 版 6 刷。

賴文智、顏雅倫，**營業秘密法二十講**，翰蘆圖書出版股份有限公司，2004 年 4 月。

謝銘洋，新型、新式樣專利採取形式審查之發展趨勢，**律師雜誌**，237 期，1999 年 6 月。

謝銘洋，**營業秘密之保護與管理**，經濟部智慧財產局，2008 年 3 月。

謝銘洋，**智慧財產權法**，元照出版股份有限公司，2014 年 8 月，5 版 1 刷。

謝銘洋、古清華、丁中原、張凱娜，**營業秘密法解讀**，月旦出版社股份有限公司，1996 年 11 月。

蕭雄淋，著作權法論，五南圖書出版股份有限公司，2017 年 8 月，8 版 2 刷。

## 西文部分

Baker, R. J. (2005). *CMOS: Circuit Design, Layout, and Simulation*. 2nd Edition. NJ: IEEE Press.

Maly, W. (1987). *Atlas of IC Technologies: An Introduction to VLSI Processes*. CA: Benjamin/ Cummings Publishing Company.

Montgomery, D. (2015). *Design and Analysis of Experiments*. 8th Edition. NJ: John Wiley & Sons.

Moore, G. (1975). Progress in Digital Integrated Electronics. *IEEE, IEDM Tech Digest*. Pages 11-13.

Plummer, J.D., Deal, M.D, & Griffin, P.B. (2000). *Silicon VLSI Technology*. NJ: Prentice-Hall.

Quirk, M. & Serda, J. (2001). *Semiconductor Manufacturing Technology*. NJ: Prentice-Hall.

Xiao, H. (2001). *Introduction to Semiconductor Manufacturing Technology*. NJ: Prentice-Hall.

國家圖書館出版品預行編目資料

半導體產業營業秘密與智慧財產權之理論與實
務／劉傳璽，林洲富，陳建宇. -- 初版.
-- 臺北市：五南圖書出版股份有限公司，
2021.02
　面；　公分
　ISBN 978-986-522-430-1 (平裝)

1.半導體工業　2.智慧財產權

484.51　　　　　　　　　　109022382

5A06

# 半導體產業營業秘密與智慧財產權之理論與實務

作　　者 ─ 劉傳璽、林洲富、陳建宇

發 行 人 ─ 楊榮川

總 經 理 ─ 楊士清

總 編 輯 ─ 楊秀麗

主　　編 ─ 高至廷

責任編輯 ─ 張維文

封面設計 ─ 王麗娟

出 版 者 ─ 五南圖書出版股份有限公司

地　　址：106台北市大安區和平東路二段339號4樓

電　　話：(02)2705-5066　　傳　　真：(02)2706-6100

網　　址：https://www.wunan.com.tw

電子郵件：wunan@wunan.com.tw

劃撥帳號：01068953

戶　　名：五南圖書出版股份有限公司

法律顧問　林勝安律師事務所　林勝安律師

出版日期　2021年 2 月初版一刷
　　　　　2021年12月初版二刷

定　　價　新臺幣450元

# 經典永恆・名著常在

## 五十週年的獻禮 —— 經典名著文庫

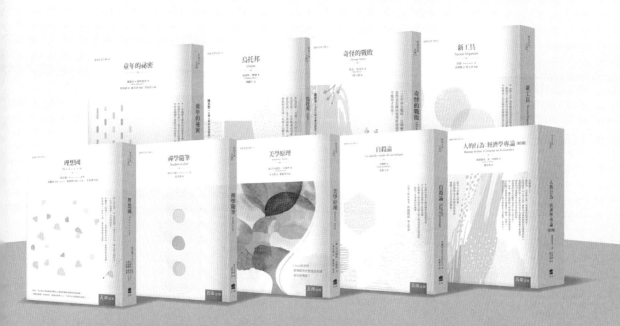

五南，五十年了，半個世紀，人生旅程的一大半，走過來了。

思索著，邁向百年的未來歷程，能為知識界、文化學術界作些什麼？

在速食文化的生態下，有什麼值得讓人雋永品味的？

歷代經典・當今名著，經過時間的洗禮，千錘百鍊，流傳至今，光芒耀人；

不僅使我們能領悟前人的智慧，同時也增深加廣我們思考的深度與視野。

我們決心投入巨資，有計畫的系統梳選，成立「經典名著文庫」，

希望收入古今中外思想性的、充滿睿智與獨見的經典、名著。

這是一項理想性的、永續性的巨大出版工程。

不在意讀者的眾寡，只考慮它的學術價值，力求完整展現先哲思想的軌跡；

為知識界開啟一片智慧之窗，營造一座百花綻放的世界文明公園，

任君遨遊、取菁吸蜜、嘉惠學子！